教育部全国职业教育与成人教育教学用书规划教材

"十二五"全国高校计算机专业岗前实训教材

中文版
Illustrator CS5
平面设计岗前实训

黄活瑜 编著

DVD

超值DVD多媒体
教学光盘

■ 一流平面设计专家倾心打造，**经验+技巧**的完美结合

■ 大型项目立意、设计、制作全过程展现

■ **最实用的技术+最经典的案例**，助您完成上岗前的最后突破

海洋出版社

2011年·北京

内 容 简 介

　　本书是一本由资深平面设计专家精心策划与编写的创新型教材。以"制作分析+制作流程+上机实战+学习扩展+作品欣赏"的结构进行教学，有针对性的帮助有志于学习 Illustartor 平面设计知识的的读者迅速掌握各种设计技巧，适应实际工作的需要。

　　全书共分为 12 章，第 1~5 章全面介绍了平面设计必备知识、Illustrator CS5 应用基础、图形的绘制和填色、文字与图表的应用、效果的应用，第 6~12 章通过企业 VI 系统设计、文化海报设计、展览会 DM 折页设计、家电 POP 广告设计、小说封面装帧设计、概念跑车设计、女性购物广场商业插画等大型项目，全面介绍了 Illustrator CS5 在平面设计领域的应用。配合本书配套光盘的多媒体视频教学课件，让您在掌握 Illustrator CS5 使用技巧的同时，享受无比的学习乐趣！

　　超值 1CD 内容：53 个综合实例的完整影音视频文件+作品与素材

　　读者对象：适应于全国高校平面设计专业课教材；社会平面设计培训班用书，从事平面设计的广大初、中级人员实用的自学指导书。

图书在版编目(CIP)数据

中文版 Illustrator CS5 平面设计岗前实训/ 黄活瑜编著. -- 北京 ：海洋出版社, 2011.12
ISBN 978-7-5027-8136-1

Ⅰ. ①中⋯　Ⅱ. ①黄⋯　Ⅲ. ①平面设计—图形软件，Illustrator CS5—教材　Ⅳ.①TP391.41

中国版本图书馆 CIP 数据核字(2011)第 221041 号

总 策 划：刘　斌
责任编辑：刘　斌
责任校对：肖新民
责任印制：刘志恒
排　　版：海洋计算机图书输出中心　晓阳

出版发行：海洋出版社

地　　址：北京市海淀区大慧寺路 8 号（716 房间）
　　　　　　100081
经　　销：新华书店
技术支持：(010) 62100055

发 行 部：（010）62174379（传真）（010）62132549
　　　　　　（010）68038093（邮购）（010）62100077
网　　址：www.oceanpress.com.cn
承　　印：北京旺都印务有限公司
版　　次：2015 年 5 月第 1 版第 2 次印刷
开　　本：787mm×1092mm　1/16
印　　张：24.75
字　　数：594 千字
印　　数：4001～6000 册
定　　价：45.00 元（含 1DVD）

本书如有印、装质量问题可与发行部调换

光盘使用说明

一、光盘内容

1. 是本书各章的演示影片和练习影片。
2. 是本书所有的练习文件和成果文件，可打开与书同步学习。

3. 光盘说明文件。
4. 本光盘程序的图标。
5. 本光盘自动运行的文件。有此文件后，光盘插入光驱后会自动运行多媒体光盘。
6. 本光盘程序的主播放文件。

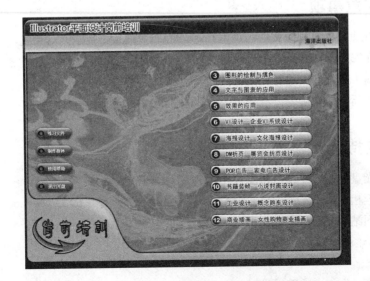

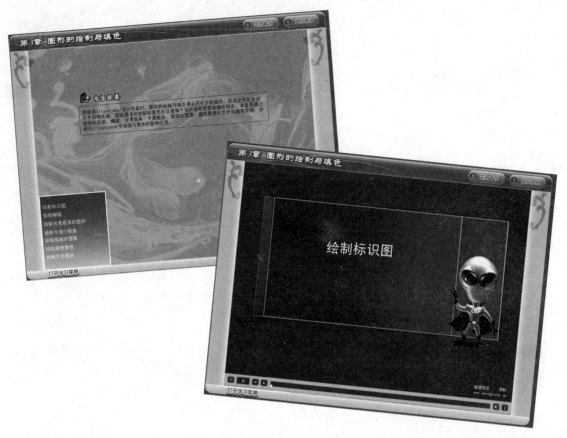

二、运行环境

本光盘可以运行于 Windows 98/2000/XP/Windows 7 的操作系统下。

注意：本书配套光盘中的文件，仅供学习和练习时使用，未经许可禁止用于任何商业行为。

三、使用注意事项

1. 本教学光盘中所有视频文件均采用 Flash Player 8 播放器播放，如果发现光盘中的影片不能正确播放，请先安装 Flash Player 8 播放器。Flash Player 8 可以到 Adobe 公司官方网站上下载。

2. 放入光盘，程序自动运行，或者执行 Play.exe 文件。

3. 本程序运行，要求屏幕分辨率 1024×768 以上，否则程序可能显示不完全或不准确。

四、技术支持

对本书及光盘中的任何疑问和技术问题，可打电话至：86-010-62132549

或发邮件至相关编辑 474316962@qq.com，或登录出版网站：http://www.oceanpress.com.cn/，

或作者的网站：http://www.cbookpress.cn/

部分实例效果图欣赏

标识图（P057）

蝴蝶（P059）

光晕效果（P063）

卡通小鲸鱼（P065）

指南针图案（P068）

生气的趣怪表情（P071）

艺术插画效果（P073）

CD封套文字（P078）

光盘标签的弯曲文字（P081）

POP促销广告牌（P085）

博客LOGO（P087）

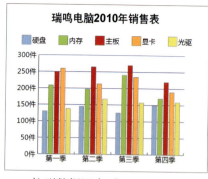

柱形数据图表（P089）

水晶网页按钮（P099）

城市月色美景（P101）

动感足球效果（P106）

艺术相片（P110）

绘制的盆景（P115）

绘制3D花瓶（P120）

立体魔方（P122）

企业VI设计（P138）

宣传海报设计（P176）

DM折页设计（P205）

POP广告设计（P249）

概念跑车设计（P317）

书籍装帧设计（P283）

商业插画设计（P355）

前言
Preface

Illustrator CS5 是一款标准的矢量图形绘制软件，它主要用于制作打印、Web、移动以及动画设计的图稿，犹其擅长于商标设计、广告招贴设计、工业绘图与商业插画等矢量作品的设计工作。

本书采用新颖的教学模式，在每个商业案例开始前，先介绍该商业项目的特点、种类、设计原则与注意事项等基础知识，接着针对案例作品提供设计理念、设计流程、制作功能等设计概述。在进行详细操作分析后奉上经验总结、创意延伸与作品欣赏等学习扩展栏目，以便读者温故知新。

本书共分为 12 章，每章具体的内容安排如下：

- 第 1-2 章　先介绍平面设计的概念、特征与特点，接着介绍平面、色彩的构成与基本的配色方案，详细分析了平面设计的版面编排与输出前的准备工作，最后对 Illustrator CS5 的应用领域进行概述，并详述其操作界面、文件管理技巧与软件使用方法。

- 第 3-5 章　通过多个精彩实例讲解 Illustrator CS5 在图形的绘制与填色、文字与图表、滤镜与效果等方面的应用。

- 第 6 章　先介绍 VI 设计的概念、构成要素、设计原则与设计流程等基础知识，然后通过"旅游公司 VI"案例介绍了企业 VI 设计的方法。

- 第 7 章　先介绍海报的作用、特点、种类与设计原则等基础知识，然后通过"校园演唱会宣传海报"案例介绍了文化海报的设计方法。

- 第 8 章　先介绍 DM 的作用、特征、种类、使用时机等基础知识，然后通过"展览会 DM 折页"案例介绍了 DM 宣传册的设计方法。

- 第 9 章　先介绍 POP 广告的概念、功能、种类与设计要求等基础知识，然后通过"家电POP 广告"案例介绍了 POP 广告的设计方法。

- 第 10 章　先介绍了书籍装帧的概述、分类、设计原则、装帧尺寸与设计形式等基础知识，然后通过"小说封面"案例介绍书籍装帧的设计方法。

- 第 11 章　本章先介绍工业产品绘图的要领念与作用、分类、特征、广告优势、表现形式、常见车型与尺寸等基础知识，然后通过"概念车绘制"案例介绍了工业产品的绘图方法。

- 第 12 章　本章先介绍了商业插画的概述、种类、特征与绘图要求等基础知识，然后通过"时尚插画"案例介绍了商业插画的绘制方法。

本书特色

本书由资深平面设计专家精心规划与编写，其中出现了不少新颖的栏目与结构编排，下面将本书的主要特色归纳如下：

- 结构新颖

本书各案例章由三部分内容组成，第一部分从不同案例类别的作用、特点、特征、设计原则与注意事项等方面着手，为您提供全面权威的行业咨询；第二部分先对案例的设计思路、制作流程与软件技术进行介绍，接着图文并茂、一步步地传授实战设计过程；第三部分先对案例的要点与操作技巧进行总结，接着提供更多的创意延伸，最后展示一些同类型的优秀作品并加以点评，在巩固知识之余举一反三地激发出创意。

- 设计流程图

以九宫图的形式精选九幅重点成果图，通过箭头的导引与步骤文字的诠释，将繁复的案例作品逐格解密，不但清晰了设计思路，更能提高学习效率与质量。

- 表格战略

本书所有案例均科学地划分为 3-5 个小节，在第小节开始前均提供了设计流程表，通过表格配合成果图的形式，可以大大增强学习的目的性。另外，在操作过程中相似的操作与属性设置，均使用表格的形式归纳呈现，避免了学习中重复操作的枯燥。表格的特点就是简洁明了，通过本书的学习，相信您可以充分体会到表格为学习带来的便捷与乐趣。

- 大量知识补充

通过"提示"形式的补充说明，从软件功能、操作技巧、设计理念、注意事项等多个渠道进行知识补充。

- 多媒体教学

随书光盘提供了全书的练习文件和素材，读者可以使用这些文件并跟随光盘中的教学演示影片进行学习。

本书适合从事广告设计、平面创意设计、网页设计、工业设计等领域的人员和 Illustrator 爱好者学习，也非常适合作为大中专院校平面设计专业课教材以及相关培训机构教材。

本书由施博资讯科技有限公司策划，由黄活瑜主编，参与本书编写及设计工作的还有苏煜、黄俊杰、黎文锋、梁颖思、吴颂志、梁锦明、林业星、黎彩英、刘嘉、李剑明等，在此一并谢过。在本书的编写过程中，我们力求精益求精，但难免存在一些不足之处，敬请广大读者批评指正。

编　者

目 录
Contents

第1章 平面设计必备知识

> 本章首先介绍平面设计的概念、特征与特点，接着介绍平面、色彩的构成与基本的配色方案，详细分析平面设计的版面编排与输出前的准备工作。

1.1 平面设计的概念

1.设计的起源与含义

设计（design）一词是日文在翻译"design"这个字得来的，在翻译时除了具有"设计"的意思外，还曾有"意匠、图案、构成、造形"等词意。而英语中的 design 则源自拉丁语的 de-sinare，是"作－记号"的意思，在十六世纪意大利文 desegno 开始有如今 design 的含意，后经由法文转为英文所引用，成为现今英文中的 design，在英文中 design 有以下解释：

① 设计、定计划。

② 描绘草图，逐渐完成精美图案或作品。

③ 对一定目的的预定与配合。

④ 计划、企划。

⑤ 意图。

⑥ 用图章、图记来表达与承认事件。

另外，"design"一词还包括广泛的设计领域与门类建筑，比如工业、环艺、装潢、展示、服装、平面设计等等。

2.现代平面设计的含义

平面设计是设计的一种表现形式，从应用范围来讲，一般用于印刷设计作品的都可以统称为平面设计。从功能上可以解释为：通过人自身进行调节达到某种视觉程度的行为，又叫做"视觉传达"，即指用视觉语言进行传递信息和表达观点的过程。常见的平面设计包括：形象系统设计、字体设计、书籍装帧设计、包装设计、海报／招贴设计等。设计的种类可以根据需求而定。

设计是一个具有目的性的策划过程，平面设计是一种与特定目的有着密切联系的艺术。在平面设计中根据设计师的需要用视觉元素传播其设想和计划，用文字和图形把信息传达给受众，让人们通过这些视觉元素了解设想和计划，这才是现代平面设计的真正定义。一个视觉作品的生存底线，应该看它是否具有感动他人的能量，是否顺利地传递出背后的信息，事实上它更像人际关系学，依靠魅力来征服对象。

3.平面设计的特征

平面设计可以说是商业社会的产物，是科技与艺术的结合体。设计与美术的区别在于设计不但要符合美观性还要具备实用性，以人为本。设计不仅仅是装饰或者装潢，而是一种社会需求。

设计并没有结束的概念，需要设计者不断完成、精益求精，始终处于挑战自我的竞技姿态。设计的关键点在于发现，只有不断通过深入的感受和体验才能做到。设计要让人感动必须通过足够的细节、图形的创意、高品位的色彩以及动感的材质，把设计的多种元素进行有机的艺术化组合。

平面设计是一门综合艺术，它涉及电脑技术、软件工程、艺术设计、展示设计等方面。设计者既要关注电脑科技的最新发展，又要为艺术建立坚实的人文基础，强调艺术的创造性与个性风格，这样才能使艺术作品更具有生命力。

4. 电脑平面设计的特点

电脑平面设计是指用一些特殊的操作来处理一些已经数字化的图像的过程，它是集电脑技术、数字技术和艺术创意于一体的综合设计，利用多种不同的电脑设备和软件来辅助完成平面设计工作，是一种具有美感、使用与纪念功能的造形活动。电脑平面设计包括文字、书写、图表、图形、绘画等多种形式的设计内涵。

电脑平面设计改变了传统的视觉语言表达的方式，它使每一个对设计有兴趣的人都有机会成为平面设计师，从而在设计领域中展示无穷的艺术魅力。电脑平面设计的主要特点主要表现在以下方面：

（1）替代传统设计工具

电脑是现代平面设计的主要创作与辅助工具，在电脑中运行的多种设计软件中，都结合了各种传统绘画工具的特点，体现多种新的艺术风格，使创作技巧不断推陈出新。常用的平面设计软件有 Illustrator、Photoshop 和 CorelDRAW 等，它们的出现极大程度地推动了印刷业、出版业和摄影业的发展。

（2）强大的信息处理能力

电脑擅长文字录入、图像输入、图像编辑、特效处理、图像存储等多个方面的处理。另外，在图文混排、图像输出等方面的操作与效率也让人满意。

（3）促使平面设计的产业化革命

电脑在平面设计中的应用极大地改变了平面设计的作业环境，使艺术创作逐步走向标准化、工业化、产业化。

（4）激发设计创意

电脑革新了设计师的艺术语言与表现手法，同时促进了创意的萌发机制与深化过程，通过特效与滤镜等工具、功能，还可以制作出传统绘图工具无法实现的效果，许多以往想得到却做不到的事现在都能通过电脑轻易实现了。

1.2 平面视觉元素的基本概念

1. 造形与形态的概念

所有的视觉形象，不管是具象还是抽象的，都可以解析为形态要素及其组合原则。而造形是指应用形态要素并按一定原则组成美好的形态。"形态"是指可见物体的外形及特征，在造形基础理论中，主要是指现实物体能被感觉到，并可以转为造形要素的形。它包括所有视觉要素中形状、大小、明暗、肌理等元素组成的形。形态可以分为两大类：自然形态和人工形态。

（1）自然形态

自然形态是指自然界中的一切形象，它是未经过任何人为意志和要求进行加工处理的自然形，有动物形态、植物形态、非生物形态等。自然形态是创作的素材和源泉，从设计构成学来说，它是一种最基本的形态资料。

（2）人为形态

自然形态是靠自律形成的，而人造物则是按人的意志制造的，这就是自然形态与人为形态的差别所在。人为形态包含着反映自然本体物态为内容并能给予自然形态进行分解组合的多种层次，只要反映了某些具体形象的特征，都属于人为形态，即根据人的意志加工过的东西或由人造出来的新产品，相对自然而言，称之为人为或者人工形态，在人为形态中可以看出它还保留自然形态的特征、特质，但它又不是自然形态的复制，也不是自然形态的模仿，而是通过设计思维加工的人为形。

人为形态在设计中通常概括为"具象形态"和"抽象形态"两大类。

具象形态：指写实的，具体像某一物象的形态，简而言之，是指"看得懂的"形态。

抽象形态：是指具体形态的构成元素的某种概念性的表现。抽象即是"概念"的，所谓抽象形态只是相对于具象形态而言，真正意义上的抽象形态是不存在的。对于视觉艺术来说，抽象形态指仅依赖于线条、点、块、色彩等可视的形象元素显现出来的不用来表示日常视觉经验中存在的具象物体的形象的形。

在现代设计中，抽象形态主要是几何形态的发展，这是造形的基础，几何形态在这里已不是几何学数学的概念，而是从美学的观念形成的一种抽象的艺术表现语言的"词汇"，也称之为几何图形。

抽象形态成形的过程是由具象到抽象，由感性到理性，又由理智到感情，是对具象的高度升华，并且由数理转入艺术境界。抽象形态构成正如抽象的雕塑一样，虽然不是直接传递给感官什么具体的形象，在抽象的形态思维中，它只是一种意象，一种感觉，一种美的形式，抽象形态的构成是训练设计构思的最好方法。

2. 形态构成的基本要素

可视的形态构成要素如表 1-1 所示。

表 1-1　形态构成的基本要素

构成要素	种　类	内　　　容
形象要素	形状	具象形、意象形、抽象形、积极形、消极形
	色彩	色相、明度、彩度、面积
	肌理	视觉肌理、触觉肌理
空间限定要素	点	相对占有面积小
	线	相对较长
	面	相对有较大的延展
	立体	三度空间
	空虚	空白地带
组合要素	编排组合	不同的排列方式导致不同的画面效果
心理性要素	意义	指组成的形态整体除去美好的形式之外，还应具有特别的含义
	感情	一方面指作者要带有感情去创作才能有感人的作品，二是指作品必须是能表达一定感情的才能发挥其效用
	境界	环境气氛以及作品能带给人的身临其境之感

1.3 平面的构成

1.3.1 平面构成的概述

（1）平面构成的概念与作用

平面构成是一种造型概念，其含义是在二维平面空间内，将点、线、面等视觉元素根据不同的形态、法则重新组合成为一个新的形体，并且赋予视觉化的、力学的概念，其目的在于创造新的形象，并展示抽象的思维方式。

（2）平面构成元素

平面构成元素是指创造形象之前，仅在意念中感觉到的点、线、面、体的概念，其作用是促使视觉元素的形成，包括概念元素、视觉元素和关系元素，其中视觉元素上一节已经介绍过，在此不再赘述。而关系元素是指视觉元素（即基本形）的组合形式，通过框架、骨骼以及空间、重心、虚实、有无等因素决定的，其中最主要的因素骨骼是可见的，其他如空间、重心等因素则有赖于感觉去体现。

（3）平面构成的框架

一切用于平面构成的可见视觉元素通称为形象，基本形即是最基本的形象；限制和管辖基本形在平面构成中的各种不同的编排，即是骨骼。基本形有"正"有"负"，构成中亦可互相转化；基本形相遇时，又可以产生分离、接触、复叠、透叠、联合、减缺、差叠、重合等几种关系。骨骼可以分为在视觉上起作用的有作用骨骼和在视觉上不起作用的无作用骨骼，以及有规律性骨骼（即重复、近似、渐变、发射等骨骼）和非规律性骨骼（即密集、对比等骨骼）。基本形与骨骼的上述特性，将相互影响、相互制约、相互作用而构成千变万化的构成图案。

1.3.2 平面构成的元素

图形视觉表现最小的单位就是点、线、面，它们通过不同的律动形式可以组成结构严谨并具有创造力的实用设计作品。在学习平面设计之前，了解上述视觉艺术语言的特性及组合规律，可以训练培养各种熟练的构成技巧和表现方法，培养审美观及美的修养和感觉，提高创作活动和造型能力，活跃构思。

1. 点

从几何学的角度来看，点只有位置没有任何形态和大小。但在平面设计的造型中，点必须有形态、大小、位置等视觉特征。

（1）点的概念

点在几何学的定义里是无面积的，仅是标示其位置以及反映客观形象的棱角，它存在于线的始尾、交叉处、线和面的交叉部位以及直线的转折处。在平面设计中，点的意义不在于大小，而是在于位置。

在视觉表现上，"点"通常用来表现细小的形象。由于有了大小的要素，所以点也需要有面积和形状。另外，点具有一定的相对性。同样一个点，在不同的框架空间内其感觉是不相同的；如果点扩大，框架不变，点的感觉减弱而面的感觉加强。

（2）点的形态与特征

点给人们的印象通常为无棱角、无方向的小圆形，而造型中的点有圆点、方点、长方点、椭圆点、三角点、梅花点等各异的形态。点的形状可以通过曲线形、直线形、曲直结合形三种形式来表现。点的特征在于形状的大小，而非形状，点的面积越小就越具有视觉冲击，反之，越大的点就有了面的感觉。而对于点的形状而言，圆点最容易给人感觉。如图1-1所示为点的构成。

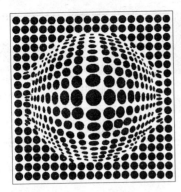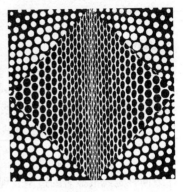

图1-1　点的构成

（3）点与人的视线的关系

通过点吸引视线的特性，可以牵引组织线的发展方向，并在画面上产生形态感。如果画面上出现一个点时，可以吸引人们的视线，使他们都关注该点；若出现两个点时，就会产生视觉飘移。点以不同的数量或者形式出现时会有不一样的视觉效果，如表1-2所示。

表1-2　点的数量与视觉特性

点的出现形式	视觉特性
一点	使视线聚集于画面上的某处，点具有静止、固定的特性
两点	人的视线来回于两个点上，距离越近吸引力就越强
三点	通过金字塔形的排列产生虚面
多点	若根据规则排列可以产生不同的形状，并产生线的感觉与联系。
大小点	人的视线首先聚于大小，再流到小点，大小点的配合可以产生吸引力，并具有方向引导性
大小渐变的点	产生集中感或空间感
距离排列的点	营造一种平稳安定的视觉感
按大小比例排列的点	产生方向推移的视觉感

点的移动能够产生线，点的集聚产生面，同时点还具有时间和空间的概念，其大小疏密可以实现凹凸明暗的画面效果。设计者可以根据点的不同的形态、大小、数量进行合理排列组合，创造出富有空间感与节奏感的图形。

2. 线

视觉造型中的线有长度、粗细方向等特征。

（1）线的概念

线在几何学中的定义是点移动的轨迹，它有长度和位置两个基本参数。而在视觉构成中，线与点一样具有视觉效果的形态，它是由形状、位置、大小、方向、色彩和肌理等视觉元素组合而成的。

（2）线的形状与分类

根据线的形状性质不同，可以将它分为直线和曲系两个大系。其中直线系包括水平线、直线、折线；而曲线系包括几何曲线、自由曲线等，具体分类如表 1-3 所示。

表 1-3　线的形状与分类

线	直线系	水平线			线	曲线系	几何曲线	抛物线	开放的曲线
		直线						双曲线	
		折线						弧线	
	曲线系	几何曲线	圆线	封闭的曲线			自由曲线	S 形曲线	
			椭圆曲线					回形曲线	
			心形曲线					旋涡线	

（3）线的方向性与特性

方向性是线最显著的造型表现，包括以下几个方面：

① 垂直方向：垂直的线具有突破、分隔等特性，同时也具有竖向的延展性。

② 水平方向：水平的线具有安静、永久、舒展等特性，同时也具横向的延展性。

③ 倾斜方向：倾斜的线具有生动活泼等特性，不但方向性明显，而且可以给人动感、飞跃、冲刺等印象。

④ 曲线：曲线具有韵律、流动、回转等特性，其方向性也非常明显，具备一定的亲和力。

线是抽象派设计师常用的设计符号和灵感来源，线包含很强的造型力和感情色彩，它不仅可以表达基本的形体或者作为形态的轮廓存在，还可以抛离色彩独立构图，有时一条线也可以给画展现意想不到的变化。

（4）线的构成

由于类别、形状、方向与特征等诸多因素对线的影响，所以不同的线有着不同的构成方式，如图 1-2 所示，而且各种构成方式又会产生不同的表达与心理暗示，下面将其概括为如表 1-4 所示。

图1-2　线的构成

表 1-4　线的构成与象征

线的构成形式	象　征
直线构成	具有刚劲、坚固、肯定、肃穆、硬等特征
线的粗细构成	粗线有力，细线锐利，具有速度感，如果是线的粗细同时排列还可产生透视关系
平行线构成	如果是同一种线平行排列，具有整齐、规整、井井有条的条理感
折线构成	具有锋利、运动、挫折、扬抑感，有一种力的抑制联想
几何曲线构成	具有充实、饱满、圆润、流畅的感觉

线的构成形式	象 征
抛物线构成	具有一种速度感
自由曲线构成	具有流畅、柔和、幽雅等丰富的感情的线，它们给人以水波、弹性或柔软等含蓄的联想

3. 面

面是被填充的轮廓形，也是相对形态大于点而言的。

（1）面的概念

面是比点面积大，比线短而宽的形。面具有二维性、幅度感以及面积的量感。面在造型中总是以一定的形出现的，没有形的面是不可能存在的。如图1-3所示为面的构成。

图1-3 面的构成

（2）面的分类

由于面的多变性，所以其种类也是千变万化的。面可以归纳为如表1-5所示的几种形式。

表1-5 面的分类

面的类型	构成
直线形的面	用直线构成的面形，如正方形、三角形、长方形等
曲线形的面	用曲线（几何）方式构成的规则的形、如圆、半圆等
随意形的面	用曲线构成一些比较自由且不规则的形
偶然形的面	用特别表现手法意外获得的面形

（3）面的表现性格与作用

面不同于形，它对人的心理作用是多样性的，比如几何形的感觉是明确、简洁、有秩序，自由形则有随意、柔软、流动的美感等。

① 直线形的面：表现一种正直、安定、刚直的心理特征。比如正方形表现一种正直感、稳固感；而三角形则有着尖锐醒目的效果，表现一种稳定感、提示感。

② 曲线形的面：表现一种有数理性的秩序感。比如圆形是一条连贯循环的曲线，有永恒的运动感，象征完美与简洁；此外，圆形还表现为集中、精神专注。很多寺院、教学建筑的屋顶都以圆形为多。

③ 随意形的面：表现为形状自如、轻松活跃、富于变化。在心理上可以产生一种幽雅、柔软

的美感特征。

④ 偶然形的面：比较自然并具有个性的图形，有一种朴素而自然的美和较强的趣味性。

1.3.3 平面构成的种类

平面构成主要是运用点、线、面和律动组成结构严谨、富有极强的抽象性和形式感，又具有多方面的实用特点和创造力的设计作品。

1. 相接关系

某个形与另一个形相遇并且边缘恰好接触，从而产生一个两形相连接的组合形就叫做形态的相接。形与形的各自形态没有渗透，不影响到形的独立性。如图1-4所示。

2. 复叠关系

将两个形移近彼此相交，一个形复叠在另一个形之上就形成了复叠关系。在复叠关系中，形象产生上与下或前与后的空间关系，并且一个形在另一个形之上或之前是非常明显的，它是强调表象的手法之一，如图1-5所示。

图1-4 相接关系

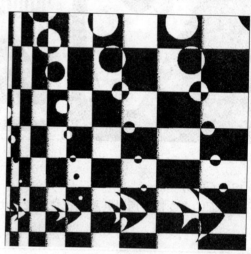

图1-5 复叠关系

3. 透叠关系

透叠关系与复叠关系相同，不同之处在于透叠像玻璃一样不掩盖下面的形，两种形象同时显现，都有透明之感，可以透过形看到骨骼，或透过骨骼看到形，它是一种透明形态。在相叠时也不会产生明显的上与下的关系，任何一形的轮廓都完好无损，在互叠的地方产生色彩变动，如图1-6所示。

4. 结合关系

结合关系与复叠关系相同，它也是将一个形叠在另一个形上，但两形在互叠时不产生透明的效果，而是彼此联合成为新的较大的形象，在结合关系中，两形或者两种骨骼互相渗透、互相影响，任何一形都将损失部分的轮廓。两形结合一体，在同一个空间平面一般无远近变动，如图1-7所示。

5. 差叠关系

差叠关系与透叠关系相同，但只有互叠的地方是可见的，差叠造成新的细小的形象，而原有的两形难以辨认，如图1-8所示。

图1-6　透叠关系

图1-7　结合关系

6. 相切关系

一个可见形的某一局部被另一个不可见的形象复叠，使可见形产生减缺现象，它比单形或复形的变化更为激烈，如图 1-9 所示。

7. 重合关系

若将两形移近，其中一个形覆盖另一个形，彼此重合变为一体即为重合关系。在重合关系中，若两形的形状、大小、方向相同，就只会见到一个形，而不会有远近变动感。若两形的形状、大小、方向不同，一个形包裹另一个形，人为的加上黑白面就会产生不同的造型和空间效果，如图 1-10 所示。

图1-8　差叠关系

图1-9　相切关系

图1-10　重合关系

1.4　色彩构成与基本配色

色彩构成是指根据构成原理将色彩按照一定的关系进行组合，搭配出符合设计主题的颜色方案。

1.4.1　色彩的属性

1. 色相

色相是测量颜色的术语，即各类色彩的相貌称谓，如大红、普蓝、柠檬黄等。色相是色彩的首要特征，是区别各种不同色彩的最准确的标准，任何黑白灰以外的颜色都有色相的属性。

最初的基本色相为红、橙、黄、绿、蓝、紫，后来在各色中间加插中间色，于是就变成了十二种色相，即红、橙红、黄橙、黄、黄绿、绿、绿蓝、蓝绿、蓝、蓝紫、紫、红紫。瑞士色彩学家约翰内斯·伊顿先生曾设计了十二色相圆环,如图1-11所示。十二种色相的彩调变化在光谱色感上是均匀的,如果进一步分析十二色相的中间色,就可以得到二十四种色相。

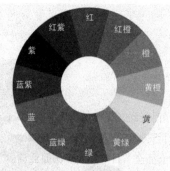

图1-11　十二色相环

2. 明度

明度是眼睛对光源和物体表面的明暗程度的感觉,主要是对光线强弱鉴定的一种视觉经验。

明度不仅决定物体的照明程度,而且决定物体表面的反射系数。如果看到的光线来源于光源,明度决定于光源的强度。如果看到的是来源于物体表面反射的光线,明度决定于照明的光源的强度和物体表面的反射系数。如图1-12所示为不同明度图像的效果。

图1-12　不同明度的图像对比

3. 饱和度

饱和度是指色彩的鲜艳程度,也称为色彩的纯度。饱和度取决于该色中含色成分和灰色成分的比例。含色成分越大,饱和度越大;灰色成分越大,饱和度越小。如图1-13所示为不同饱和度的图像效果。

图1-13　不同饱和度的图像对比

1.4.2　颜色的心理暗示

不同的颜色会给人带来不同的心理感受。色系中的基本色给人的心理感受如下:

红色:是一种激奋的色彩,它具有刺激效果,能使人产生冲动、愤怒、热情、活力的感觉。

绿色:是一种介于冷暖两种色彩的中间色,它给人一种和睦、宁静、健康、安全的感觉。如果将绿色和金黄、淡白搭配,可以产生优雅、舒适的气氛。

橙色:是一种激奋的色彩,它具有轻快、欢欣、热烈、温馨、时尚的效果。

黄色:是一种暖色,它可以体现快乐、希望、智慧和轻快的个性。

蓝色:是最具凉爽、清新、专业的色彩。它和白色混合,能体现柔顺、淡雅、浪漫的气氛。

白色:给人有洁白、明快、纯真、清洁的感受。

黑色:给人有深沉、神秘、寂静、悲哀、压抑的感受。

灰色:给人有中庸、平凡、温和、谦让、中立和高雅的感觉。

每种色彩在饱和度、透明度上略微变化就会产生不同的感觉。以蓝色为例，深蓝色有深沉、幽宁、阴森的感觉。

1.4.3 基本色谱参考

配色基本的参考色谱有24种，分别是友善、土性、堂皇、神秘、柔和、热情、热带、清新、清爽、平静、流行、浪漫、可靠、活力、怀旧、古典、丰富、动感、低沉、传统、奔放、职业、强烈、高雅，这24种参考色谱的说明与实际配色示例如下。

友善：平面配色设计上通常使用橙色表达友善的感觉，因为它能够体现开放、随和的感觉，而且橙色具有活力的素质。如图1-14所示。

土性：土性色一般是指深色、鲜明的红橙色，这种颜色又被称为赤土色。土性色可以体现出鲜艳、温暖、充满活力与土地味的色彩。使用这种色彩可以设计出悠闲、舒适的画面效果。当土性色与白色搭配时很容易突出颜色的对比，从而产生年轻、自然灿烂的感觉。如图1-15所示。

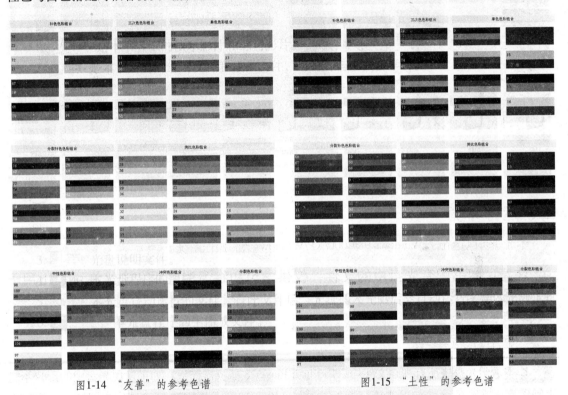

图1-14 "友善"的参考色谱　　　　图1-15 "土性"的参考色谱

堂皇：堂皇的感觉通常体现在蓝紫色上，这种颜色是通过纯蓝和红结合在一起而产生的。由于蓝紫色的色相很深，所以使用这种配色进行平面配色时，可以体现出权威、气派，就好像皇室的雍容。如果使用黄、橙与蓝紫进行配色，可以设计出很具有气派的作品。如图1-16所示。

神秘：在众多颜色中，紫色最能够表现神秘的色彩，所以使用紫色配色能够产生很多奇幻的效果，例如让人感到新奇、刺激等感觉。如果紫色配上黄色，更能够表现出神秘、诡异的感觉，对浏览者相当有吸引力。如图1-17所示。

柔和：如果想要在颜色上表现柔和的感觉，那么就不能使用高度对比的明色，因为只有不刺激的颜色搭配才会调出柔和的效果。在配色上可以多使用紫色、绿色、橙色的搭配，并降低明度和对比，达到良好的柔和感觉。如图1-18所示。

热情：最能够表现热情的配色就是黄橙色、琥珀色、深红色的颜色组合，这类配色效果不仅能够发出夺目的色彩，而且非常具有亲和力。如果将红色与白色、橙色与白色等进行高对比配色，则可以产生一种古典的美观。如图1-19所示。

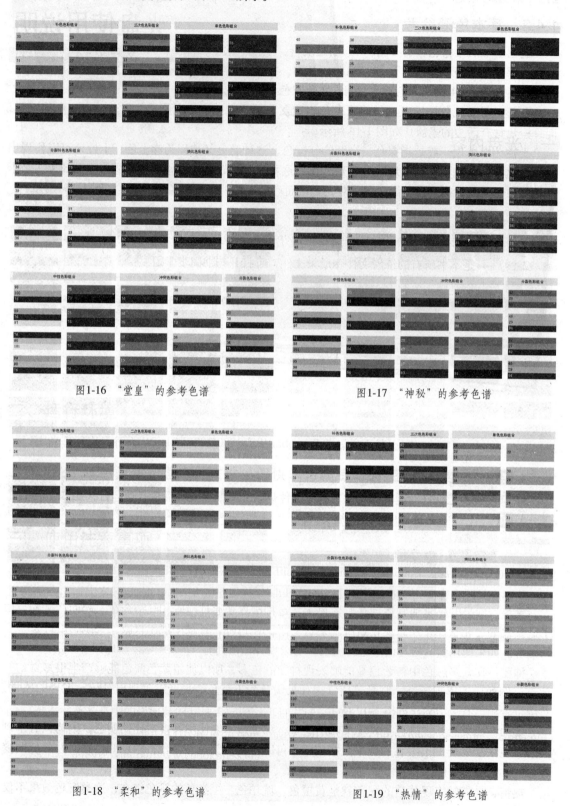

图1-16 "堂皇"的参考色谱　　　　　　　　图1-17 "神秘"的参考色谱

图1-18 "柔和"的参考色谱　　　　　　　　图1-19 "热情"的参考色谱

热带：热带颜色是一类具有热带风味的色调，其中绿松石绿就能够很好地表现热带风味。绿色本身属于冷色系，而绿松石绿则是冷色系里最温暖的色彩。通过使用其他蓝绿色的明色与绿松石绿进行配搭，可以设计出具有宁静感觉的页面。如图 1-20 所示。

清新：看到绿色，通常给人一种清新的感觉。所以在配色上，以绿色作为主色调的页面，可以产生欣欣向荣、健康的气息。如果采用色相环上绿色的类比色进行搭配，则可以设计出代表户外环境、鲜明、生动的色彩。如图 1-21 所示。

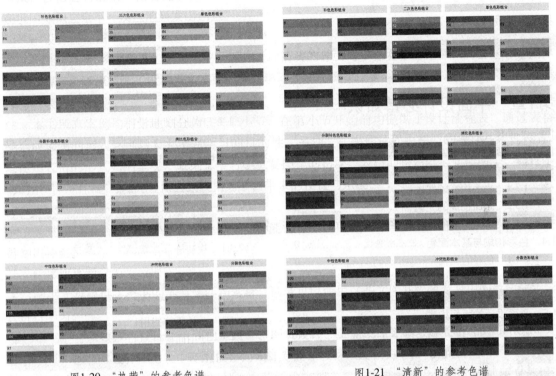

图1-20 "热带"的参考色谱　　　　图1-21 "清新"的参考色谱

清爽：淡而浅的蓝绿、红橙色、蓝绿和鸭绿，通常被认为是清爽的色彩组合，通过这些颜色的组合，可以产生清新、舒爽的感觉。清爽的色彩组合如果添加光彩，例如红色、橙色，可搭配出具有祥和、宁静感觉的颜色效果。如图 1-22 所示。

平静：在平面配色设计中，使用任意一种颜色搭配出一些灰蓝或淡蓝的明色色彩组合，就可以让作品产生令人平和、恬静的效果。如果强调色是淡蓝色的配搭，则可以营造一种给人安心的感觉。如图 1-23 所示。

流行：要让平面配色做到"流行"的效果，就必须让配色效果看起来很舒服，而且具有震撼力，能够吸引浏览者的目光。在流行色的配搭上，淡黄绿色是一种非常常用的颜色，它色彩醒目，可以设计出具有青春、活力的页面效果。另外，很多鲜明的颜色都可以搭配出流行效果，例如黄绿色、红色等。如图 1-24 所示。

浪漫：说到浪漫就让人联想起粉红色，它是浪漫的最佳代表。粉红色其实包含红色与白色，当将这两种颜色混合起来，就产生一种明亮的红。这种红色能够吸引人们的兴趣与快感，而且让人感觉很柔和和宁静。能够表现浪漫的颜色还有淡紫、桃红等颜色。如图 1-25 所示。

可靠：可靠的另一种表现是深沉，在这方面海蓝色最能体现深沉、可靠的意味。以海蓝色作为作品的主色调，再使用其他颜色进行搭配，可以设计出可靠、值得信赖的色彩效果。同时，海蓝色还具有权威感，在作品上可以体现统率、支配的感觉。如图 1-26 所示。

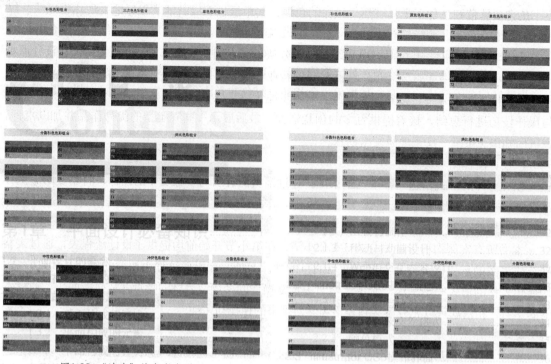

图1-22 "清爽"的参考色谱 　　　　　　　　　　图1-23 "平静"的参考色谱

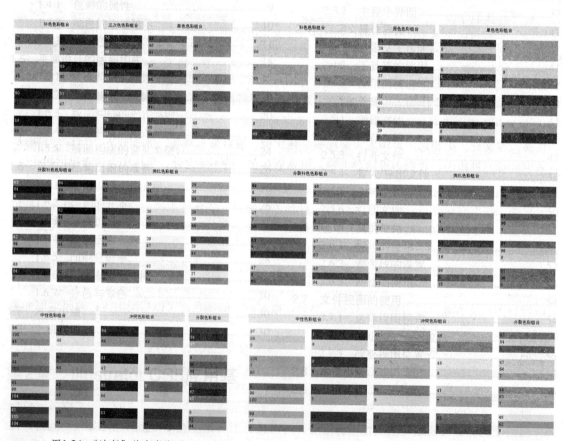

图1-24 "流行"的参考色谱 　　　　　　　　　　图1-25 "浪漫"的参考色谱

活力：红紫色是表现活力的必要色彩，在平面设计上可以让红紫色搭配它的补色，如黄绿色，可以表现出精力充沛的气息。另外，红紫色配搭黄色，或红紫色配搭绿色，可以营造出让人振奋的感觉，同时充分展现热力、活力与精神。如图 1-27 所示。

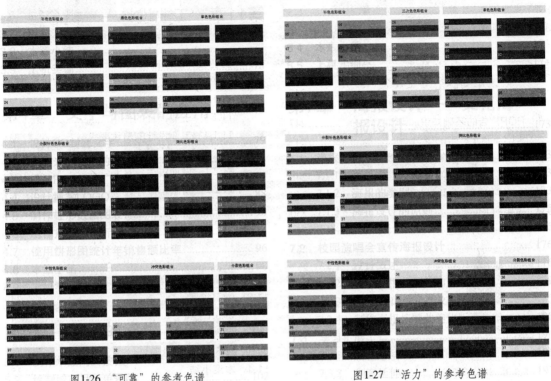

图1-26 "可靠"的参考色谱　　　　　　图1-27 "活力"的参考色谱

怀旧：任何色彩搭配淡紫色，最能诠释怀旧思古之情。在紫色系中，淡紫色融合了红和蓝，比起粉色较精致，也较刚硬。所以，淡紫色的组合色最能够表现怀旧的感觉。如图 1-28 所示。

古典：很多阴沉的颜色都可以表现古典的色彩，例如泥土色、黄橙色等。而在使用这些色彩搭配时，最好能够使用宝蓝色来调配，因为宝蓝色是任何一个古典色彩组合的中间色，它能够让古典色产生持久、稳定与力量的感觉。如图 1-29 所示。

丰富：要表现色彩里的浓烈、丰富，可以先确定一个有力的色彩，然后通过与该色彩明暗度、对比度，甚至色相完全相反的色彩组合，就可以表现强烈、华丽、富足的感觉。如图 1-30 所示。

动感：在众多颜色中黄色代表了带给万物生机的太阳，所以以黄色为主调的配色设计，最能够表现活力和永恒的动感。在黄色中加入白色，可以让它的明度增加，产生更加耀眼的效果。如图 1-31 所示。

低沉：在平面配色设计中，通常使用灰紫色或者让灰紫色调和红紫色、土黄色作为表现低沉的主色调。任何颜色加上少许的灰紫色、红紫色或土黄色，都可以表现出柔和的效果。通过包括灰紫色、红紫色的补色设计，可以加强柔和的效果，让页面颜色顿时生动起来。如图 1-32 所示。

传统：传统的色彩组合常常是从那些具有历史意义的色彩那里仿造来的。例如蓝、暗红、褐和绿等颜色与灰色配搭，都可以体现传统的主题。如图 1-33 所示。

奔放：在平面配色设计上朱红色最能够表现热情、奔放的感觉。通过使用朱红色以及该色相同色相的颜色搭配，可以表现强烈的活力与热忱，或者充满温暖的感觉。因为"奔放"色彩组合最能够让人有青春、朝气、活泼、顽皮的感觉，所以常常出现在个性、生活、运动以及产品的平面设计上。如图 1-34 所示。

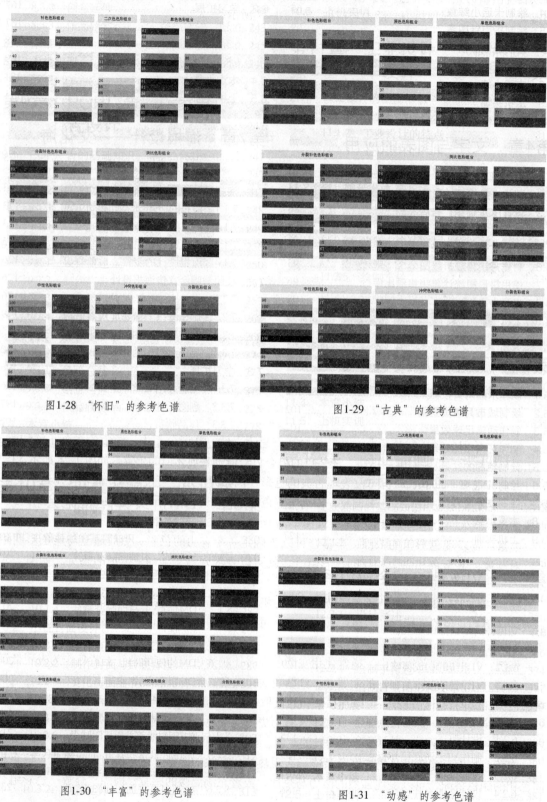

图1-28 "怀旧"的参考色谱

图1-29 "古典"的参考色谱

图1-30 "丰富"的参考色谱

图1-31 "动感"的参考色谱

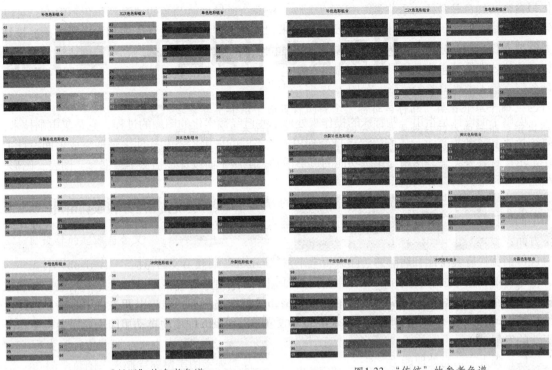

图1-32 "低沉"的参考色谱   图1-33 "传统"的参考色谱

　　职业：在商业活动中，颜色受到仔细的评估，一般流行的看法是灰色或黑色系列可以象征"职业"，因为这些颜色个人主义色彩较淡，有中庸之感。另外，灰色可以作为鲜艳色的背景色，例如红色、橘色等，这样可以让原有鲜艳色彩的热力稍加收敛、含蓄一些。如图1-35所示。

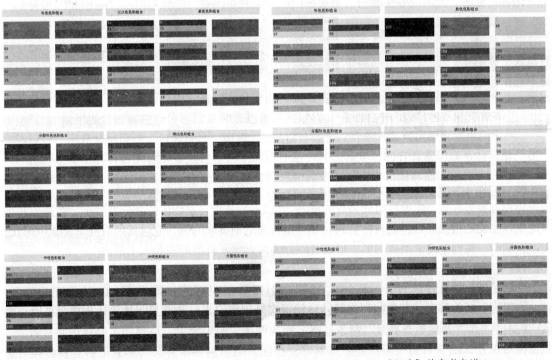

图1-34 "奔放"的参考色谱   图1-35 "职业"的参考色谱

强烈：红色是最终力量来源—强烈、大胆、极端。通过红色为主的"强烈"色彩组合，可以体现人类最激烈的感情：爱、恨、情、仇。因此，"强烈"的配色设计通常应用在以广告、展示为主的平面作品，以便可以传递活力，吸引浏览者的眼光。如图 1-36 所示。

高雅：高雅的色彩组合只会使用最淡的明色。例如，少许的黄色加上白色会形成粉黄色，这种色彩会给人带来温馨的感觉。如图 1-37 所示。

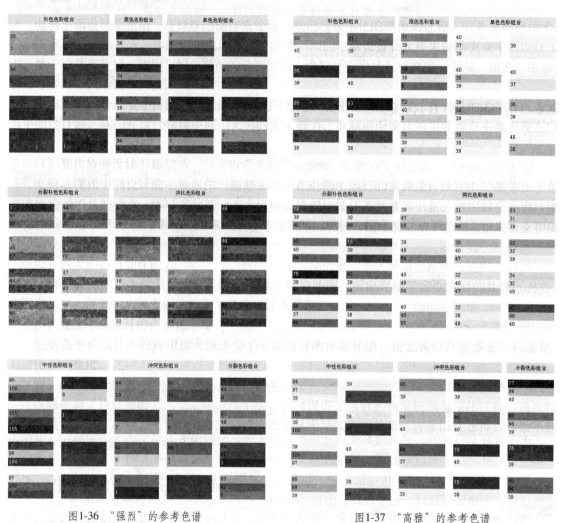

图1-36 "强烈"的参考色谱　　　　　　　图1-37 "高雅"的参考色谱

1.5　平面设计的版面构成

"版面构成"也叫"版面设计"，版面构成是平面设计中的重要组成部分，也是一切视觉传播艺术施展的平台与基础。

1.5.1　版面构成的概述

版面构成除了是信息发布的重要媒介以外，还肩负着为读者传输美的享受和共鸣的重任，使设计师的观点与视觉能进入读者的心灵，这也是版面构成的两大功能性。

在过去，人们认为版面设计只是一项技术工作，根本不在艺术范畴之内，因而无视其艺术价值，认为只要把字体、图形与图片作出格式上的整合即可。其实，版面设计并非单纯的技术排版，而是技术与艺术的高度融合。设计师除了要把美好的设计观念表现出来以外，还要广泛调动起受众的激情与感觉，使之产生共鸣，在接受版面信息内容的同时，得到消遣、娱乐和艺术性的感染，从中提升审美内涵。

1. 多元化的电子媒体

当前最具吸引力的版面构成因素莫过于电子媒体传递的多样化了，电子媒体通过明晰的字体、符号、图形与图片的版面设计，消除了世界、民族间的语言隔阂，加快了信息的传达，并相互融洽、相互交流、相互推动，共同构筑版面的新格局、新概念。以多元化的电子媒体表现的艺术版面构成已成为世界性的视觉传达的公共语言。如图 1-38 所示为优秀电子杂志的版面构成。

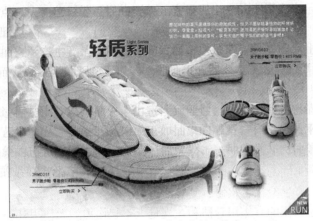

图1-38 优秀电子杂志的版面构成

2. 创意无限的表现形式

设计师们摒弃过去习惯性的框框条条，在版面构成中融入创意与革新，使内容与形式紧密相连。当前版面设计的表现形式正朝着艺术性、娱乐性、亲和性的方向发展。将版式设计转化为一种新艺术、新感受、新情趣，取代过去千篇一律的说教性的版面形式。在提高作品观赏性和趣味性的同时，也迅速吸引了观赏者的注意力，从而激发其兴趣，达到以情动人的目的。如图 1-39 所示为大胆创新的版面构成。

图1-39 大胆创新的版面构成

3. 设计工具的完善

"工欲善其事，必先利其器"，电脑的使用可谓是版面设计的一大利器。通过电脑抠图、合成、叠透、旋转、图像滤镜等效果与特效，如图1-40所示轻易即可实现一个多维空间的版面，使版面从单一的构成关系变成了多视点的层次空间。

图1-40 使用电脑绘制的角色人物

1.5.2 版面构成的元素

"版面构成"是指将不同或相同的形态单元重新组合成新的单元形象，赋予视觉感受上新的形态形象，它是一种造型概念。其组成元素包括概念元素、视觉元素、关系元素、实用元素。

概念元素：是指构成平面的基本元素：点、线、面、体。

视觉元素：是指将"点、线、面、体"等概念元素通过一定的法则体现在实际设计中，包括大小、形状、色彩、肌理等。

关系元素：是指在画面上组织、排列视觉元素完成视觉传达的目的。包括方向、位置、空间、重心等。

实用元素：是指设计所表达的内容、目的和功能。

1.5.3 版面构成的形式原则

版面构成的四大形式法则为"思想性与单一性"、"艺术性与装饰性"、"趣味性与独创性"、"整体性与协调性"。

1. 思想性与单一性

一个优秀的版面必须能表达出客户的需求，在设计前需要与客户的沟通，然后再深入地了解研究，最后达成共识。版面由内容构成，主题必须扼要明了，使人一目了然才能达到版面构成的最终目标。一幅平面作品的篇幅有限，设计者要尽量以"简洁而不简单"、"单纯而不简单"的版面构成，将信息内容浓缩、精炼地表达出来，如图1-41所示。所谓的单一性不仅要求内容提炼与规划，还涉及版面构成技巧。

2. 艺术性与装饰性

版面构成的艺术性是指设计者通过意新、形美、美化、统一的艺术手法，让观赏者得到美的享受，使版面构成更好地为版面内容服务。而版面的装饰性是指通过文字、图形、色彩等通过点、线、面的组合与排列，配以夸张、比喻、象征的手法来体现视觉效果，不但能够美化版面，还能提升传达信息内容的功能，如图 1-42 所示。

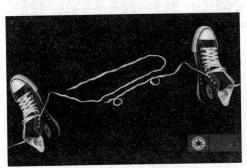

图1-41　简洁与不简单的版面

图1-42　具备艺术性与装饰性的版面

3. 趣味性与独创性

版面构成的趣味性是一种活泼的视觉语言，是指形式美的情趣。一个充满趣味性的版面，可以让信息的传达强度锦上添花，从而更好地吸引、打动受众。在实际操作中，可以运用幽默、寓意、诙谐等手法来实现。而独创性是使版面构成突出于其他作品的专有气质，与众不同的个性是版面构成的灵魂，也是使一幅作品出类拔萃的最大筹码。一个单一无趣、人云亦云、缺少创意的版面，会使人过目即忘，大大降低作品的价值。因此，勇于思考、敢于创新、多个性少共性才能赢得受众的青睐，如图 1-43 所示。

4. 整体性与协调性

版面构成的整体性原则是指形式要符合主题内容，要求形式与内容并存，在保留内容的同时又不能忽略艺术表现。一个成功的版面构成必须将形式和内容有机结合，统一、深化整体布局。而版面协调性是指增加版面设计元素的结构与色彩的关联性。比如将标题、图像素材、广告主体、广告标语等设计元素合理整合、编排，色彩的配置要做到衬托、避让，使版面呈现出秩序与条理的美感，从而产生较好的视觉效果，如图 1-44 所示。

图1-43　幽默、寓意的趣味版面

图1-44　整体协调的版面

1.5.4　版面构成的形式原理

版面构成的形式原理是规范形式美感的基本法则，设计者通过这些法则来规划版面，把抽象美的观点及涵养展现给读者，使之从中获得美的享受与收获。下面介绍7种形式原理，它们之间是相辅相成、互为因果的，既对立又统一的共存于一个版面中。

1. 重复与交错

重复可以使版面呈现安定、整齐、统一的效果，比如通过重复使用大小、形状、方向相同的基本形状，可以使版面统一、有规律。但大量的重复会显得呆板、平淡和乏味，因此，在版面中安排一些交错与重叠，可以打破平淡格局，中和基本形的重复，如图1-45所示。

2. 节奏与韵律

所谓节奏是指按照一定的条理、秩序、重复连续的组合，它来源于音乐的概念，是一种律动的形式，也是连续、渐变、大小、长短等的排列。单有节奏的版面还不够完美，再配以个性化的因素和情感——韵律，便可以增加感染力。好比音乐中的节奏与韵律配合，使节奏增添情调，如图1-46所示。

图1-45　重复与交错

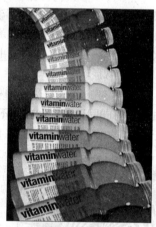

图1-46　节奏与韵律

3. 对称与均衡

对称是指同等同量的平衡，最简单的对称形式就是两个同一形的并列与均齐，其形式包括与水平、垂直轴线的两侧镜像对称，或者是对称面的反射对称，使用对称能使版面呈现稳定、庄严、整齐、秩序、安宁、沉静的效果。均衡是通过等量不等形的形式来展现矛盾的统一性，它是一种变化的平衡，务求达到动静结合的条理性的动态美。使用均衡能让版面呈现出灵巧、生动、活泼、轻快的效果，如图1-47所示。

4. 对比与调和

对比是指对差异较大的事物进行强调，使之产生大小、明暗、黑白、强弱、粗细、疏密、高低、远近、软硬、直曲、浓淡、动静、锐钝、轻重的对比效果，可以在同类或者异类之间进行。而调和则是近似性的强调，要求两者的属性相近，

图1-47　对称与均衡

可以产生适合、舒适、安定、统一等效果。对比与调和是互补的，在版面设计中，整体适宜使用调和，局部则适宜使用对比，如图1-48所示。

5. 比例与适度

版面构成中的比例是指主体与局部在数量或者面积之间的比率，也可以在局部与局部之间进行。良好的比例对版面起着举足轻重的作用。比如"黄金比例"，是指通过分割版面不同部分产生的相互联系，它可以使版面得到最大限度的和谐。而适度是指版面的构成顺从于人类的某些生理习性，也就是说要使观赏者产生视觉享受。无论比例或是适度，都有着秩序和明朗的特性，能给观赏者清新自然的感受，如图1-49所示。

图1-48 对比与调和　　　　　　　　　　　图1-49 比例与适度

6. 变异与秩序

变异可以理解为版面中的局部突变，比如一株独秀就是变异的最好表现方法，通过突破规律使版面产生焦点、动感。变异还可以通过大小、方向、形状等差异来表现。秩序是版面的核心构成，通过对图形、图片、文字等设计元素条理、科学的编排，使版面具备清晰、明了的视觉美感。秩序美的表现形式有对称、均衡、比例、韵律、多样统一等。在设计版面时，不妨在秩序中增加变异，使版面产生动感活泼的效果，如图1-50所示。

7. 虚实与留白

在版面构成中，浓重为实，疏淡为虚；繁则实，简必虚。虚实之间的变化涵盖了从强烈的对比（我们常说画面的对比度）到相对微弱的过渡关系（如画面色彩的浓淡变化等）。而留白是指在版面中留下相应的空白，它是虚的特殊表现手法，其形式、大小、比例都决定着版面的质量。在版面中巧妙的留白可以衬托出主题，使版面更有立体感，可以引起观赏者的注意，如图1-51所示。

图1-50 变异与秩序　　　　　　　　　　图1-51 虚实与留白

1.5.5　版面构成的常见类型

下面通过 8 种较为常见的版面类型，为大家介绍版面构成的形式。

1. 标准式

标准式是最常见的版面类型，它的结构简单而规则，将主标题、图片、说明内容和 LOGO 等设计要素从上到下排列。标准式版面以较大的标题和图片吸引观赏者的注意，然后引导详细内容，符合人们的心理与逻辑顺序，是一种简单实用的版面构成，如图 1-52 所示。

2. 斜置式

在构图时将全部构成要素向右边或左边作适当的倾斜，使视线沿倾斜角度上下移动，营造一种不稳定的动感效果，从而引起大众的注意，如图 1-53 所示。

图1-52　标准式

图1-53　斜置式

3. 三角式

三角式布局在广告版面编排中随处可见。在视觉构图中，正三角形产生稳定感，倒三角和倾斜三角式则会产生活泼、多变的感觉，如图 1-54 所示。

4. 放射式

以放射效果使大众的视觉产生向心感和扩张感，使多种要素集中于一个视觉中心点，通常把表现的主体放于视觉的中心上，如图 1-55 所示。

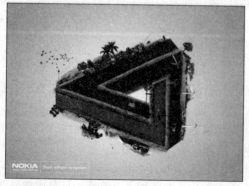

图1-54　三角式

图1-55　放射式

5. 圆周式

以圆形或者圆环图形构成版面的中心，然后把其他设计要素安排于圆周图形的周边，使视线沿圆周回转于画面，从而长久地吸引大众的注意力。如图 1-56 所示。

6. 图片式

以图片作为版面的背景，可以是人物形象或者景物，但图片的内容必须对应主题或是特定的场景，另外要求图片的画质要高，能保留尽量多的细节。然后在图片中的适当位置加入标题、图片、说明内容和LOGO等设计元素，如图 1-57 所示。

图1-56　圆周式

图1-57　图片式

7. 指示式

在结构形态上有较为明显的指向性，构成这种指向的要素可以是形象的箭头型指向，或者是广告形象的动势指向广告内容，有着明显的指向作用，如图 1-58 所示。

图1-58　指示式

8. 重复式

将多个相同结构的局部，按一定的秩序规律地排列于版面中，每个局部所表现的主题可以不一样。该种版面构成具有较强的吸引力，可以使版面产生节奏感，增加画面情趣，如图 1-59 所示。

图1-59　重复式

1.6　平面作品输出前的准备

本节将了解印前设计工作流程、印刷分辨率、专用色彩模式等输出前的准备工作，并详细介绍开本、折手、裁剪边缘与出血等重点输出概念。

1.6.1　印前设计工作流程

印前设计工作流程是指一幅平面作品在印刷前、印刷中与印刷后的流程，比如"做什么"、"如何做"、"做成什么样子"等问题。一般的工作流程包括以下几个基本过程：

（1）明确设计及印刷要求，接受客户资料。

（2）设计：包括输入文字、图像、创意、拼版。

（3）出黑白或彩色校稿、让客户修改。

（4）按校稿修改。

（5）再次出校稿，让客户修改，直到定稿。

（6）让客户签字后出菲林。

（7）印前打样。

（8）送交印刷打样，让客户看是否有问题，如无问题，让客户签字。

经过上述8个步骤，印前设计全部工作即告完成，如果打样中有问题还得修改，最后重新输出菲林。

1.6.2　印刷的开本

开本是指书刊幅面的规格大小，即一张全开的印刷用纸裁切成多少页，有"正规开本"与"畸形开本"之分。

1. 正规开本

正规开本按全张纸长边对折的次数多少来计算，每对折一次开数增加一倍。比如对折一次为对开、对折四次为 16 开、对折五次为 32 开等。两个相邻开本的幅面比例为 1:2。目前我国印刷厂采用的全张纸规格大都为 787mm × 1092mm，其裁切的正规开本尺寸为基本开本尺寸，另有采用850mm × 1168mm 全张纸裁切的正规开本，也称为大开本。

开本的类型和规格：

（1）大型本：12 开以上的开本称为大型本，适用于图表较多或者篇幅较大的厚部头著作或期刊。

（2）中型本：16 至 32 开的所有开本称为中型本，它属于一般开本，适用范围较广，各类书籍均可应用。

（3）小型本：46 开、60 开、50 开、44 开、40 开等称为小型本，适用于手册、工具书、通俗读物或单篇文献。

2. 畸形开本

畸形开本规格较多，它一般不以正规的对半开切、装版、折页和装订，有些开本还多剩余的纸边，成本较高。

1.6.3 印刷折页

折页是指将印张按照页码顺序折叠成书刊开本尺寸的书贴，或将大幅面印张按照要求折成一定规格幅面的工作过程，如图 1-60 所示。它是印刷工业中的一道必要工序，印刷机印出的大幅面纸张必须经过折页才能形成产品，如报纸、书籍、杂志等。

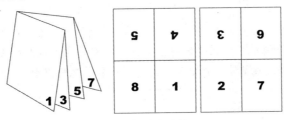

图1-60 印刷中的折页

常见的折页方法有：4 页、6 页、6 页翻身折、8 页垂直折、8 页翻身折、8 页包心折、8 页双对折、8 页地图折等，如图 1-61 所示。折页之后的书贴才能进行各种装订，如胶订、骑订、锁线订等。

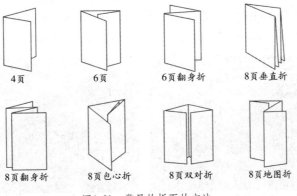

图1-61 常见的折页的方法

1.6.4 印刷出血

平面设计中的"出血"是指印刷的"出血位",又称"出穴位",主要用于保护印刷成品。比如要把一个实心的圆形印在一张白色的纸张上,印刷出来后要把圆圈以外空白区域剪掉,无论操作多么小心,总会留有一点白边,这样会影响印刷成品的效果。为了避免这些问题,在绘制实心圆形时,可以将色彩的界线稍微溢出,可以将圆形的尺寸加大,也就是设计术语中常说的"预留出血位",这样就可以避免裁切时残留多余的部分。

目前出血位的标准预留尺寸为3mm,也就是在原来尺寸上的四周增加3mm的距离。这样做的好处有两点,第一是无需提醒印刷厂如何裁切;第二是在印刷厂拼版印刷时,最大利用纸张的使用尺寸。

使用 Illustrator CS5 新建文档时,可以在文档的上、下、左、右方预留出血位,为用户提供较好的输出准备。如图 1-62 所示的红框即为出血的边界。

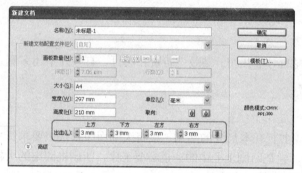

图1-62 Illustrator CS5预留的出血位

> **提示** 前面介绍出血时提到过"色彩溢出",是指设计者在绘图的时候按实际尺寸人为地超出尺寸的大小,也就是预留出血位。特别是在矢量图的设计中,必须将出血位放在页面之外,在测量页面的实际尺寸时,就不能把出血位的尺寸也算上。

1.6.5 印刷分辨率

为了保证印刷品的质量,设置好作品的印刷分辨率非常重要。所谓分辨率是指单位长度内所包含的点数或像素数目,通常情况下用每英寸中的像素来表示。比如,一个每英寸中有 300 个点的图像,其分辨率即为300dpi。若分辨率太低,图像的显示品质会不够细致;但分辨率过高将会导致文件太大而拖累电脑效能及显示速度。如图 1-63 所示为两张同样大小的图像,左侧图像的分辨率为 72dpi,右侧的图像的分辨率为 300dpi,它们所呈现图像质量相差甚远。

图1-63 相同尺寸不同分辨率的图像品质

以下列出了一些标准输出格式的分辨率。

网页：对于应用在网页中的图像，只需72dpi就足够。

报纸：报纸的分辨率为125～170dpi。

杂志／宣传品：采用的分辨率为300dpi。

高品质书籍：采用的分辨率为350～400dpi。

宽幅面打印：采用的分辨率为75～150dpi。

1.6.6 印刷专用色彩模式

所谓色彩模式是指在电脑绘图中或者印刷时，用于描述不同颜色的模式。常用的色彩模式有很多种，每一种都能从不同角度描述颜色，但不同的色彩模式的适用性是不同的。那到底哪一种最适合印刷呢？这要以图像作品的用途而定，如果仅在印刷纸上打印或者印刷时，CMYK色彩模式是首选，因为该模式的输出打印颜色或印刷颜色，与人的肉眼在屏幕上所看见的颜色较为接近。下面针对印刷用的CMYK模式进行介绍。

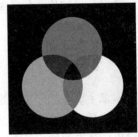

图1-64 CMYK的合成原理

CMYK模式主要应用于四色印刷中印刷油墨叠印成色和彩色打印机打印CMYK图像。它由印刷三原色：C——青色（Cyan）、M——洋红（Magenta）、Y——黄色（Yellow）再加上K——黑色（Black）所组成，它是一种反向光线的减色系统，如图1-64所示。由于它们的色彩还原一般是通过网点的大小来模拟和再现连续效果，所以在使用中用网点的百分比来表示其颜色的深浅。CMYK各分量的变化范围均为0～100%，当C、M、Y都为0%时为白色，当C、M、Y都为100%时为黑色。

理论上来说，当青色、洋红、黄色加在一起时，就可以合成几乎所有颜色，甚至产生接近黑色的颜色。但这种由三种颜色组合而成的黑色，在印刷的角度来看，不但浪费油墨，更可能会因为纸张的吸墨性或油墨本身的着墨性而影响印刷品质，产生不像黑色的黑色，正因为其效果不理想，所以增加黑色来补充三原色所组成黑色的不足，如图1-65所示。

原图　　　　　　　青色　　　　　　　洋红　　　　　　　黄色　　　　　　　黑色

图1-65 CMYK模式的分层效果

在印刷过程中，只有使用CMYK色彩模式的图像才能应用于印刷电子分色系统，若是以其他模式生成的图片，在分色之后将既不是屏幕上显示的颜色，也不是印刷色。所以在印刷出片和晒版过程中，一般在每张不同色版的印刷胶片的上方都会相应的用C、M、Y、K字母来标记，以免在印刷时将色版弄错。

> 🕐**提示** 不管使用哪种色彩模式进行图像设计，若最后要以印刷的形式输出时，建议将该图像转换为CMYK色彩模式。对于转换方式与平面设计常用的其他色彩模式，在本书的"2.2.3 色彩模式"小节中有详细介绍。

1.6.7　分色与专色

1. 分色

分色是指将原稿上的颜色分解为青、洋红、黄、黑四种原色。由于一般扫描的图像或者从数码相机中、网页上获得的图像大多为 RGB 模式，所以要进行印刷时，必须将图像分成上述四种颜色，这是印刷的基本要求。对于平面图像设计或者电脑印刷而言，分色无非就是将非 CMYK 色彩模式的图像转换为 CMYK 色彩模式。

2. 专色

专色是指用一种特定的油墨来印刷图像，而不是通过 C、M、Y、K 四种原色来合成该种颜色。专色所使用的油墨通常由印刷厂预先混合好，或者由油墨厂自行生产。印刷时均有专门的色版对应于印刷品的每一种分色。使用专色的好处主要是将那些无法在计算机中准确表现出来的颜色，通过标准颜色匹配各系统的预印色样卡准确地印刷到纸张上，Pantone 彩色匹配系统就创建了很详细的色样卡。

1.7　本章小结

本章主要介绍了平面设计的概念、特征与特点，平面设计和印刷的基础知识，其中包括平面设计基本理论、平面的构成、基本配色方法、设计中的版面构成、作品输出的工作流程，以及作品输出的各方面知识等内容。

1.8　上机实训

应某手机生产商委托，为该企业新上市的一款音乐手机设计一副用于宣传推广的平面广告作品进行前期规划，要求此作品能继承该厂商的企业文化与创业宗旨，并能突出该手机的最新卖点与卓越的性能，还需要引起年轻消费群体的关注。请根据上述要求，选择一种合适的平面广告载体，并粗略定制好版面与色彩方案，最后模拟输出成平面广告作品。

第2章 Illustrator CS5应用基础

> 本章首先对 Illustrator CS5 的应用领域进行概述，然后详述其操作界面、文件管理技巧与软件使用方法。

2.1 Illustrator CS5在平面设计中的应用

Illustrator CS5 是 Adobe 公司最新推出的一款功能强大的矢量图像处理软件。它不仅可以应用于矢量图绘制、出版物制作、移动与动画设计等方面，还可以进行 Web 与交互内容设计，完全可以满足现今网络化的需求。

2.1.1 矢量图绘制

Illustrator CS5 提供了丰富的矢量图像绘制工具，可以通过设置这些工具的大小、颜色、形状、样式等选项来绘制圆形、星形、矩形、多边形等规则图形，或自由曲线等不规则图形。利用 Illustrator CS5 提供的各种线条与图形工具，可以快速绘制出各种形状奇特的线条与形状，如图 2-1 所示。绘制完图形对象后，还可以使用形状工具和变形工具来调整图形对象的形状，使其更符合设计要求。另外，通过使用各种图表工具，还可以为图形添加包括柱形图表、堆积柱形图表、条形图表、堆积条形图表、折线图表、面积图表、散点图表、饼状图表以及雷达状图表等 9 种图表样式，如图 2-2 所示。

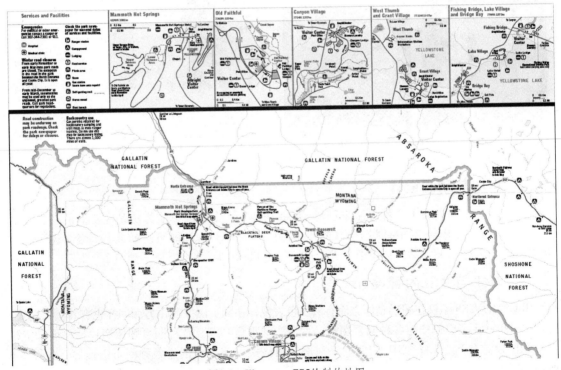

图2-1 Illustrator CS5绘制的地图

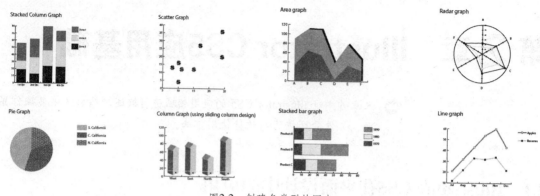

图2-2　创建各类型的图表

2.1.2　出版物制作

Illustrator CS5 提供了大量的出版物模板，如信纸、名片、信封、小册子、标签、证书、明信片、贺卡和网站等，只需要在模板基础上稍加改动，就可以方便地设计出一系列可供出版的文件，如图 2-3 所示。另外，可以通过【打印】功能中自带的页面排版功能对页面布局进行专业排版，如图 2-4 所示。

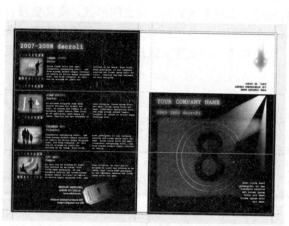

图2-3　使用模板快速创建出版物

图2-4　强大的排版布局设置

2.1.3　移动与动画设计

Illustrator CS5 提供了多种方法来创建 Flash 动画，其中最简单的方法是在不同的图层中放置每个动画帧，并在导出图稿时选择【AI 图层到 SWF 帧】选项即可。如果有需要，还可以将 Illustrator 图稿移到 Flash 编辑环境中，或者直接移到 Flash Player 中播放，如图 2-5 所示。

2.1.4　Web与交互内容设计

Illustrator CS5 不仅在图形制作方面有着出色表现，在网页图像制作方面同样也有着过人之处。使用 Illustrator 可以制作出各种网页图像、按钮、网页横幅以及各种网页图像切片，并可以将制作好的图像储存为 JPEG、GIF、PNG 等网页常用格式，还可以创建各种网页链接等，如图 2-6 所示。

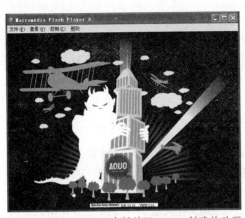

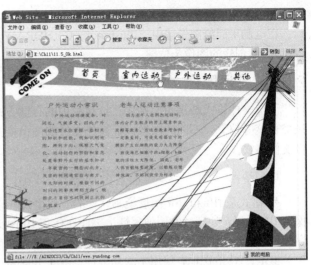

图2-5　在Flash Player中播放Illustrator创建的动画　　　　图2-6　为导航条添加的链接效果

2.2　Illustrator CS5基本概念

在学习 Illustrator CS5 之前，先掌握一些电脑面设计相关的基础知识是非常必要的。本章所介绍的内容将是一名平面设计师、电脑图形绘制高手或者专业印刷人员所必须具备的，比如位图与矢量图的关系、文件格式，以及各种色彩模式的特点与作用等。

2.2.1　矢量图与位图

1. 矢量图

使用 Illustrator 创建的图形都是矢量图，亦称作向量图。它主要通过点、线、弧线、圆形或多边形，以及使用直线和曲线来描述图形。矢量图还包括了颜色和位置等信息，它通过数学运算生成，保存矢量图像时只需要保存描述图像的数学公式，因此矢量图像的体积往往较位图小。同时，由于使用数学公式描述数据，调整图像时图像的形状和颜色等数据都可以通过运算重新得到，因此无论将矢量图像放大多少倍，都不会产生失真现象，如图 2-7 所示。矢量图形通常应用于企业 LOGO、插画、户外大型广告等设计领域。

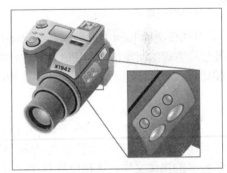

图2-7　局部放大后的矢量图

2. 位图

位图图像也称点阵图或栅格图像，主要由多个色块（像素点）来描述图像，像素点包含了图像的某种颜色信息，不同颜色的像素点合并构成了在计算机中看到的位图图像。由于图像的像素数量和分布位置都是相对固定的，因此调整位图的形状或大小会影响图像的品质，造成图像的失真，如图 2-8 所示。同时，保存位图时，位图的每个像素点占据相同长度的数据位（具体位数要视

图2-8　局部放大后的位图

图像的色彩空间而定），因此位图图像的体积往往较矢量图更大。

在电脑平面绘图领域中，Illustrator、CorelDRAW、FreeHand 等软件创建的图像为矢量图，而 Photoshop 创建的图像为位图。

2.2.2 常用图像文件格式

图像文件格式是指图像文件在计算机中的存储方式，文件格式规定了图像的种类、色彩以及压缩程度等信息，不同的图像设计软件支持的图像格式都有所不同。下面介绍一些比较常用的图像文件格式。

1. AI格式

AI 格式是 Illustrator 图形绘制软件的专用格式，它是一种矢量图像格式。AI 格式能够完整地保留 Illustrator 处理过的图像属性，因此在使用 Illustrator 软件编辑图像的过程中，通常将文件保存为 AI 格式，以便再次编辑的需要。

但是，AI 格式也有使用上的局限性，除了 Illustrator 外，很少有其他软件支持该文件格式，因此在图像设计完成后，通常将 AI 文件转换成其他格式，以便浏览和编辑的需要。

2. CDR格式

CDR 格式是 CorelDRAW 软件的专用图像格式，可以记录文件的属性、位置和分页等信息。但它的兼容性比较差，只能在 CorelDRAW 系列的应用软件中打开和编辑。因此在实际应用时可能需要将 CDR 文件转换为其他文件格式，以适应设计需要。

3. WMF格式

WMF 格式支持矢量图与位图两种图形，是较为常用的图元文件。但该类型格式最大只支持 16 位颜色的色深。

4. JPEG格式

JPEG 全称 Joint Photographic Experts Group（联合图像专家组），它是一种广泛应用于 Web 以及设计方面的图像格式。JPEG 采用有损的压缩方式压缩图像，可以在压缩时指定图像的品质和压缩比例，压缩比越大，压缩后文件体积越小，但图像损失的数据信息也就越多，图像品质越低。

5. GIF格式

GIF 格式全称 Graphics Interchange Format（图形交互格式），它是一种广泛应用于 Web 图像以及 Web 动画方面的图像格式。GIF 格式最多只能处理 256 种颜色，所以不能用于保存色彩数目较多的图像文件，这也使得 GIF 文件的体积往往比较小，适合于网络传输的需要。除此之外，GIF 图像也支持透明背景和动画图像效果，这些特色都使得 GIF 图像有着广阔的应用前景。

6. BMP格式

BMP 格式全称 Bitmap（位图），它是 DOS 和 Windows 兼容的标准图像格式，所有版本的 Windows 程序都支持 BMP 格式。BMP 格式具有压缩功能，图像保存为 BMP 格式时，每一个像素所占的位数可以是 1 位、4 位、8 位或 32 位，相对应的颜色数也从黑白一直到真彩色。

BMP 格式使用 RLE 算法压缩文件，可以较好地保留图像的细节部分，这也使得文件的体积往往比较大，同时打开和保存文件的速度相对较慢。

7. TIFF格式

TIFF 格式全称 Tagged Image File Format（标记图像文件格式），它是由 Aldus 和 Microsoft 公

司为桌上出版系统研发的一种通用的图像文件格式。TIFF 格式具备良好的兼容性，独立于计算机的软硬件环境，可以应用于不同软硬件平台、不同应用软件上。TIFF 格式现今广泛应用于绘画、图像编辑和页面排版等方面。

TIFF 支持多种编码方法，其中包括 RGB 无压缩、RLE 压缩及 JPEG 压缩等。

8. EPS格式

EPS 格式采用 PostScript 语言进行描述，并且可以保存其他一些类型信息，例如 Alpha 通道、分色、剪辑路径、挂网信息和色调曲线等，因此常用于专业出版与印刷行业方面。对于设计人员而言，其最大优点在于可以作为各种图像软件之间的文件交换格式。

2.2.3 颜色模式

文件的颜色模式是指描述使用一组值（通常使用三个、四个值或者颜色成分）表示颜色方法的抽象数学模式。颜色模式提供了各种定义颜色的方法，每种模式都是通过使用特定的颜色组件来定义模式的。

Illustrator CS5 中的颜色模式包括灰度、RGB、HSB、CMYK 与 Web 安全 RGB 五种，选择【窗口】|【颜色】命令即可打开【颜色】面板，单击该面板右上方的显示选项按钮，即可打开面板菜单选择需要的颜色模式，如图 2-9 所示为选择 CMYK 颜色模式后的颜色面板状态；如图 2-10 所示为选择 RGB 颜色模式后的颜色面板状态。

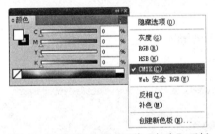

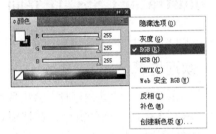

图2-9　CMYK颜色模式下的【颜色】面板　　　图2-10　RGB颜色模式的【颜色】面板

下面将逐一介绍 Illustrator CS5 中的各种颜色模式：

1. 灰度模式

与位图图像相似，灰度图像模式也用黑色与白色表示图像，但在这两种颜色之间引入了过渡色灰色。灰度模式只有一个 8 位的颜色通道，通道取值范围从 0（白色）～ 100%（黑色）。可以通过调节通道的颜色数值产生各个评级的灰度。灰度图像模式与位图图像模式相比，灰度模式能更好地表现图像的颜色，同时由于只有一个色彩通道，在处理速度和文件体积方面都优于彩色的色彩模式，因此在制作各种黑白图像时，可以选用灰度模式。

将灰度图像转换为其他图像模式时，会造成彩色信息的丢失，这种损失是不可逆转的。

2. RGB模式

RGB 颜色是 Photoshop 创作时最常用的图像模式，它采用加法混色法，因为它是描述各种"光"通过何种比例来产生颜色。RGB 描述的是红色（Red）、绿色（Green）和蓝色（Blue）三色光的数值，也就是常说的"三原色"，用 0 ～ 255 的值来测量。将红光、蓝光和绿光添加在一起时，如果每一组件的值都为 255，则显示白色。如果每一组件的值都为 0，则结果为纯黑色。

由于 RGB 图像模式能表示 1677 万种色彩（俗称"24 位真彩色"），因此将 RGB 图像转换为其他图像模式时，可能会导致色彩的丢失。同时，RGB 图像模式也不能直接转换为位图图像模式或双色调图像模式。

3. HSB模式

HSB 模式主要利用色相（Hue）、饱和度（Saturation）和亮度（Brightness）来表现色彩，其中色相用于调整图像的颜色，饱和度用于调整图像的纯度，而亮度用于调整图像的明暗程度。

4. CMYK模式

CMYK 色彩模式描述的是需要使用何种油墨，通过光的折射显示出颜色。CMYK 描述的是青色（Cyan）、洋红（Magenta）、黄色（Yellow）和黑色（Black）四种油墨的数值，很多印刷资料都是采用 CMYK 色彩模式印刷的。组合青色、品红、黄色和黑色时，如果每一组件的值都为100，则结果为黑色。如果每一组件的值都为 0，则结果为纯白。

5. Web安全RGB模式

Web 安全 RGB 颜色模式可以提供能够在网页中安全使用的 RGB 颜色。

> **提示** 图像当前使用的色彩模式，可以通过文件的标题栏中查看到。

2.3　Illustrator CS5操作界面

Illustrator CS5 的界面主要由欢迎界面和主程序界面两部分组成。

2.3.1　欢迎屏幕

在启动 Illustrator CS5 程序时，会出现如图 2-11 所示的【欢迎屏幕】窗口，在该窗口中可以打开最近使用过的项目、打开本地保存的项目、新建文档、从模板新建文档等。单击窗口右上角的【关闭】按钮，即可关闭【欢迎屏幕】。如果不想下次启动时再显示【欢迎屏幕】，可以取消选择左下角的【不再显示】复选框。

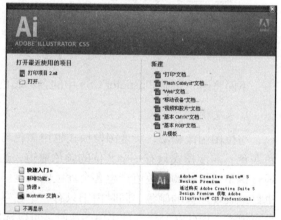

图2-11　欢迎屏幕

在【新建】列表中提供了多项配置文件类型以便用户进行选择：

- 【"打印"文档】：使用默认 Letter 大小的画板，并提供各种其他预设打印大小以从中进行选择。如果准备将此文件发送给服务商输出到高端打印机，可以使用此配置文件。
- 【"Flash Catalyst"文档】：如果是 UI 设计人员或者交互设计人员，可以创建此类文档使用 Illustrator 进行开发和界面设计，创建屏幕布局和单个元素（如徽标和按钮图形）。然后在 Flash Catalyst 中打开图稿，无需编写代码即可添加动作和互动组件。在设计中添加互动之后，可以直接在 Illustrator 中进行编辑和设计更改。例如，可以在保持 Flash Catalyst 中添加的结构不变的情况下，使用 Illustrator 编辑互动按钮状态的外观。
- 【"Web"文档】：提供为输出到 Web 而优化的预设选项。

- 【"移动设备"文档】：创建一个较小的文件大小，它是为特定移动设备预设的。
- 【"视频和胶片"文档】：提供几个特定于视频和特定于胶片的预设裁剪区域大小。
- 【"基本 CMYK"文档】：使用默认 Letter 大小的画板，并提供各种其他大小以从中进行选择。如果准备将文档发送给多种类型的媒体，可以使用此配置文件。如果其中的一种媒体类型是服务商，则需要手动将【栅格效果】设置增加到【高】。
- 【"基本 RGB"文档】：使用默认 800×600 大小的画板，并提供各种其他打印、视频以及特定于 Web 的大小以从中进行选择。如果准备将文档发送给服务商或输出到高端打印机，不要使用此选项。对于将输出到中档打印机、Web 或多种类型的媒体的文档，可以使用此配置文件。

> **提示** 单击【欢迎屏幕】左下方的"快速入门、新增功能、资源"链接文字，可以快速进入 Illustrator CS5 帮助文件，以获得相关信息内容，对于初学者来说非常方便实用。

2.3.2 主程序界面

Illustrator CS5 的主程序界面可以分为标题栏、菜单栏、工具箱、控制面板、文档窗口、画板、面板组、状态栏与滚动条等，如图 2-12 所示。

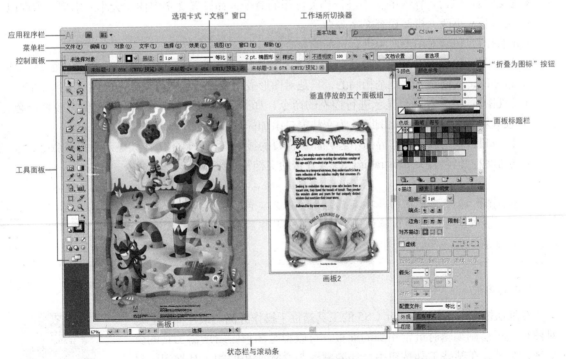

图2-12 Illustrator CS5 的主程序操作界面

1.菜单栏

菜单栏由【文件】、【编辑】、【对象】、【文字】、【选择】、【效果】、【视图】、【窗口】和【帮助】9 个菜单命令组成。在菜单栏中选择某个菜单项，即可调用相应的功能，如图 2-13 所示。

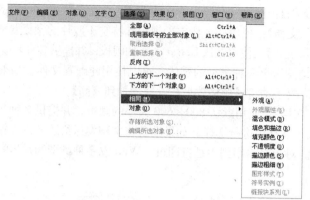

图2-13　菜单项下的联级子菜单

各菜单项的主要功能与作用如下：

- 【文件】：包含对文件进行常用操作的命令，如新建、打开、存储、置入、导出文件、文档设置和打印等命令。
- 【编辑】：包含对文件进行编辑及软件相关配置的命令，如还原、剪切、拷贝、粘贴、查找和替换文本等标准编辑命令，以及对颜色进行设置、调整键盘快捷键和自定首选项等命令。
- 【对象】：包含对当前文件中选择的图形进行各种操作的命令，如变换、排列、编组、锁定、隐藏、栅格化、创建渐变网格、切片制作、路径编辑、效果编辑等命令。
- 【文字】：包含对输入的文字进行相关操作的命令，如设置文字字体、大小、字型、方向以及查找、更改、拼写检查文字等命令。
- 【选择】：包含对图形对象进行选择的命令。
- 【效果】：包含对图形或图像进行各种艺术效果处理的命令，它与【滤镜】菜单中的命令非常相似，其使用方法也是相同的，只是对图形或图像进行特殊效果处理的性质有所不同。
- 【视图】：包含对屏幕显示进行控制的命令，如叠印预览图像、像素预览图像、校样颜色、放大和缩小图像显示比例以及为文档窗口添加标尺、网格、参考线等辅助工具。
- 【窗口】：包含软件操作界面中各种面板窗口的显示与否、自定工作区显示样式等命令。
- 【帮助】：包含有关 Illustrator CS5 各种帮助文档及在线技术支持等命令。

提示　若菜单栏中的某些菜单命令显示为灰色，则表示在当前状态下该命令不可用。另外，在按住 Alt 键的同时按下菜单名称后面带有下划线的字母，可以快速打开该菜单项。

2.工具面板

在默认情况下，Illustrator CS5 的工具箱位于操作界面的最左侧，它是对图形进行绘制编辑时最常用到的面板，可以说是图形编辑所需工具的聚集地。另外，在某些工具按钮中，还隐藏着与之功能相似的工具按钮，只需单击按住该按钮片刻，即可将隐藏的工具按钮显示出来，如图 2-14 所示。

图2-14　工具面板

提示　Illustrator CS5 工具面板中的部分工具都有对应的快捷键，只需在英文输入法状态下按下键盘中相应的工具快捷键，即可快速选中该工具按钮。

3.控制面板

控制面板中显示的选项因所选的对象或工具类型而异。例如，在选择文本对象时，控制面板除了显示用于更改对象颜色、位置和尺寸的选项外，还会显示文本格式选项，如图 2-15 所示。当控制面板中的文本为蓝色且带下划线时，可以单击文本显示相关的面板或对话框。例如，单击【描边】可以显示【描边】面板。另外，单击控制面板右上方的 按钮，可以打开【面板菜单】进行详细的面板设置，如图 2-16 所示。

4.文档窗口

在 Illustrator CS5 的工作界面中占用面积最大的是文档窗口，在文档窗口中可以绘制编辑图形。

另外，在文档窗口最上方标题栏显示了当前工作文件的图标、名称、缩放比例以及色彩模式等，在默认情况下，同时打开的多个文档以选项卡的形式排列于文档窗口中，也可以使指定的文档浮动于任何位置上。

图2-15 选择"路径"对象后的控制面板

图2-16 面板菜单

5.应用程序栏

应用程序栏主要由【转到 Bridge】 和【排列文档】 两个按钮组成。单击【转到 Bridge】按钮 可以快速打开如图 2-17 所示的【Adobe Bridge CS5】应用程序。它具有快速预览和组织文件的功能，还可以显示图形、图像的附加信息、排列顺序等属性。

当 Illustrator CS5 同时打开多个文档时，可以通过单击【排列文档】 打开如图 2-18 所示的下拉列表选择一种文档排列方式，将文档以选项卡的形式排列在文档编辑区中。此外，还能根据文档的像素、屏幕大小等条件来显示文档内容。

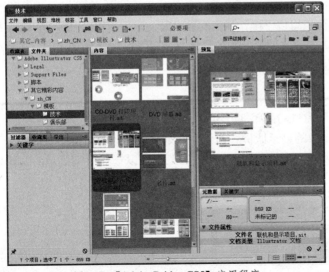

图2-17 【Adobe Bridge CS5】应用程序

图2-18 文档窗口排列选项列表

6.画板

在 Illustrator CS5 中，同一个文档允许创建多达 100 个画板，可以根据行、列或者以网格的形式对多个画板进行排列。画板的外观为一个黑框白色的矩形，画板以外为浅灰色的区域。当一个文档中同时存在多个画板时，只需使用【选择工具】 在指定画板上单击，即可将其转换为当前编辑的画板。如果要调整画板的大小，只需在工具面板中单击【画板工具】按钮 ，即可使当前画板进入如图 2-19 所示的编辑状态，除了可以在【画板工具】的控制面板中输入准确数值来指定画板的位置与大小外，还可以直接拖动画板的边框来手动调整画板的属性。

在设计过程中，通常需要在画板以外的地方进行一些绘图操作，此时可以选择【视图】|【隐藏画板】命令将画板暂时隐藏起来，当完成绘制后选择【视图】|【显示画板】命令将画板再次显示。但需要注意的是，只有在画板中编辑绘制的图形才能被打印出来，画板以外的部分无法打印。

7. 工作场所切换器

Illustrator CS5 针对不同的用户提供了多种设计模式，包括【Web】、【上色】、【打印和校样】等9 种工作区模式。其中默认的工作区为【基本功能】，单击 按钮即可打开如图 2-20 所示的工作区下拉列表。

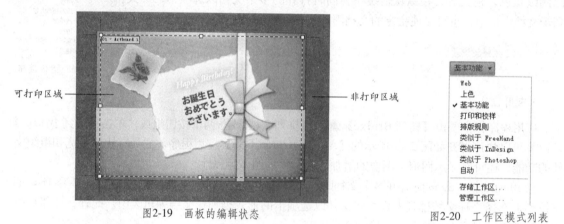

可打印区域 —————

————— 非打印区域

图2-19　画板的编辑状态

图2-20　工作区模式列表

8. 面板组

在默认情况下，Illustrator CS5 面板组位于操作界面的最右侧，它是编辑绘制图形的重要辅助工具。在面板组中，可以方便地查看当前图形对象的各种信息，以及对图像显示比例、各种颜色参数进行调整，并可以对图形对象进行编辑处理。

9. 状态栏与滚动条

Illustrator CS5 的状态栏位于文档窗口的最底部，用于显示当前的工作信息。状态栏由两部分组成，左侧的下拉文本框用于调整图像的显示比例；右侧区域则显示了当前图像的文件信息，单击该区域右侧的黑色小三角按钮，可以弹出如图 2-21 所示的菜单，以选择所需显示的文件信息内容。

图2-21　状态栏中的【显示】菜单

下面对该菜单的各项命令进行介绍。

● 【画板名称】：用于显示当前画板的名称。

- 【当前工具】：用于显示当前正在使用的工具。
- 【日期和时间】：用于显示系统设定的当前日期和时间。
- 【还原次数】：用于显示操作的步数及操作过程中使用了多少次还原操作。
- 【文档颜色配置文件】：用于显示当前文件的信息及色彩模式等。

在文档窗口的右下方和右侧各提供了一个滚动条，单击滚动条两端的三角按钮或直接拖动中间的滑块可以移动打印区域和调整图形在页面中的位置。

2.4 自定义操作界面

为了使 Illustrator CS5 的操作界面更适合个人的使用习惯，可以调整操作界面的布局。下面将分别介绍自定义工作区，工具箱、面板组、标尺的使用，参考线的设置以及网格的使用方法。

2.4.1 自定义工作区

Illustrator CS5 预设了 9 种工作区模式，可以通过如图 2-20 所示的菜单进行切换，也可以选择【窗口】|【工作区】命令，在弹出的子菜单中选择所需的工作区模式，如图 2-22 所示。

另外，在菜单栏中选择【编辑】|【首选项】|【用户界面】命令，可以在打开的【首选项】对话框左上方选项列表中，对工作区进行各种设置，如图 2-23 所示。

图2-22 切换工作区类型

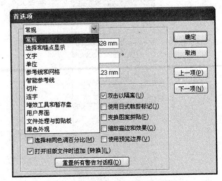

图2-23 【首选项】对话框

自定工作区后，可以在菜单栏中选择【窗口】|【工作区】|【存储工作区】命令，对工作区进行存储，以便下次直接调用。

2.4.2 工具箱的使用

使用 Illustrator CS5 编辑处理图像时，离不开各种工具，只有熟练掌握了各种工具的使用方法，才能设计制作出高水准的作品。

单击工具箱上方的 双向箭头，可以使工具箱在单列与双列间切换。若将指针拖到工具选项菜单末端的箭头上，然后松开鼠标按键，则可以将隐藏工具拖至单独的面板中，如图2-24所示，单击该面板右上角的 按钮，即可关闭单独的工具面板。

> **提示** 双击某些工具按钮（例如使用文字的工具以及用于选择、上色、绘制、取样、编辑和移动图像的工具）时会出现选项对话框，如图2-25所示，在该选项菜单中即可查看并修改当前所选工具的属性。

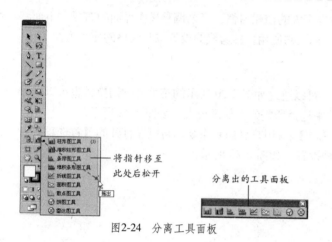

图2-24 分离工具面板

图2-25 【直线段工具选项】对话框

2.4.3 使用面板组

Illustrator CS5共提供了上百种面板，这些面板分别以群组的方式组合在一起，以方便用户使用。在默认的【基本功能】工作区中，Illustrator CS5只显示了操作界面最右侧的五个面板组，可以通过单击折叠面板组右上角的双向箭头来打开或折叠该面板组，如图2-26与图2-27所示。

图2-26 打开后的面板组

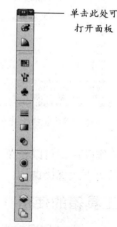

图2-27 折叠后的面板组

若不想将所有面板组都显示出来，可以通过单击折叠面板组中需要使用到的面板按钮，将该面板单独显示出来，如图2-28所示。若不需要使用该面板，可以单击面板右上角的双向箭头，隐藏该面板。另外，在菜单栏中选择【窗口】菜单，亦可以通过选择与取消选择面板名称前的小勾，来显示与隐藏面板，如图2-29所示。

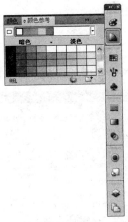

图2-28 打开【颜色参考】一个面板

图2-29 Illustrator CS5提供的众多面板

> **提示** 按下键盘中的【Tab】键，可以显示或隐藏面板组和工具箱；按下键盘中的【Shift+Tab】键，可以显示或隐藏面板组。

若不习惯Illustrator CS5面板组的新格局，可以单击并按住面板组上方空白处，将其拖到操作界面的其他地方，还原到旧版本Illustrator面板组的布局样式，如图2-30所示。而单击并按住某个面板标题位置，将其拖到面板组以外的其他地方，则可以单独分离该面板，如图2-31所示。

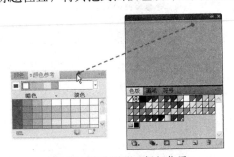

图2-30 拖动调整面板组位置

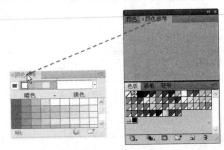

图2-31 拖动分离面板

> **提示** 调整面板组及面板位置后，除了可以使用拖动的方式将其还原至默认布局状态，还可以单击 基本功能▼ 按钮打开工作区下拉列表，再选择一种工作区模式快速复位面板位置。

2.5 文件的管理

初次启动 Illustrator CS5 时，程序窗口中并没有任何对象文件，所以必须新建或者打开一个文件，才能继续使用 Illustrator CS5 的各种功能对其编辑处理，完成制作后将文件进行保存操作，最后将其导出或者进行打印处理。

2.5.1 新建文件

新建空白文件是 Illustrator CS5 创作的基础，可以在新建文件时设置图像文件的名称、大小、分辨率、颜色模式以及背景内容等。在 Illustrator CS5 中新建文件有多种方法，其中通过【新建文档】对话框可以定义新文件的名称、大小、尺寸、单位等属性。

上机实战 使用【新建文档】对话框建立新文件

01 在菜单栏中选择【文件】|【新建】命令，或按 Ctrl+N 快捷键，打开【新建】对话框。

02 在打开的【新建文档】对话框中输入文件名称，并根据需要指定选项以自定文档，例如设置画板的数量、排列方式、更改文件大小、宽度、高度、画板方向，以及出血位置等，如图 2-32 所示。

03 单击【高级】按钮，在打开的其他选项中可以分别设置文件的颜色模式、栅格效果以及预览模式等参数，如图 2-33 所示，最后单击【确定】按钮即可新建文件，如图 2-34 所示。

图2-32 设置文件配置

在高级选项中共提供了颜色模式、栅格效果以及预览模式三种配置选项，下面分别介绍它们的含义：

- **【颜色模式】**：用于指定新文档的颜色模式。通过更改颜色模式，可以将选定的新建文档配置文件的默认内容（色板、画笔、符号、图形样式）转换为新的颜色模式，从而使颜色发生变化。

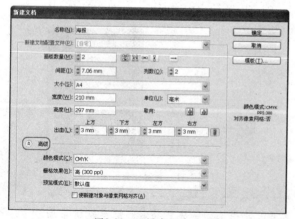

图2-33 设置高级选项

红色框为出血区域

图2-34 新建的文件

- **【栅格效果】**：用于为文档中的栅格效果指定分辨率。选取【高】选项，可以用较高的分辨率输出到高端打印机。在默认情况下，【打印】配置文件将此选项设置为【高】。

- **【预览模式】**：用于为文档设置默认预览模式。其中选择【默认值】选项可以在矢量视图中以彩色显示在文档中创建的图稿，放大或缩小图形时将保持曲线的平滑度；选择【像素】选项可以显示具有栅格化（像素化）外观的图稿，它不会实际对内容进行栅格化，而是显示模拟的预览，就像内容是栅格一样；选择【叠印】选项则可以提供油墨预览效果，它模拟混合、透明和叠印在分色输出中的显示效果。

2.5.2　保存文件

新建文件并完成绘图后，就要将成果保存起来，以避免设计过程中的意外造成损失。为了不同的设计需求，Illustrator CS5 提供了多种保存文件的形式。

1. 直接保存文件

只需在菜单栏中选择【文件】|【存储】命令，或按【Ctrl+S】快捷键，在打开的【存储为】对话框中选择文件保存位置，并在【格式】下拉列表框中选择文件保存格式，然后在【文件名】文本框中输入保存的文件名，最后单击【保存】按钮即可，如图 2-35 所示。

> 🔔 **提示**　只有当第一次存储文件时，才会打开【存储为】对话框，否则将直接进行存储并覆盖被修改的文件。

2. 保存为副本

在保存文件时修改后的文件将直接覆盖已有文件，当需要保留已有文件时，可以选择将图像保存为副本，避免覆盖已有文件。

在菜单栏中选择【文件】|【存储副本】命令，在打开的【存储副本】对话框中直接单击【保存】按钮即可，如图 2-36 所示。

图2-35　【存储为】对话框

图2-36　【存储副本】对话框

3. 另存成新文件

若要避免覆盖已有文件，可以将已有文件另存为新文件。选择【文件】|【存储为】命令，即可再次打开如图 2-35 所示的【存储为】对话框，重新输入新的文件名，或更改文件保存路径，最后单击【保存】按钮即可。

4. 保存为模板文件

在设计制作过程中，有时需要将某个图形样式应用于多个文件，此时可以将该图形保存为模板文件，以方便其他文件直接调用。

在菜单栏中选择【文件】|【存储为模板】命令，在打开的【存储为】对话框中输入文件名，然后单击【保存】按钮，如图2-37所示，即可将文件存储为AIT（Adobe Illustrator 模板）格式的文件。

5. 保存成网页文件

Illustrator CS5 提供了将文件保存成网页或网页图像并对其进行优化的功能，以满足网络图像传输速度和保持一定图像质量的要求，为制作网页提供了极大的方便。

模板文件专用的"*.AIT"扩展名

图2-37 保存为模板文件

上机实战 将Illustrator文件保存成网页文件

01 打开要保存成网页的文件，在菜单栏中选择【文件】|【存储为 Web 和设备所用格式】命令。

02 在打开的【存储为 Web 和设备所用格式】对话框的右侧选择需要保存的网页图像类型，然后设置该类型对应的优化选项，最后单击【存储】按钮，如图 2-38 所示。

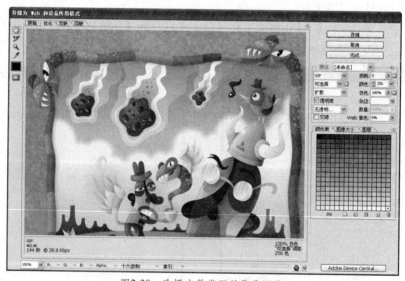

图2-38 选择文件类型并优化图像

> **提示** 在该对话框预览图像的下方，显示了当前优化选项、优化文件的大小以及使用选中的调制解调器速度时的估计下载时间。另外在图像上方共提供了四种图像预览方式，其中【原稿】用于显示没有优化的图像；【优化】用于显示应用了当前优化设置的图像；【双联】用于并排显示图像的两个版本，如图 2-39 所示；【四联】用于并排显示图像的四个版本。

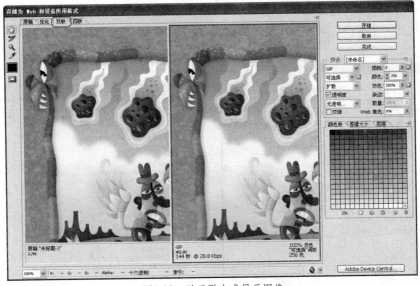

图2-39 以双联方式显示图像

03 在弹出的【将优化结果存储为】对话框中选择文件保存位置及文件名，接着在【保存类型】下拉列表框中选择要保存的类型，本例选择保存为 *.html 网页文件格式，最后单击【保存】按钮即可，如图 2-40 所示。

04 保存完后，即可以网页的形式打开浏览该图像文件，如图 2-41 所示。

图2-40 保存为网页文件

图2-41 以网页形式浏览图像

2.5.3 打开文件

对于电脑中已经存在的旧文件，可以使用菜单栏中的【打开】或【最近打开的文件】命令打开该文件，查看或编辑内容。

例如，可以在菜单栏中选择【文件】|【打开】命令，或按【Ctrl+O】快捷键，在弹出的【打开】对话框中选择旧文件保存的位置，然后在【文件类型】下拉列表框中选择要打开的文件类型，在文件预览框中选择需要打开的图像文件，最后单击【打开】按钮，如图 2-42 所示即可打开该文件。

如果要打开最近编辑过的文件，可以选择【文件】|【最近打开文件】命令，从展开的子菜单列表菜单中选择一个文件，即可打开最近使用过的文件，如图 2-43 所示。

图2-42　【打开】对话框

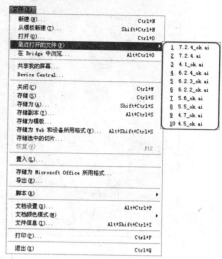

图2-43　【最近打开文件】列表

2.5.4　置入/导出文件

Illustrator CS5 支持将其他程序创建的文件导入至当前图像文件中，置入文件后还可以使用【链接】面板来识别、选择、监控和更新文件。

上机实战　置入文件

01 打开要置入素材的文件，然后在菜单栏中选择【文件】|【置入】命令，在打开的【置入】对话框中选择需要置入的位图文件，并选择【链接】复选框，最后单击【置入】按钮，如图 2-44 所示。

> **提示**　在【置入】对话框的左下方共提供了三个复选框，其含义分别如下：
> - 【链接】：被置入的图形或图像文件与 Illustrator 文档保持独立，最终形成的文件较小。另外，当链接的原文件被修改或编辑时，置入的链接文件也会自动更新。若取消勾选该复选框，则置入的文件会嵌入至 Illustrator 文档中，形成的文件较大，并且当链接的原文件被修改或编辑时，置入的链接文件不会自动更新。
> - 【模板】：可以将置入的图形或图像创建为一个新的模板图层，并用图形或图像的文件名为该模板命名。
> - 【替换】：如果在置入图形或图像文件之前，页面中已有被选择的图形对象，则勾选该复选框可以用新置入的图形或图像替换被选择的原图形对象。若页面中没有被选择的图形或图像文件，则该复选框不可用。

02 将选取的文件置入到页面中后，可以拖着控制点调整其大小，如图 2-45 所示。此外，置入图像文件后，还可以调整图像的不透明度、对齐方式等属性。

另外，利用【导出】命令，可以将 Illustrator CS5 中绘制的图形对象输出成多达 13 种其他格式的文件，以便在其他软件中打开编辑。只需在菜单栏中选择【文件】|【导出】命令，然后在打开的【导出】对话框中选择文件导出格式，如图 2-46 所示，单击【保存】按钮，并在打开的不同格

式选项对话框中设置各项选项参数，如图2-47所示，最后单击【确定】按钮即可。

图2-44 【置入】对话框

图2-45 调整置入的位图文件

图2-46 选择文件导出格式

图2-47 【DXF/DWG选项】对话框

2.5.5 文档设置

在设计过程中，如果遇到文件的出血、单位、透明度、文字语言等属性不符合设计需求时，可以选择【文件】|【文档设置】命令打开【文档设置】对话框，在该对齐中提供了"出血和视图选项"、"透明度"与"文字选项"三个选项组的属性设置，如图2-48所示。

1.出血和视图选项

在"出血和视图选项"组中可以设置文档的单位、出血和图像与文字的显示等属性。若选择【以轮廓模式显示图像】复选框，即可将文档中的图形对象以轮廓的形式显示，以控制图像在文件中的显示方式；而选择【突出显示替代的字体】和【突出显示替代的字形】复选框则可以设置文字的突显状态。

另外，单击【编辑画板】按钮则相当于在工具面板中单击【画板工具】按钮，同样可以进入画板编辑模式，而在画板编辑中按下【Enter】键即可打开如图 2-49 所示的【画板选项】对话框，在此可以对画板的大小、位置、方向与显示和全局等属性进行设置。

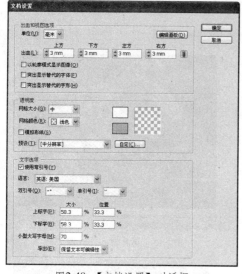

图2-48 【文档设置】对话框

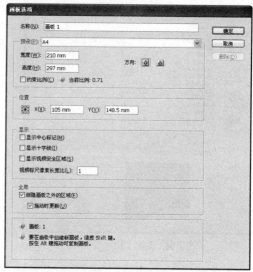

图2-49 【画板选项】对话框

2. 透明度

在【透明度】选项组中可以对文档背景的透明网格进行设置，包括网格大、颜色与模拟彩纸等。

3. 文字选项

在【文字选项】组中可以设置文字的语言和引号属性，以及大小与位置等选项的属性。

2.5.6　打印文件

当编辑完图形对象后，如果电脑连接了打印机，就可以将图像打印出来了。

上机实战　页面设置与打印

01 打开要打印的文件，然后在菜单栏中选择【文件】|【打印】命令，打开【打印】对话框。

02 单击【常规】选项组，在该对话框中选择所需进行打印的打印机型号，然后设置纸张大小和份数等属性，如图 2-50 所示。

03 切换至【标记和出血】选项组，并选择【使用文档出血设置】复选项，最后单击【完成】按钮即可，如图 2-51 所示。

04 若要打印该图像文件，可以直接在该对话框中单击【打印】按钮。

> **提示** 在【打印】对话框中还提供了【标记和出血】、【输出】、【图形】、【颜色管理】、【高级】以及【小结】选项组，其中【标记和出血】选项组用于选择印刷标记与创建出血；【输出】选项组用于创建分色；【图形】选项组用于设置路径、字体、PostScript 文件、渐变、网格和混合打印选项；【色彩管理】选项组用于选择一套打印颜色配置文件和渲染方法；【高级】选项组用于控制打印期间的矢量图稿拼合；【小结】选项组用于查看和存储打印设置。

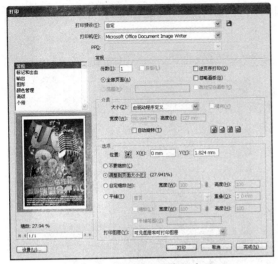

图2-50 设置打印的常规选项

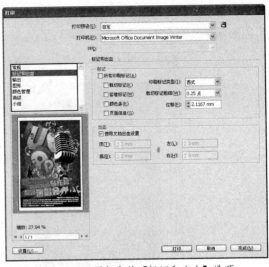

图2-51 设置打印的【标记和出血】选项

2.6 辅助工具的使用

标尺、参考线和网格是 Illustrator CS5 的辅助工具，在图形绘制过程中，利用这些辅助工具可以精确地对图形进行定位或对齐，熟练掌握这些工具可以大大提高绘图效率。

2.6.1 标尺的使用

在菜单栏中选择【视图】|【显示标尺】命令，或按【Ctrl+R】快捷键，可以在文档窗口的顶部和左侧显示标尺，有助于在文档窗口中精确地放置和度量对象。每个标尺上显示 0 的位置称为标尺原点，默认标尺原点位于画板的左下角。将鼠标移至文档窗口中时，会在水平与垂直标尺处显示当前鼠标所处的位置，如图 2-52 所示。

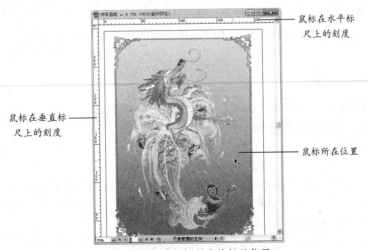

图2-52 查看鼠标所在的标尺位置

> 💰**提示** 标尺刻度的密度会随图形的缩放而做相应的改变。

若要更改标尺原点，可以将指针移到文档窗口的左上角（标尺在此处相交），然后将指针拖到所需的新标尺原点处即可，如图2-53所示。

原点的位置改变了

图2-53 调整标尺原点的位置

> **提示** 标尺的坐标原点被调整后，双击标尺交叉点，即可恢复标尺原点的位置。若要隐藏标尺，可以在菜单栏中选择【视图】|【隐藏标尺】命令，或按【Ctrl+R】快捷键。

另外，还可通过【首选项】对话框来设置标尺的单位。在菜单栏中选择【编辑】|【首选项】|【单位】命令，即可弹出如图2-54所示的【首选项】对话框。在该对话框的【常规】下拉列表中，可以更改标尺的显示单位，其下还可以设置画笔和文字的单位等。

如果仅想设置当前文档的标尺单位，可以在菜单栏中选择【文件】|【文档设置】命令，然后打开如图2-48所示的【文档设置】对话框，在【单位】下拉列表中选择使用的度量单位即可。

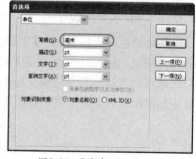

图2-54 【首选项】对话框

2.6.2 参考线的设置

在Illustrator CS5中，使用参考线可以对齐文本和图形对象。可以在文档窗口中创建、锁定、移动、删除、隐藏、制作或释放参考线等。

1．创建参考线

先确认在文档窗口中已经显示标尺，将鼠标移至水平或垂直的标尺上，然后在按住鼠标的同时向文档窗口中拖动，即可添加一条水平或垂直的参考线，如图2-55所示。当然，可以根据需要在文档窗口中创建多条参考线。

2．锁定参考线

为了防止在绘制编辑图形时无意移动了参考线的位置，可以锁定参考线。只需在菜单栏中选择【视图】|【参考线】|【锁定参考线】命令，或按【Alt+Ctrl+;】快捷键，即可锁定当前文档窗口中的所有参考线。再次选择该命令，则可解除参考线的锁定状态。

3. 移动参考线

在参考线未被锁定的情况下，单击工具箱中的【选择工具】按钮 ，然后单击并拖动参考线，可以改变参考线位置，如图 2-56 所示。若同时按住【Alt】键拖动参考线，则可复制该参考线。

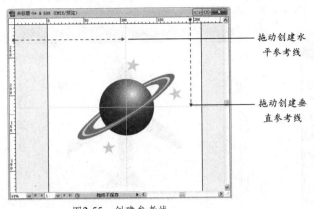

图2-55　创建参考线

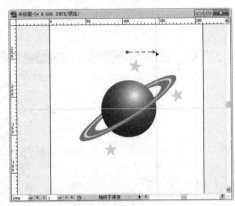

图2-56　移动参考线

4. 删除参考线

要删除参考线，可以在菜单栏中选择【编辑】|【清除】命令，或按键盘中的【Backspace】键。

5. 隐藏参考线

要隐藏参考线，可以在菜单栏中选择【视图】|【参考线】|【隐藏参考线】命令，或按【Ctrl+；】快捷键。再次选取该命令则可显示参考线。

6. 制作参考线

在 Illustrator CS5 中，可以在菜单栏中选择【视图】|【参考线】|【建立参考线】命令，或按【Ctrl+5】快捷键，将选取的任意形状图形或路径转换为参考线，如图 2-57 所示。

7. 释放参考线

使用【释放参考线】命令可以将选取的参考线转换为可执行旋转、扭曲、缩放等操作的对象。只需在菜单栏中选择【视图】|【参考线】|【释放参考线】命令，或按【Alt+Ctrl+5】快捷键，即可释放参考线。

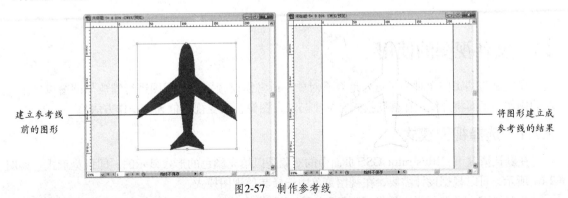

图2-57　制作参考线

另外，在菜单栏中选择【编辑】|【首选项】|【参考线和网格】命令，可以在如图 2-58 所示的【首选项】对话框中设置参考线颜色、样式等。

> **提示** 在菜单栏中选择【视图】|【智能参考线】命令，或按【Ctrl+U】快捷键，可以显示智能参考线。智能参考线和普通参考线的区别在于它可以根据当前执行的操作状态显示参考线及相应的提示信息，如图2-59所示。

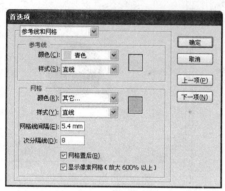

图2-58　设置参考线

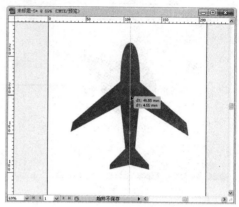

图2-59　智能参考线

2.6.3　网格的使用

为了能更精确地绘制图形，可以在文档窗口中显示网格。在菜单栏中选择【视图】|【显示网格】命令，即可在文档窗口中显示由一系列交叉的灰色线所构成的网格，如图2-60所示。

另外，在菜单栏中选择【编辑】|【首选项】|【参考线和网格】命令，可以在如图2-58所示的【首选项】对话框中设置网格颜色、样式、网格线间隔、次分隔线、网格置后等。其中【网格线间隔】文本框用于自定义网格线之间的间距；【次分隔线】文本框用于细分网格线；选择【网格置后】复选项，则可将网格以背景的形式显示在图形的下方。

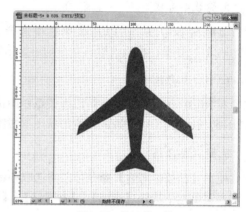

图2-60　显示的网格

2.7　文件视图的使用

在绘制与编辑图像时为了更好地查看对象，通常需要频繁地对视图进行缩放与调窗口显示区域的操作。下面将介绍选择视图模式、缩小与放大图像、改变视图位置等操作方法。

2.7.1　选择视图模式

在默认情况下，Illustrator CS5 页面中的对象是以填充颜色的形式显示的，即预览形式，如图2-61 所示，可以根据设计需要，在视图菜单中选择其他视图模式。

- 【轮廓】：在菜单栏中选择【视图】|【轮廓】命令，将以线框的形式显示页面中的对象，如图 2-62 所示。选择【轮廓】命令后，该命令将自动变为【预览】命令，再次选择该命令，可以使对象恢复为预览状态，如图 2-61 所示。

图2-61 【预览】视图模式

图2-62 【轮廓】视图模式

> **提示** 当页面中有置入位图时，选择该命令，则位图图像将以矩形框的形式显示。

- **【叠印预览】**：在菜单栏中选择【视图】|【叠印预览】命令，可以提供"油墨预览"模式，模拟混合、透明和叠印在分色输出中的显示效果，如图 2-63 所示。打印时的透明度取决于所用的油墨、纸张和打印方法。
- **【像素预览】**：在菜单栏中选择【视图】|【像素预览】命令，可以模拟栅格化图稿并在 Web 浏览器中查看图稿的显示效果，如图 2-64 所示。

图2-63 【叠印预览】视图模式

图2-64 【像素预览】视图模式

　　另外，Illustrator CS5 提供了多视图功能。在作图过程中，使用【视图】|【新建视图】命令将当前页面创建多个视图，然后在【视图】菜单底部选择该视图名称，被存储的视图模式就会显示出来，以便对当前编辑的图形进行多方位的观察。

2.7.2　缩小与放大图像

　　为了能更准确地编辑图像，很多时候都需要对图像进行各种缩放操作。调整图像显示比例的方法有下面5种，下面分别进行介绍：

　　方法1　在工具箱中单击【缩放工具】按钮🔍，然后在文档窗口中单击要放大的区域，或者按住【Alt】键并单击要缩小的区域。每单击一次，视图便放大或缩小到上一个预设百分比，如图2-65所示。

　　方法2　在菜单栏中选择【视图】|【放大】命令或【视图】|【缩小】命令，每执行一次命令，视图便放大或缩小到下一个预设百分比，其对应的快捷键为【Ctrl+ +】与【Ctrl+ -】。

　　方法3　在文档窗口左下角或【导航器】面板中设置缩放级别，如图 2-65 所示。

　　方法4　在菜单栏中选择【视图】|【实际大小】命令，或者双击【缩放工具】按钮🔍，可以100% 比例显示图像文件。

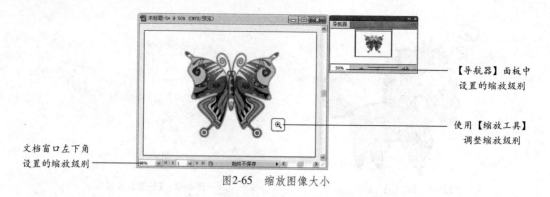

文档窗口左下角
设置的缩放级别

【导航器】面板中
设置的缩放级别

使用【缩放工具】
调整缩放级别

图2-65　缩放图像大小

方法5　在菜单栏中选择【视图】|【适合窗口大小】命令，或者双击【抓手工具】按钮🖐️，可以更改视图以适合文档窗口大小。

2.7.3　改变视图位置

在 Illustrator CS5 中，改变视图位置查看局部图像的方法有多种，可以使用【抓手工具】按钮🖐️在文档窗口中移动 Illustrator 画板，也可以在【导航器】面板中单击要在文档窗口中显示的区域；还可以将红色矩形框拖移到缩览图中要显示的区域，如图 2-66 所示。

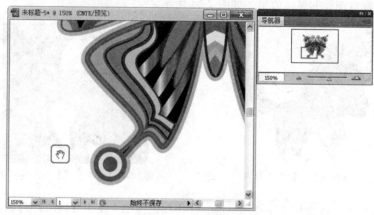

图2-66　改变视图位置

2.8　本章小结

本章先为读者展示了 Illustrator CS5 在平面设计中的作用、重要概念与软件操作界面等基础知识。接着介绍了自定义操作界面、管理文件的方法。最后详细讲解了辅助工具与文件视图的使用方法。

2.9　上机实训

实训要求：
通过置入一个光盘形状的文件，练习文件的管理与辅助工具的使用方法。

制作提示：
（1）创建一个 100mm X 100mm 的空白新文件，然后使用【置入】命令置入 "2.9a.ai" 素材文件，放大至文件大小后嵌入新文件中。

（2）显示标尺后设置参考线的颜色为"淡红色"，然后以光盘的圆心为交点，创建出水平与垂直参考线。

（3）显示网格，再修改颜色为"浅蓝色"，次分隔线为4，把文件以"2.9_ok"的名称存储起来。其操作流程如图2-67所示。

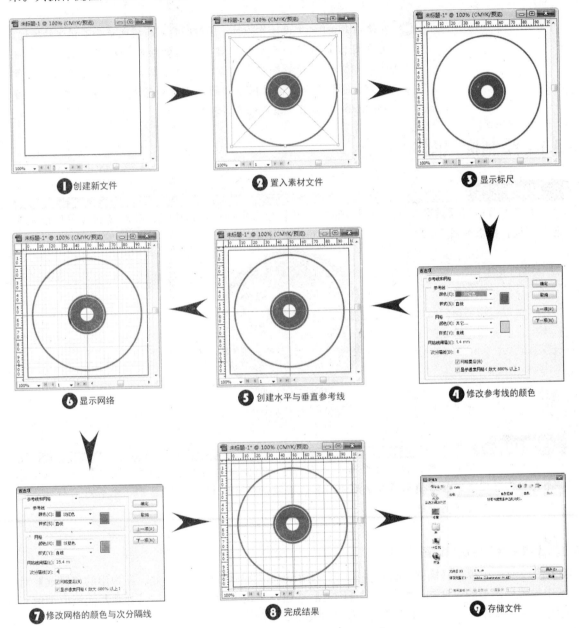

图2-67　置入光盘素材设置参考与网格

第3章 图形的绘制与填色

⏩ 在使用 Illustrator 设计作品时，图形的绘制与填色是必不可少的操作，是决定作品形状和色彩的关键，基本的绘制和填充方法是每个设计者都需要掌握的知识。本章将通过绘制标识图、蝴蝶、光晕效果、卡通鲸鱼、指南针图案、趣怪表情和艺术插画等实例，讲解在 Illustrator 中绘图与填色的各种技巧。

3.1 绘制标识图

制作分析

本实例将运用【椭圆工具】和【多边形工具】组合出一个标识图案，然后分别为图形填充底色与描边，效果如图 3-1 所示。

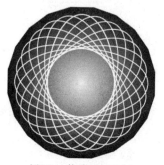

图3-1 简单的标识图

制作流程

先新建一个空白文件，使用【椭圆工具】创建一个竖向的椭圆形，通过【旋转】命令组合成一个花纹圆环图案，接着使用【多边形工具】在图案的下方绘制一个20边形，然后对图形对象进行填充、排序与对齐的处理。

上机实战 绘制标识图

01 在工具箱中单击【椭圆工具】按钮◎，使用鼠标左键单击画板空白处，在弹出的【椭圆】对话中设置椭圆形的宽度和高度，单击【确定】按钮。创建出椭圆形后通过【外观】面板取消填充颜色，保留预设的黑色、1pt 的描边效果，如图 3-2 所示。

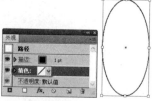

图3-2 绘制椭圆并填充颜色

02 选择【对象】|【变换】|【旋转】命令，打开【旋转】对话框后输入【角度】为90度，再单击【复制】按钮。此时会自动复制出椭圆图形并旋转90度，结果如图3-3所示。

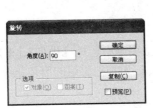 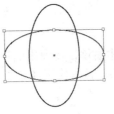

图3-3　旋转并复制椭圆对象

03 选择【对象】|【变换】|【旋转】命令，打开【旋转】对话框后输入【角度】为15度，单击【复制】按钮。此时会自动复制出椭圆图形并旋转15度，结果如图3-4所示。

 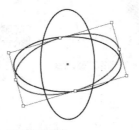

图3-4　旋转15度并复制椭圆对象

04 完成上一步骤的操作后不执行其他命令，按下10次【Ctrl+D】快捷键，多次执行【再次变换】命令，根据旋转15度并复制对象的条件，复制并旋转出10个椭圆对象，组合成一个花纹圆环的图案，如图3-5所示。

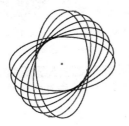 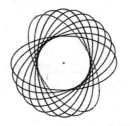 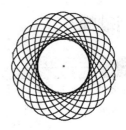

图3-5　复制并旋转出圆环花纹图案

05 在工具箱中单击【多边形工具】按钮 ，使用鼠标左键单击画板空白处，在弹出的【多边形】对话框中设置多边形的半径和边数，单击【确定】按钮。接着在【外观】面板中取消图形的描边颜色，并设置填充颜色为预设的"铜色径向"样式，如图3-6所示。

 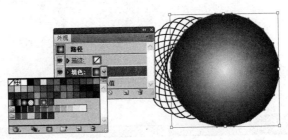

图3-6　绘制多边形填充预设渐变颜色

如果找不到步骤5所选的"铜色径向"样式, 可以选择【窗口】|【色板库】|【渐变】|【简单径向】命令, 即可打开【简单径向】面板, 在其中选择一种喜欢的径向颜色。

06 在多边形对象上单击右键, 在弹出的快捷键菜单中选择【排列】|【置于底层】命令, 将20边形调至圆环花纹的下方。接着使用【选择工具】拖选整组的圆环花纹, 在【外观】面板中设置描边颜色为白色, 如图3-7所示。

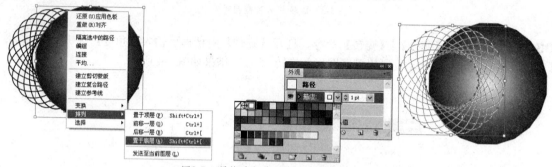

图3-7 调整对象的顺序并设置描边颜色

07 拖选圆环花纹和20边形, 在【对齐】面板中分别单击【水平居中对齐】按钮和【垂直居中对齐】按钮, 把选中的对象进行水平、垂直居中对齐操作, 结果如图3-8所示。

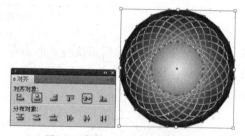

图3-8 水平、垂直居中对齐对象

3.2 绘制蝴蝶

制作分析

本实例运用【椭圆工具】和【螺旋线工具】绘制出蝴蝶的形状, 然后为蝴蝶的各个部分填充样式和渐变色, 效果如图3-9所示。

图3-9 蝴蝶

制作流程

首先新建一个空白文件, 使用【椭圆工具】绘制蝴蝶的身躯部分, 再绘制并编辑出左侧翅膀,然后使用【螺旋线工具】绘制出左侧触角。接着为身躯填充"涂抹效果"样式，为翅膀填充双色渐变并设置各对象的描边效果。最后将左侧的触角和翅膀编组，并复制、镜像到对称的右侧。

上机实战 绘制蝴蝶

01 创建一个新文件，在工具箱中单击【椭圆工具】按钮 ◉，使用鼠标左键单击画板空白处，在弹出的【椭圆】对话框中设置椭圆形的宽度和高度，单击【确定】按钮。创建出椭圆形后通过【外观】面板设置取消填充颜色，保留预设的黑色、1pt的描边效果，如图3-10所示，以此作为蝴蝶身躯的雏形。

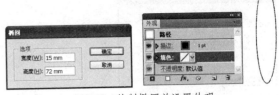

图3-10　绘制椭圆并设置外观

02 使用【椭圆工具】 ◉ 在蝴蝶身躯雏形的左侧，拖动绘制一个宽度较大的椭圆形，以此作为蝴蝶上侧翅膀的雏形。使用【选择工具】 � 将绘制的椭圆形拖动旋转，如图3-11所示。

03 使用【直接选择工具】 ▷ 选中椭圆右上方的锚点，再往上方拖动锚点。通过同样的方法对椭圆其他三个锚点进行位置调整，结果如图3-12所示。

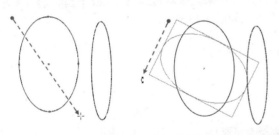

图3-11　绘制上侧翅膀雏形并旋转处理

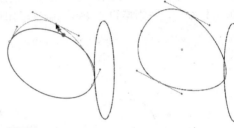

图3-12　移动锚点

04 选中右上的锚点显示控制手柄，然后拖动控制手柄调整锚点两侧圆弧的弧度。通过同样的方法调整其他锚点的控制手柄，把对象编辑成翅膀形状，如图3-13所示。

05 保持对象的被选取状态，选择【对象】|【变换】|【对称】命令打开【镜像】对话框，选择【水平】单选按钮，再单击【复制】按钮，在复制一个对象副本的同时水平翻转目标对象，结果如图3-14所示。

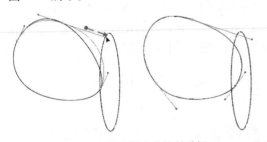

图3-13　拖动锚点的控制手柄

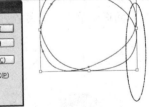

图3-14　水平镜像并镜像对象

06 保持副本对象的被选取状态，选择【对象】|【变换】|【分别变换】命令打开【分别变换】对话框，先勾选【预览】复选框，然后设置【水平】和【垂直】缩放均为68%，再设置【水平】与【垂直】移动的值，预览变换对象的大小和位置，合适后单击【复制】按钮。此时会复制出一个变换对象的副本对象，再根据前面设置的数值缩小并往下移动被变换的对象，结果如图3-15所示，变换出左侧翅膀的下半部分。

07 在工具箱中选择【螺旋线工具】 ，使用鼠标左键单击画板空白处，在弹出的【螺旋线】对话框中设置螺旋形的半径、衰减和段数，再选择一种样式，单击【确定】按钮。创建出螺旋线对象后，使用【选择工具】 将其拖至左侧翅膀的上方，其中右下方的端点要对齐身躯的顶端，如图3-16 所示，以此作为蝴蝶的左侧触角。

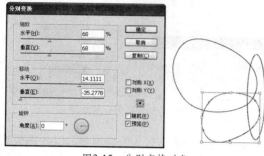

图3-15 分别变换对象

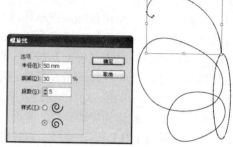

图3-16 绘制螺旋线对象并调整位置

08 选择"身躯"图形，选择【窗口】|【图形样式库】|【涂抹效果】命令打开【涂抹效果】面板，选择"涂抹 17"样式，为身躯添加预设的涂抹样式效果。接着选择【对象】|【排列】|【置于顶层】命令，将蝴蝶的"身躯"调整至翅膀的上方，如图 3-17 所示。

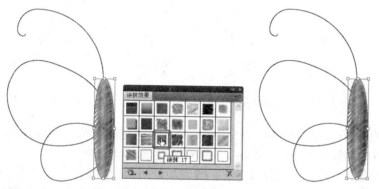

图3-17 为"身躯"添加涂抹样式并调整顺序

09 选择上半部分的翅膀对象，通过【渐变】面板填充 CMYK (53，0，27，0) 至 CMYK (0，26，83，11) 的水平线性渐变颜色。使用【选择工具】 单击选中下半部分的翅膀对象，在【渐变】面板中单击前面设置好的渐变缩图，也填充相同的渐变颜色，如图 3-18 所示。

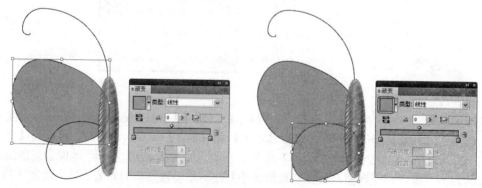

图3-18 为翅膀填充渐变色

10 按住【Shift】键单击组成左侧翅膀的两个对象，将其同时选中。在【外观】面板的【描边】选项中，取消对象的描边颜色。保持对象的被选取状态，在【填充】选项中单击【不透明度】链接文件，在打开的对话框中修改不透明度为80%，如图 3-19 所示。

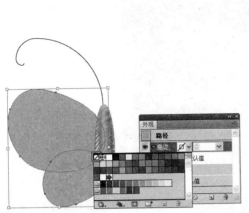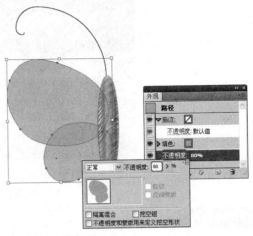

图3-19　取消翅膀的描边颜色并设置不透明度为80%

11 选择蝴蝶的触角，在【外观】面板的【描边】选项中设置描边颜色为 CMYK（40，70，100，50）的棕色，再设置描边粗细为2pt，如图 3-20 所示。

12 使用【选择工具】拖选"触角"和"翅膀"对象，按下【Ctrl+G】快捷键将其编组。然后选择【对象】|【变换】|【对称】命令打开【镜像】对话框，选择【垂直】单选按钮，再单击【复制】按钮。复制出"触角"和"翅膀"副本对象并进行垂直翻转处理，最后使用【选择工具】配合【Shift】键将其水平移动至蝴蝶身躯的另一侧，如图 3-21 所示。

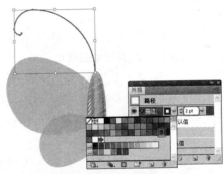

图3-20　设置触角的颜色与粗细

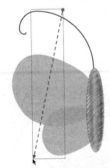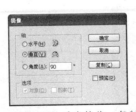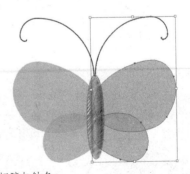

图3-21　垂直镜像、复制翅膀与触角

3.3　绘制光晕效果的图形

制作分析

　　使用【光晕工具】可以绘制具有明亮的中心、光晕和射线及光环的光晕对象。本实例将使用该工具绘制具有光晕效果的图像，效果如图 3-22 所示。

图3-22　为图像添加光晕效果的图形的结果

制作流程

　　首先打开光盘中的练习文件，然后使用【光晕工具】在图像中添加光晕效果，接着打开【光晕工具选项】对话框并编辑修改光晕效果，最后使用【选择工具】在光晕效果以外的地方单击即可。

上机实战　绘制光晕效果的图形

01 先打开练习文件，然后在工具箱中单击【光晕工具】按钮，并在图像左上方按下鼠标放置光晕中心手柄，接着拖动设置中心的大小、光晕的大小，并旋转射线角度，最后释放鼠标，以确认光晕效果的整体大小，如图 3-23 所示。

> **提示**　在释放鼠标前，按【Shift】键可以将射线限制在设置角度；按下键盘中的向上或向下箭头键可以添加或减去射线；按住【Ctrl】键可以保持光晕中心位置不变。

图3-23　放置光晕中心手柄

02 移动鼠标至光束的其中一个端点，按下鼠标左键并拖动至人物的背部，接着释放鼠标放置末端手柄，以确认光晕效果的长度，如图 3-24 所示。

图3-24　放置光晕末端手柄

提示　在释放鼠标前，按向上或向下箭头键可以添加或减去光环。按否定（~）键可随机放置光环。

03 双击工具箱中的【光晕工具】按钮 ，打开【光晕工具选项】对话框，在该对话框中设置光晕效果的属性，最后单击【确定】按钮，如图 3-25 所示。

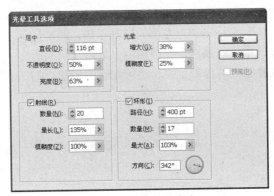

图3-25　编辑光晕效果

04 在工具箱中单击【选择工具】按钮 ，在光晕以外的位置单击即可。

提示　若要修改光晕中心手柄至末端手柄的距离或光晕的旋转方向，可以先在图像中将需要修改的光晕效果选中，然后单击工具箱中的【光晕工具】按钮 ，接着移动鼠标至中心手柄或末端手柄处，当光标变为 形状时，拖动鼠标即可。

3.4　绘制卡通小鲸鱼

制作分析

本实例将通过多种绘图工具绘制一个可爱的卡通小鲸鱼，然后为小鲸鱼的各个组成路径部分填充颜色，效果如图 3-26 所示。

图3-26　卡通小鲸鱼

制作流程

　　首先新建一个文件，绘制出小鲸鱼的身体轮廓并填充黑色，接着创建出另一个新图层，把黑色的底色在原地复制、粘贴。然后填充浅蓝到深蓝的径向渐变颜色，缩小拷贝的副本，并调整轮廓边缘，露出黑色的边缘部分。接下来绘制出肚子和眼睛，最后添加几颗水珠，使画面更活跃。

上机实战　绘制卡通小鲸鱼

01 先创建一个空白的新文件，使用【钢笔工具】 绘制出鲸鱼的轮廓，如图 3-27 所示。

02 使用【直接选择工具】 单击尾巴右上方的锚点，按住【Alt】键切换至【转换锚点工具】 ，拖动锚点左侧的控制手柄，调整鱼尾巴的曲率。接着选择尾巴中间的锚点，在控制栏中单击【删除所选锚点】按钮 ，继续调整锚点的控制手柄，编辑尾巴的形状，如图 3-28 所示。

图3-27　绘制小鲸鱼的轮廓

图3-28　使用【直接选择工具】编辑鱼尾巴的形状

03 使用步骤 2 的方法继续编辑外轮廓，并为轮廓填充黑色，如图 3-29 所示。

04 按下【Ctrl+C】快捷键复制出黑色的底色，在【图层】面板中单击【创建新图层】按钮 ，创建出"图层 2"。然后按下【Ctrl+F】快捷键，将复制的对象粘贴在原对象的上方，如图 3-30 所示，其中"图层 2"的颜色默认为红色。

图3-29　为鲸鱼轮廓填充黑色

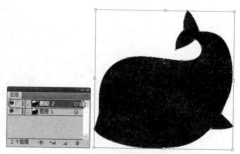

图3-30　复制轮廓底色并粘贴于"图层2"上方

05 保持"图层2"底色副本的被选取状态,在【渐变】面板中为其填充浅蓝 CMYK (54,0,7,0) 至深蓝色 CMYK (95,83.5,0,0) 的径向渐变颜色,如图 3-31 所示。

06 使用【渐变工具】 ■ 编辑渐变的中心与覆盖范围。先将径向的原点移至鲸鱼的头部位置,然后将渐变的范围扩大至把整个鲸鱼包围住为止,如图 3-32 所示。

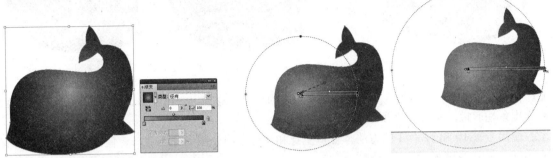

图3-31 为小鲸鱼填充渐变径向渐变颜色   图3-32 编辑渐变中心与覆盖范围

07 选择【选择工具】 ▶,按住【Shift+Alt】键拖动缩小渐变对象,等比例往中心缩小对象,露出黑色的底色作为鲸鱼的描边颜色,如图 3-33 所示。

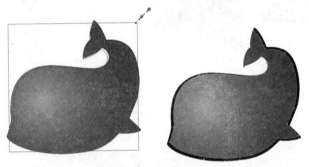

图3-33 等比例往中心缩小对

08 在【图层】面板中锁定"图层1",然后使用【直接选择工具】 ▷ 拖选鱼尾部分的多个锚点,往右下方稍微移动,使黑色的描边颜色显露得更加均匀,如图 3-34 所示。

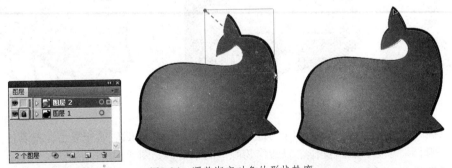

图3-34 调整渐变对象的形状轮廓

09 使用步骤8的方法,继续使用【直接选择工具】 ▷ 编辑渐变对象的形状,结果如图 3-35 所示。

10 使用【美工刀工具】 ✐ 在鱼翅的上方分割出一道裂痕,在鼠标拖动的轨迹上会自动生成锚点,并与鲸鱼主体连接起来,如图 3-36 所示。

图3-35 继续编辑渐变对象的形状   图3-36 使用【美工刀工具】分割对象

11 使用【直接选择工具】拖动步骤10生成的锚点，分割出一道缺口，通过前面的黑色底色，制作出鱼翅形状，如图3-37所示。

12 使用步骤10和步骤11的方法，在鱼上身和尾巴之间分割出一道缺口，使鲸鱼的形状更富有立体感，如图3-38所示。

图3-37 编辑分割后的裂缝   图3-38 分割出鱼身与尾巴之间的皱痕

13 使用【钢笔工具】配合【直接选择工具】在鱼身的下方绘制一个三角形对象，然后填充CMYK（0，0，20，0）的浅黄色，作为鱼肚子的鳞片，如图3-39所示。

14 使用步骤13的方法，绘制出其他四块鳞片，结果如图3-40所示。

图3-39 绘制鱼肚子的鳞片   图3-40 绘制其他鳞片

15 使用【椭圆工具】在鱼肚子的上方绘制出一个椭圆对象，然后填充黑色，接着使用【选择工具】将椭圆对象进行旋转操作，以此作为鲸鱼的眼睛，如图3-41所示。

16 使用【椭圆工具】绘制出三个大小不一的白色椭圆对象，通过移动与缩放操作，组合出眼睛的眼珠部分，结果如图3-42所示。

17 使用【铅笔工具】在鲸鱼的下方绘制出一个小圆圈，作为水中的气泡效果，其中描边为6pt的黑色，填充颜色为CMYK（30，0，0，0）的浅蓝色，如图3-43所示。

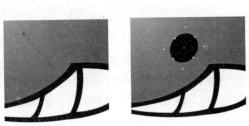

图3-41 绘制鲸鱼眼睛

图3-42 绘制眼珠部分

18 使用步骤 17 的方法绘制出他四个小气泡，结果如图 3-44 所示。

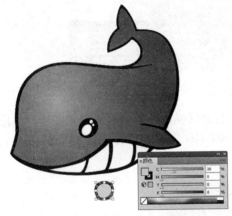

图3-43 绘制小气泡

图3-44 绘制其他4个气泡

3.5 绘制指南针图案

制作分析

本实例将运用【圆角矩形】、【椭圆工具】和【星形工具】绘制出一个指南针图案，效果如图 3-45 所示。

图3-45 指南针图案

制作流程

首先创建一个空白新文件，绘制一个圆角矩形并填充翠绿色作为底板，再绘制一个圆形对象作为表盘，然后通过两个星形对象旋转错位，组合出指针效果，最后输入"N、E、S、W"四个英文字母作为方向。

上机实战 绘制指南针图案

01 在工具箱中选择【圆角矩形工具】 ，使用鼠标左键单击文件的空白处，在打开的【圆角矩形】对话框中输入宽度、高和圆角半径等数值，单击【确定】按钮。创建出圆角矩形对象后，通过【颜色】面板取消描边颜色，并设置填充颜色为CMYK（50，0，100，0）的翠绿色，如图3-46所示，以此作为指南针的底板。

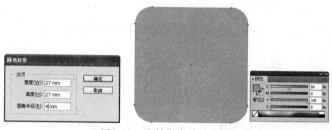

图3-46 绘制指南针的底板

02 选择【椭圆工具】 并单击文件的空白处，打开【椭圆】对话框后输入宽度和高度，单击【确定】按钮，然后设置填充颜色为CMYK（20，0，100，0）的黄色，描边颜色为白色，粗细为1pt，如图3-47所示，以此作为指南针的表盘。

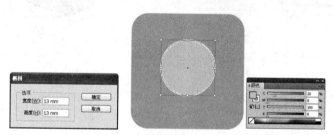

图3-47 绘制指南针的表盘

03 使用【星形工具】 创建一个半径1为7mm，半径2为2mm的4角星形对象，然后设置填充颜色为CMYK（50，0，100，0）的绿色，再取消描边颜色，如图3-48所示，以此作为活动指针。

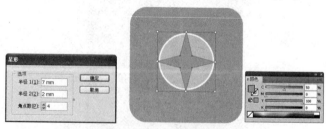

图3-48 绘制活动指针

04 按下【Ctrl+U】快捷键启用【智能参考线】特性，选择【钢笔工具】 后移动鼠标至星形对象的中心，当出现"中心点"提示文字后单击确定路径的起点，接着分别捕捉星形上面的锚点，绘制一个三角形对象，最后返回起点处单击闭合对象，通过【颜色】面板为其填充CMYK（85，10，100，10）的深绿色，绘制出活动指针的阴影效果，如图3-49所示。

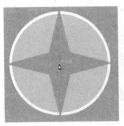 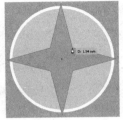 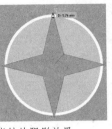 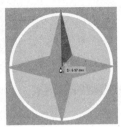

图3-49　绘制活动指针的阴影效果

05 保持阴影三角形对象的被选取状态，在工具箱中选择【旋转工具】 ，再捕捉星形中心点所在的锚点，指定旋转基点。接着往左拖动三角形上方顶点的同时按住【Alt】键，直到拖动至 90 度的位置，在旋转的同时复制出另一个三角形阴影对象，如图 3-50 所示。

06 选择【选择工具】 的同时按住【Shift】键选择两个阴影对象，再切换至【旋转工具】 ，把旋转基点定位于星形的正中，然后按住【Alt】键将选择的阴影拖动至 180 度的位置上，将对象旋转 180 度的同时复制出另外两个阴影对象，如图 3-51 所示。

 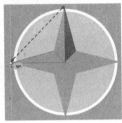 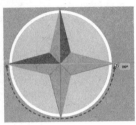

图3-50　旋转并复制出指针阴影　　　　　　　　　　图3-51　复制另外两个阴影对象

07 选择【选择工具】 的同时按住【Shift】键选中活动的指针和四个阴影对象，按下【Ctrl+G】快捷键将其编成一组。然后选择【对象】|【变换】|【旋转】命令打开【旋转】对话框，输入角度为 45 度并单击【确定】按钮，如图 3-52 所示。

08 选择【星形工具】 单击文件的空白处，打开【星形】对话框后，创建一个半径 1 为 8mm，半径 2 为 2mm 的 4 角星形对象，然后设置填充颜色为白色，再取消描边颜色，以此作为固定指针，如图 3-53 所示。

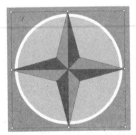   

图3-52　将指针与阴影编组并旋转45度　　　　　　　图3-53　绘制固定指针

09 使用【椭圆工具】 创建一个直径为 2mm 的圆形对象，设置填充颜色为白色，描边颜色为 CMYK (50, 0, 100, 0) 的青色，粗细为 2pt，然后单击【使描边外侧对齐】按钮 ，以此作为指针的轴心，如图 3-54 所示。

10 按下【Ctrl+A】快捷键全选对象，在【对齐】面板中分别单击【水平居中对齐】按钮 和【垂直居中对齐】按钮 ，把选中的对象进行水平、垂直居中对齐处理，结果如图 3-55 所示。

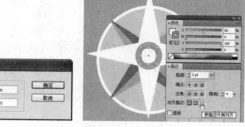

图3-54　绘制指针轴心图形

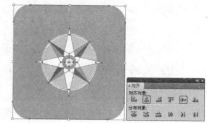

图3-55　水平、垂直皆置中对齐对象

11 使用【文字工具】 T 在指盘的上方输入"N"字，设置字体为"Arial Black"，大小为12pt。接着使用同样的字体属性分别输入"E、S、W"三个字母，代表东、南、西、北四个方向，如图3-56所示。

图3-56　输入指南针的方向

3.6　绘制趣怪表情

制作分析

本实例使用【椭圆工具】和【钢笔工具】绘制出面部表情的轮廓，然后对各个部分进行形状编辑与填色，最终效果如图3-57所示。

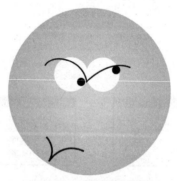

图3-57　生气的趣怪表情

制作流程

首先创建一个空白的新文件，使用【椭圆工具】绘制出表情的面庞，然后填充浅黄到深黄的径向渐变颜色，接着使用【钢笔工具】绘制出眉毛，并使用【直接选择工具】进行编辑，接下来绘制眼睛和眼珠部分。最后使用绘制眉毛的方法绘制嘴巴线条。

上机实战　**绘制趣怪表情**

01 在工具箱选择【椭圆工具】 ○，然后按住【Shift】键不放，在文件中拖动绘制出一个圆形对象。接着通过【渐变】面板为圆形对象填充 CMYK（3，12，75，0）浅黄色至 CMYK（1.5，32，97，0）深黄色，填充类型为【径向】，如图 3-58 所示。

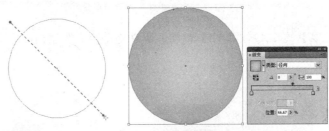

图3-58　绘制表情的脸庞

02 使用【椭圆工具】 ○ 配合【Shift】键，在脸庞的左上方绘制一个较小的圆形对象，通过【外观】面板取消描边颜色，设置填充颜色为白色，以此作为表情的左眼，如图 5-59 所示。

03 选择【选择工具】 ➤ 使左眼呈被选取状态，此时按住【Alt】键将左眼拖动至对称的另一侧，在移动左眼的同时复制出右眼，如图 3-60 所示。

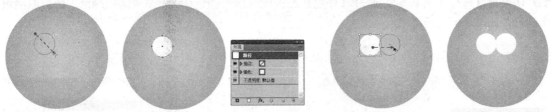

图3-59　绘制表情的左眼　　　　　　　　　图3-60　快速复制出表情的右眼

04 使用【钢笔工具】 ♦ 在眼睛上面绘制出一段"V"形的路径，在添加第二个锚点后，单击该锚点将其转换为尖角锚点，在右眼的右上方添加第三个锚点的同时拖出控制手柄，调整右眼眉毛路径的曲率，以此作为表情的眉毛路径，如图 3-61 所示。

05 切换至【选择工具】 ➤ 选中眉毛路径，通过【外观】面板设置描边颜色为黑色，粗细为 3pt，再取消填充颜色，如图 3-62 所示。

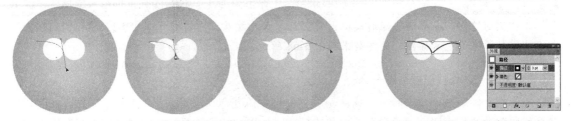

图3-61　绘制表情的眉毛路径　　　　　　　图3-62　设置眉毛的描边颜色和粗细

06 使用【直接选择工具】 ➤ 单击眉毛路径中的第一个锚点，在控制栏中单击【将所选锚点转换为平滑】按钮 ▶，这时锚点两侧会出现控制手柄，拖动控制手柄调整左眼眉毛路径的曲率，最后移动第一个锚点，进一步调整左眼眉毛路径的形状，如图 3-63 所示。

07 使用【椭圆工具】 ○ 配合【Shift】键，在左眼眼白的右下方绘制出一个小圆形对象，通过【外观】面板取消描边颜色，再设置填充颜色为黑色，以此作为左侧眼珠，如图 3-64 所示。

图3-63　调整左眼眉毛路径的形状

08 切换至【选择工具】 ▶，按住【Alt】键将左眼珠拖动至右眼眼白的右上方，复制出右侧眼珠，如图 3-65 所示。

图3-64　绘制左眼珠并填充黑色

图3-65　复制右侧眼珠

09 使用【钢笔工具】 ✍ 在面庞的左下方绘制出一个 "V" 形的路径，以此作为表情的嘴巴轮廓，如图 3-66 所示。

10 切换至【选择工具】 ▶，通过【外观】面板设置描边颜色为黑色，粗细为 4pt，最后取消填充颜色，如图 3-67 所示。

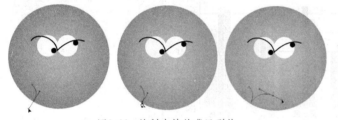

图3-66　绘制表情的嘴巴形状

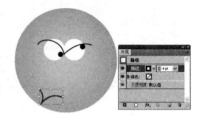

图3-67　设置嘴巴的描边颜色和粗细

3.7　绘制艺术插画

制作分析

　　本实例通过绘制多个渐变矩形模拟出天空与海面的效果，再利用【符号库】提供的预设符号，组合出一幅漂亮的艺术插画，最终效果如图 3-68 所示。

图3-68　艺术插画效果

制作流程

　　首先创建一个A4大小的横向文件，然后绘制一个矩形并填充"羊皮纸"图形样式，作为插画的画布与边框。接着通过两个填充不同渐变效果的矩形组合成蓝蓝的天空和海面，将两个对象编组后对齐于画布。最后从"符号库"中分别加入"棕榈树、沙滩椅、房子、植物、云朵"等符号对象。

上机实战 绘制艺术插画

01 按下【Ctrl+N】快捷键打开【新建文档】对话框，保持默认设置不变，单击【横向】按钮 ，再单击【确定】按钮，创建一个A4大小的横向文件，如图3-69所示。

02 使用【矩形工具】单击文档的空白处，打开【矩形】对话框后设置宽度为227mm、高度为180mm，单击【确定】按钮。接着选择【窗口】|【图形样式库】|【纹理】命令打开【纹理】面板，保持矩形对象的被选取状态，单击"羊皮纸"样式，将该样式套用于矩形对象上，如图3-70所示。

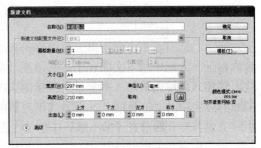

图3-69　创建一个A4大小的横向文件

图3-70　绘制插画的画布并套用预设样式

03 使用【矩形工具】创建一个宽度为195mm、高度为70mm的矩形对象，将暂放在画布的上方。然后通过【渐变】面板填充白色→CMYK（44，0，2，0）浅蓝→CMYK（60，6.5，0，0）蓝色的多色线性渐变效果，其中角度为90度，以此作为插画的"天空"部分，如图3-71所示。

图3-71　绘制"天空"部分

04 使用【矩形工具】创建一个宽度为195mm、高度为77mm的矩形对象，使用【选择工具】将其移动至"天空"的下方，注意要稍微覆盖"天空"对象的下边缘处，以得到较好的衔接效果。然后通过【渐变】面板填充白色→CMYK（47，0，75，0）浅蓝→CMYK（67，73，0，0）蓝色的多色线性渐变效果，其中角度为 –177 度，以此作为插画的"海面"部分，如图 3-72 所示。

图3-72　绘制"海面"部分

05 使用【选择工具】配合【Shift】键选中"天空"和"海面"部分，在【对齐】面板中单击【水平左对齐】按钮，由于两个矩形对象的宽度均为 195mm，所以只要左对齐即可得到较完美的统一效果，如图 3-73 所示，最后按下【Ctrl+G】快捷键将两个对象编组。

06 保持编组对象的被选状态，按住【Shift】键单击画布对象将其加选，然后在【对齐】面板中先显示更多选项，打开【对齐】选项列表，选择【对齐所选对象】选项，使后续的对齐操作仅对当前被选取对象起作用。接着分别单击【水平居中对齐】按钮和【垂直居中对齐】按钮，将编组后的"天空"和"海面"放置于"羊皮纸"画布的正中位置，如图 3-74 所示。

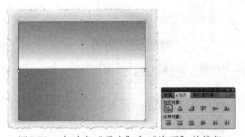

图3-73　左对齐"天空"和"海面"并编组

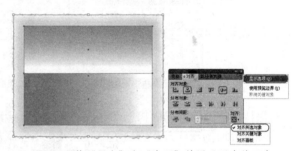

图3-74　将"天空"和"海面"放置于画布的正中

07 使用【钢笔工具】在插画的右下方绘制一个不规则的形状，填充白色并取消描边颜色，以此作为海岸边上的"沙滩"，如图 3-75 所示。

08 选择【窗口】|【符号库】|【提基】命令，打开【提基】面板后将"棕榈"符号拖至"海滩"上，再使用【选择工具】调整位置，如图 3-76 所示。

图3-75　绘制"海滩"

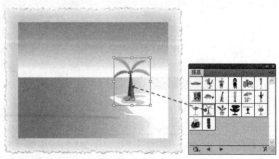

图3-76　加入"棕榈"符号对象

09 在【提基】面板中将"长沙发"符号对象拖至插画的右下方处，如图 3-77 所示。

10 选择【窗口】|【符号库】|【徽标元素】命令，打开【徽标元素】面板后将"房子"对象拖至"棕榈"的右下方处，如图 3-78 所示。

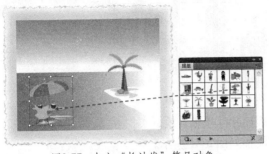
图3-77 加入"长沙发"符号对象

图3-78 加入"房子"符号对象

11 保持"房子"对象的被选取状态，选择【对象】|【变换】|【分别变换】命令打开【分别变换】对话框，先勾选【预览】复选框查看变换效果，再勾选【对称 X】复选框，将"房子"对象垂直翻转，将水平缩放和垂直缩放分别设置为 130%，也就是将对象放大至 130%。预览效果满意后单击【确定】按钮，如图 3-79 所示。可以根据实际加入符号对象的位置，在【分别变换】对话框的【移动】选项组中进行位置调整。

图3-79 垂直翻转"房子"对象再放大处理

12 选择【窗口】|【符号库】|【自然】命令打开【自然】面板，将"植物 2"符号对象拖至"房子"的右下方，然后使用【选择工具】 配合【Shift】键等比例缩小对象，如图 3-80 所示。

13 从【自然】面板中加入"云彩 1"、"云彩 2"和"云彩 3"三个"云彩"符号对象，然后使用【选择工具】 分别对加入的三个对象进行大小与位置的调整，结果如图 3-81 所示。

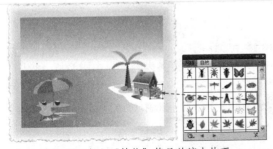
图3-80 加入"植物"符号并缩小处理

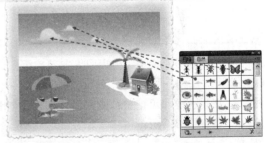
图3-81 加入并调整"云彩"符号对象

3.8 本章小结

本章通过多个实例详细地为读者介绍了各种绘图和填色的方法，其中涉及【椭圆工具】、【多边形工具】、【螺旋线工具】、【光晕工具】、【星形工具】、【钢笔工具】等工具的使用和描边、填充样式和渐变色等技巧的应用。

3.9 上机实训

实训要求：绘制一个橙子艺术插画。

制作提示：

（1）创建一个橘红色的正方形，为其添加"黄色发光"图像效果。

（2）在外发光的正方形里面绘制出阴影、橙子表面和叶子等对象。

（3）绘制出橙子的梗杆。橙子艺术插画的制作流程如图 3-82 所示。

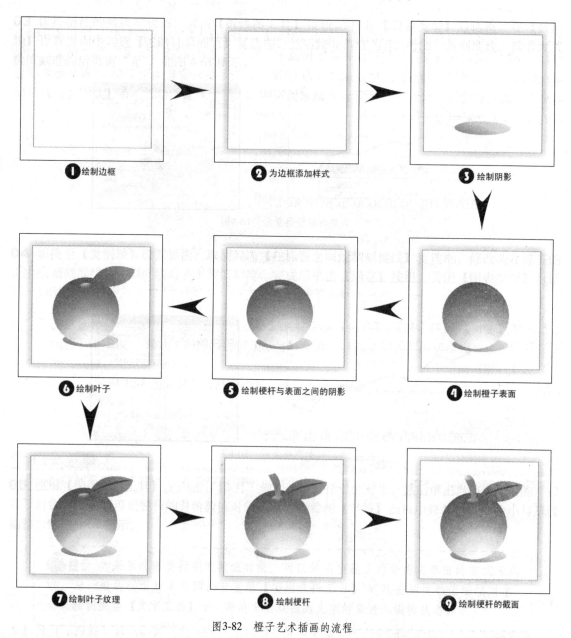

图3-82　橙子艺术插画的流程

第4章 文字与图表的应用

> 本章通过设计 CD 封套文字、制作光盘标签、设计 POP 促销广告牌、设计博客 LOGO、制作柱形数据图表、制作月销售额折线图、使用饼形图统计年销售额比率等实例，讲解 Illustrator CS5 在文字与图表方面的各种应用。

4.1 设计CD封套文字

▦ 制作分析

本实例通过【文字工具】、【直排文字工具】和【区域文字工具】等工具在 CD 封面上输入专辑标题、简介和曲目等文字信息，效果如图 4-1 所示。

图4-1 CD封套文字

▦ 制作流程

首先打开练习文件，使用【直排文字工具】在封套的正面（右侧）输入垂直的专辑主、副标题，在主标题的左侧添加一个区域段落文件，再设置字体属性与行距等段落属性。在封套的背面（左侧）输入专辑的简介标题和内容等信息，并对简介内容进行首行缩进处理。最后在简介的下方输入曲目信息，设置字体与行距等属性后进行分栏排版处理。

🐞 上机实战 设计CD封套文字

01 打开 "4.1.ai" 练习文件，使用【直排文字工具】T 在封面右上方的渐变条上单击鼠标左键，此时单击的位置会出现一个闪动的光标，输入垂直的专辑主标题。完成后按下【Esc】键确定输入的文字，同时切换至【选择工具】使输入的文字对象呈被选取状态。接着通过【字符】面板设置主标题的字体和大小属性，设置完毕后按下【Enter】键确定输入的字体属性，如图 4-2 所示。

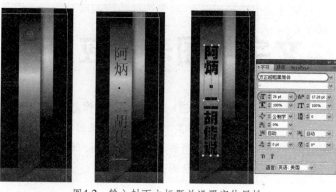

图4-2　输入封面主标题并设置字体属性

02 保持主标题的被选取状态，在【颜色】面板中先设置填充颜色为CMYK（23，15，80，18），再设置描边颜色为CMYK（4，0，24，0），如图4-3所示。

03 使用【直排文字工具】 在主标题右侧的渐变条上输入副标题，然后在【字符】面板中设置字体与大小，再打开【插入空格（左）】下拉列表，选择【1/2全角空格】选项，在垂直文字的各字之间插入1/2的全角安全空格，调整副标题的字距，最后在【颜色】面板中设置字体的填充颜色为黑色，取消描边颜色，如图4-4所示。

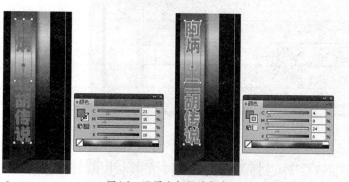

图4-3　设置主标题的颜色

图4-4　输入封面副标题并设置属性

04 使用【直排文字工具】 在主标题的左侧拖动鼠标，创建一个文本框，然后输入专辑的封面文案，也就是唱片的特色或者卖点，在光标闪动处输入文字内容后全选文字内容，通过【字符】面板设置字体、大小和字距等属性，通过【颜色】面板设置字体为白色。最后按下【Esc】键确定输入文字内容，再使用【选择工具】 拖动调整文本框的大小与位置，如图4-5所示。

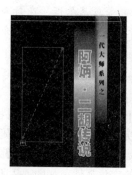

图4-5　输入并设置封面文案内容

05 使用【文字工具】T在封底的左上方输入专辑简介的标题，然后通过【字符】面板和【颜色】面板设置字符的属性与颜色，如图 4-6 所示。

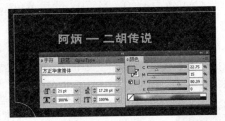

图4-6　输入专辑简介标题

06 使用【文字工具】T在简介标题的下方拖动鼠标，创建一个文本框，在光标闪动处输入简介内容，在输入的过程中可以按【Enter】键进行段落换行。接着通过【字符】面板设置段落文本的字体属性，在【颜色】面板中设置颜色为白色，如图 4-7 所示。

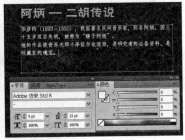

图4-7　输入专辑简介内容并设置属性

07 按下【Ctrl+A】快捷键全选文本框中的内容，在【段落】面板中设置【首行左缩进】为 18pt，为各段文字的首字空出两个中文字符的位置。接着按下【Esc】键确定输入的文本内容，再使用【选择工具】调整文本框的大小，如图 4-8 所示。

图4-8　为简介内容添加首行缩进排版效果

08 使用【文字工具】T在简介内容的下方拖动鼠标，创建一个文本框，然后输入 1 ～ 10 首曲目内容，如图 4-9 所示。

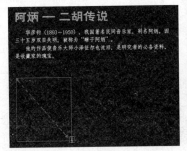

图4-9　输入唱片专辑的曲目内容

09 按【Esc】键确定输入的文本内容，在【字符】面板中设置字体、大小和行距等属性，然后在【颜色】面板中设置文字颜色为CMYK（4，0，24，0）的浅黄色。这时可以看到，由于字体变大了，超出了文本框的大小，有5项曲目内容无法显示出来，如图4-10所示。

10 选择【选择工具】▶，并移至文本框右下方的"⊞"符号上，鼠标指针会变成"▶"状态，单击即会切换成"⧉"状态，表示可以通过创建文本框的方法来显示目前被隐藏的文字内容。在原文本框的右侧拖出另一个新文本框，其中拖动的高度尽量与原文本框保持一致，这样就可以把隐

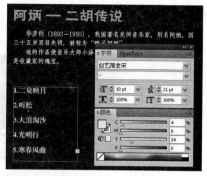

图4-10　设置曲目内容的字体与颜色属性

藏的5项曲目内容显示出来了，如图4-11所示。上述操作称为"串接文本"，也就是通过多个文本框来显示较长的段落文字内容。

图4-11　串接隐藏曲目内容

11 使用【选择工具】▶拖动右侧的文本框，调整其位置。然后按住【Shift】键把两个文本框同时选取，在【对齐】面板中单击【垂直顶对齐】按钮，这样两个文本框所显示的曲目内容就会很工整了，结果如图4-12所示。

图4-12　对齐两个文本框的曲目内容。

4.2　制作光盘标签的弯曲文字

▓ 制作分析 ▓

　　本实例使用制作弯曲文字的方法，先在唱片光盘标签的左侧输入圆弧的曲目内容，然后在盘片的右下方输入相关的弯曲出版信息内容，效果如图4-13所示。

图4-13　光盘标签的弯曲文字

制作流程

　　首先打开练习文件，使用【矩形工具】和【椭圆工具】在盘片的左方绘制一块不规则的半透明的色块，用作曲目内容的底板。然后创建一个略小于光盘外圈的圆形，使用【路径文字工具】在圆形对象内部输入相关的出版信息内容，将英文字设置成首字母大写。

上机实战　制作光盘标签的弯曲文字

01 打开"4.2.ai"练习文件，使用【选择工具】🔺单击光盘中间的白色圆形对象，按下【Ctrl+C】快捷键将其复制，再按下【Ctrl+F】快捷键将复制的对象粘贴于原对象的上方。在【变换】面板中将对象的宽度和高度均设置为45mm，放大圆形对象后按下【Shift+Ctrl+]】快捷键，将其放置至顶层，如图4-14所示。

图4-14　复制出圆形对象并调整大小与排列顺序

02 使用【矩形工具】▭创建一个60mm × 45mm的矩形对象，使用【选择工具】🔺将矩形与圆对象选取，在【对齐】面板中打开【对齐】下拉列表，再选择【对齐关键对象】选项。这时矩形对象会显示较粗的选取框，表示该对象为关键对象，接下来的操作会以它来作为对齐目标（一般先选取的对象会被软件认定为关键对象），如图4-15所示。

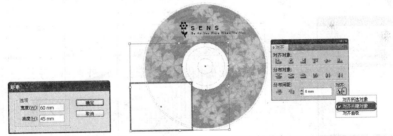

图4-15　创建矩形对象并选择对齐方式

03 以白色的圆形对象作为关键对象，使用【选择工具】🔺单击圆形对象，即可切换关键对象。保持两个对象的被选状态，在【对齐】面板中单击【垂直居中对齐】按钮，这样矩形将垂直居中对齐于圆形对象，如图4-16所示。

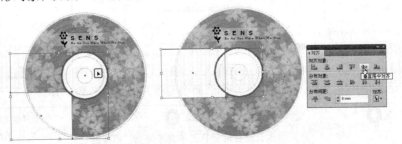

图4-16　切换对齐的关键对象并垂直居中对齐

04 按下【Ctrl+U】快捷键启用【智能参考线】特性，使用【选择工具】▶往右拖动矩形框右侧中间的锚点，拖动至盘片圆心并显示"中心点"提示后释放左键，使矩形对象以向右放大的形式接合于圆形对象。然后在按住【Shift】键同时选择圆形和矩形，在【路径查找器】面板中单击【联集】按钮 ▣，使被选中的两个对象合并为一个对象，如图 4-17 所示。

图4-17　合并矩形和圆形对象

05 在【透明度】面板中设置图形的不透明度为 50%，使其呈半透明的状态，作为曲目内容的底板，如图 4-18 所示，最后按下【Ctrl+2】快捷键，将对象锁定。

06 使用【矩形工具】▣在底板的上方创建一个 50mm × 37mm 的矩形对象，取消填充颜色并设置描边颜色为黑色，如图 4-19 所示，下一步将在该矩形内输入曲目内容。

图4-18　设置不透明度

图4-19　创建矩形框

07 选择【区域文字工具】 ▣并将鼠标移至矩形框内单击，然后输入 11 项曲目内容，按下【Ctrl+A】快捷键全选内容，通过【字符】面板设置文字属性，如图 4-20 所示。

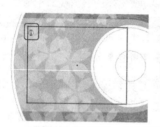

图4-20　在矩形区域内输入曲目内容

08 使用【添加锚点工具】 ▣在矩形左侧的边上单击，添加一个新锚点，然后使用【直接选择工具】 ▶将其往左拖动，这时矩形内部的曲目内容会根据区域图形的变形而改变，如图 4-21 所示。

09 在【控制】面板中单击【将所选锚点转换为平滑】按钮 ▣，然后使用【直接选择工具】 ▶分别拖动新锚点两侧的控制手柄，其文字区左侧的曲率与盘片的弧度一致，如图 4-22 所示。

10 使用【选择工具】▶单击光盘中间的白色圆形对象，按下【Ctrl+C】快捷键将其复制，再按下【Ctrl+F】快捷键将复制的对象粘贴于原对象的上方。然后取消圆形对象的填充颜色，并设置描边颜色为黑色，如图 4-23 所示。

图4-21 改变文字所在图形的形状　　　　　　　图4-22 继续编辑文字所在图形形状

11 通过【变换】面板，使圆形路径的大小放大至115mm × 115mm，使其大小略小于盘片的外圈，准备用于制作路径文字，如图4-24所示。

图4-23 复制圆形路径　　　　　　　　　　图4-24 放大圆形对象

12 选择【路径文字工具】 并移动鼠标至圆形路径上，当光标变成" "状态后单击路径，这时路径对象的描边或者填充颜色会自动消失，而改成以路径形状的线条显示。接着输入文字，输入的文字将会根据圆形路径的轨迹排列，输入完毕后按下【Ctrl+A】快捷键全选内容，在【字符】面板中设置字符属性，如图4-25所示。

  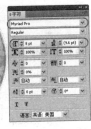

图4-25 输入路径文字话设置字符属性

13 在默认状态下，输入的路径文字会自动排列于路径的外侧，而路径上会显示出一个"/"分界线标记，选择【直接选择工具】 并移动鼠标至分界线标记上，鼠标就会变成" "状态，此时将分界线标记往路径的内侧拖动，路径文字就会分布于路径内侧了，如图4-26所示。

> **提示** 在将路径文字调至路径的内侧的操作中，由于拖动的原因，路径文字的位置可能会发生变化，可以让文字处于路径的任何一段位置上，详细操作详见步骤14的内容。

14 在路径文字的起点处会显示两个白色的正方形，在白色正方形的侧边也会显示一个"/"标记，表示路径文字的起点与终点分界线。只要将【直接选择工具】 移至这两条分界上，鼠标即会变成" "或" "，即向左边或者右边拖动调整文字的位置。将鼠标放置于右侧的"/"分界线上，当鼠标变成" "状态后往右拖动，调整文字的位置，如图4-27所示。

图4-26 将路径文字调至路径的内侧　　　图4-27 往右调整路径文字的位置

> **提示** 如果输入字符的字体过大，路径无法完全显示时，即会出现4.1节步骤9
> 的情况，大家可以缩小字符的大小，使之完全显示。

15 按下【Ctrl+A】快捷键全选路径文字，在【字符】面板中修改文字的大小为5pt。然后选择【文字】|【更改大小写】|【词首大写】命令，将英文单词第一个字母变成大写，其他均为小写，如图4-28所示。

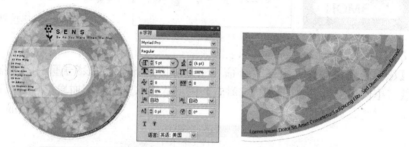

图4-28 更改字符的尺寸与大小写

4.3 设计POP促销广告牌

制作分析

本实例制作一个带有英文和中文字的POP促销广告牌，效果如图4-29所示。

图4-29 POP促销广告牌

制作流程

首先使用【文字工具】输入"大减价"中文POP广告文字，然后为其套用预设的图形效果，并通过【外观】面板修改描边的效果。接着输入英文广告文字，将其转换为路径轮廓后，使用【直接选择工具】编辑"S"的形状为"$"符号，最后为英文广告文字添加霓虹灯效果。

上机实战 设计POP促销广告牌

01 打开"4.3.ai"练习文件，使用【文字工具】T在下方的黑色面板中输入"大减价"POP字体，然后通过【字符】面板设置字符属性，可以填充任意颜色，如图4-30所示。

02 按下【Esc】键确定输入的文字并切换至【选择工具】，选择【窗口】|【图形样式库】|【按钮和翻转效果】命令，打开【按钮和翻转效果】面板，单击【凸边－正常】预设样式，将该效果套用至POP文字中，如图4-31所示。

图4-30 输入"大减价"POP文字

图4-31 为POP文字添加图形效果

03 由于图形的效果不够抢眼，在【外观】面板中选择第一项【描边】选项，设置描边颜色为白色，粗细为2pt，如图4-32所示。

04 使用步骤3的方法，将第二项【描边】选项的颜色设置为CMYK（85，50，0，0）蓝色，粗细为2pt，如图4-33所示。

图4-32 修改描边的颜色

图4-33 设置第二项描边的属性

05 使用【文字工具】T在左上方的黑色底板输入"Sale"广告文字，然后通过【字符】面板设置字符属性，其中颜色可以为任意颜色，如图4-34所示。

06 选择【选择工具】确定输入的文字，然后在文字上单击右键，在弹出的菜单中选择【创建轮廓】命令，执行此命令后，原来的文字特性将会丢失而变成一般的路径对象，如图4-35所示。

图4-34 输入英文广告文字

图4-35 将文字对象轮换为轮廓对象

07 使用【直接选择工具】拖选"S"顶端的两个锚点，然后往上拖动更改字母的形状。接着使用【添加锚点工具】在"S"的上方添加两个新锚点，再将上方的四个锚点转换为尖角，使用【直接选择工具】编辑各锚点的位置。最后使用同样方法对"S"的下端进行相同的编辑，把原来的"S"编辑成一个寓意金钱的符号—"$",如图4-36所示。

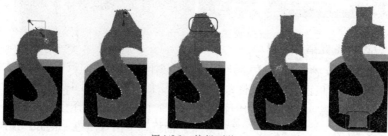

图4-36　编辑形状

08 选择【选择工具】➤使对象被选取,然后为其填充白色,并取消描边颜色,如图4-37所示。

09 选择【窗口】|【图形样式库】|【霓虹效果】命令,打开【霓虹效果】面板,单击【浅红色霓虹】预设样式,将该效果套用至编辑后的广告文字上,结果如图4-38所示。

图4-37　填充英文广告文字

图4-38　为广告文字套用霓虹效果

4.4　设计博客LOGO

制作分析

　　本实例将使用【文字工具】配合【偏移路径】功能设计一个色彩艳丽的博客LOGO,效果如图4-39所示。

图4-39　博客LOGO

制作流程

　　首先使用【文字工具】输入文字内容,然后在原文字的下方复制一个副本,转换为路径轮廓后向偏移路径，使之扩大一定的范围，再填充颜色与描边，最后将原文字对象进行颜色调整。

上机实战 设计博客LOGO

01 打开 "4-4.ai" 练习文件，使用【文字工具】 **T** 输入 "Hugo.blog" 文字内容，也可以输入其他的文字内容。通过【字符】面板设置字符属性，填充颜色为任意，只要不与背景颜色冲突即可，结果如图 4-40 所示。

02 按【Esc】键切换至【选择工具】 ，分别按下【Ctrl+C】和【Ctrl+B】两组快捷键，在文字对象的下方复制并粘贴一个相同的文字副本对象。由于粘贴的原因，当前选中的应为下方的文字对象，在文字对象上方单击右键，再选择【创建轮廓】命令，将下方的文字对象转换为路径对象，如图 4-41 所示。

图4-40 输入文字内容

图4-41 复制文字副本并转换为路径对象

03 保持选中转换后的对象，选择【对象】|【路径】|【偏移路径】命令，打开【位移路径】对话框后设置位移、连接和斜接限制等属性，预览效果满意后单击【确定】按钮，把下方的文字扩大至一定的范围，如图 4-42 所示。

04 在【外观】面板中设置描边颜色为 CMYK (85，50，0，0) 的蓝色，粗细为 3pt，再设置填充颜色为白色，结果如图 4-43 所示。

图4-42 位移扩大路径

图4-43 为下方的文字填充颜色

05 保持对象的被选取状态，在【路径查找器】面板中单击【联集】按钮 ，将多个路径对象合并为一个对象，这时重叠的部分马上连接起来了，结果如图 4-44 所示。

图4-44 合并路径对象

06 使用【文字工具】 **T** 拖选上方文字对象中 "H" 字母，在【颜色】面板中设置其填充颜色为 CMYK (100，0，0，0) 的蓝色。使用同样方法为其他字母填充颜色，如图 4-45 所示。

图4-45 为上方的文字填充颜色

07 为了让文字更加立体，拖选所有文字内容，在【外观】面板中设置描边颜色为CMYK（85，50，0，0）的蓝色，粗细为1pt，如图4-46所示。

图4-46　为文字添加边框效果

4.5　制作柱形数据图表

制作分析

　　本实例通过【柱形图工具】创建一个电脑硬件销售表，图表中以柱形的方式列出"硬盘、内存、主板、显卡、光驱"等5个产品，在2010年各个季度的销售量，效果如图4-47所示。

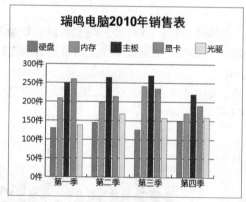

图4-47　柱形数据图表

制作流程

　　首先创建一个A4大小的横向新文件，创建出柱形图后输入图表数据，并设置图形选项与数值轴的属性。然后为柱形图的设置不同的颜色外观，再为文字设置字符属性，最后在图表的上方添加图表标题。

上机实战　制作柱形数据图表

01 创建新文件后选择【柱形图工具】，在文档空白处拖动鼠标创建一个矩形区域，此时拖动区域的尺寸即为柱形图的大小尺寸。释放鼠标左键后出现图表的雏形，同时会打开一个输入图表数据的表格，如图4-48所示。

> **提示** 除了使用拖动鼠标创建图表外，也可以使用【柱形图工具】在文档空白处单击，在打开的【图表】对话框中输入宽度与高度，再单击【确定】按钮，其中左键单击的位置为图表的中心点。

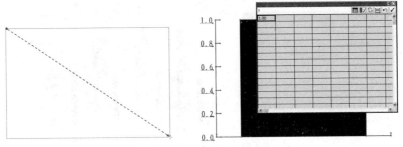

图4-48 创建柱形图表

02 在打开的数据表中输入销售表的数据信息，比如本例在行单元格中输入季度信息，在列单元格中输入产品名称的信息。只要先选择指定的单元格，然后在左上方的文本框中输入单元格内容即可，完成一个单元格数据的输入后可以按键盘中的方向键切换单元格，以便快速输入数据。完成图表所有数据的输入后单击数据表对话框右上方的【应用】按钮☑，即可在文档中生成柱形图表，如图 4-49 所示。接下来可以在数据表对话框的右上角单击【最小化】按钮，将其放在一边以便后续修改数据之用。

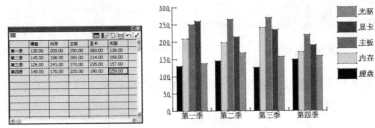

图4-49 输入柱形图数据并应用

03 保持柱形图的被选取状态，双击【柱形图工具】按钮，打开【图表类型】对话框，在【图表选项】界面的【样式】选项组中勾选【在顶部添加图例】复选框，此时右侧的一列产品名称会自动调整至图表的顶点。然后在【选项】中设置列宽为80%，在各个柱形之间增加宽度，结果如图 4-50 所示。

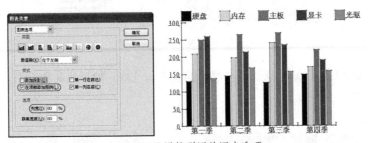

图4-50 设置柱形图的图表选项

04 切换至【数值轴】设置界面，打开【长度】列表框并选择【全宽】选项，使数值刻度线横向延长至整个图表。接着在【后缀】文本框中输入"件"字，为数值轴的各数值刻度添加单位，最后单击【确定】按钮，如图 4-51 所示。

05 使用【编组选择工具】双击"硬盘"左侧的色块，可以将整个编组对象同时选取，然后通过【颜色】面板更改被选取对象的填充颜色，达到更改指定柱形对象颜色的目的，如图 4-52 所示。

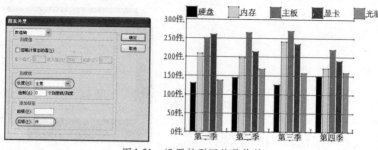

图4-51　设置柱形图的数值轴

06 使用步骤5的方法，为各个柱形填充不同的颜色，结果如图 4-53 所示。

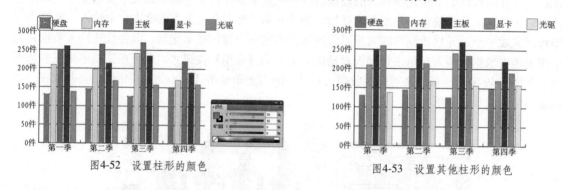

图4-52　设置柱形的颜色　　　　　　　　　　　图4-53　设置其他柱形的颜色

07 使用【编组选择工具】双击刻度线，选取所有刻度线对象，然后通过【颜色】面板设置描边颜色的属性，如图 4-54 所示。

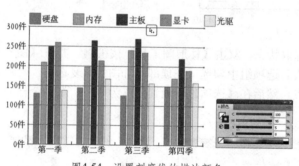

图4-54　设置刻度线的描边颜色

08 使用【直接选择工具】拖选代表产品名的文字与色块，然后将其往左上方拖动，更改其位置，如图 4-55 所示。

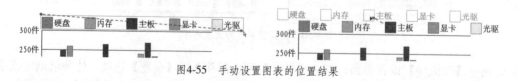

图4-55　手动设置图表的位置结果

09 使用【文字工具】拖选"硬盘"文字内容，在【字符】面板中更改字体属性为"微软雅黑"。接着使用同样方法更改其他中文与数字的字体，如图 4-56 所示。

10 使用【文字工具】在柱形图表的上方输入图表标题，并设置标题的字符属性，如图 4-57 所示。

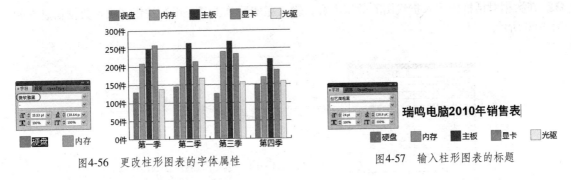

图4-56 更改柱形图表的字体属性

图4-57 输入柱形图表的标题

4.6 制作月销售额折线图

制作分析

　　本实例通过【折线图工具】创建一个打印机的月度销售表，图表中以折线的方式显示打印机，在各个月份中的销售额趋势，效果如图4-58所示。

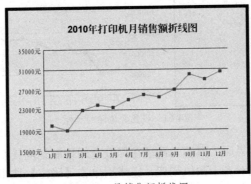

图4-58 月销售额折线图

制作流程

　　首先创建一个130mm×70mm的折线图，然后输入图表数据，并对数值轴和类别轴进行设置，接着更改图表组成元素的外观效果，最后添加图表标题与背景效果。

上机实战 制作月销售额折线图

01 创建一个A4大小的横向文件，使用【折线图工具】在文件的空白处单击左键，在打开的【图表】对话框中设置图表的宽度与高度，单击确定【确定】按钮后生成一个折线图表的雏形，如图4-59所示。

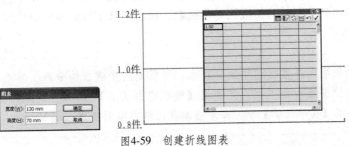

图4-59 创建折线图表

02 在数据对话框中输入折线图的数据内容，输入完毕后单击【应用】按钮☑代入数据信息，如图 4-60 所示。

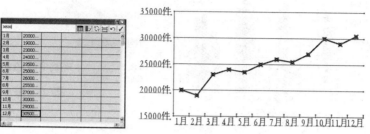

图4-60　输入折线图的数据

03 保持折线的被选取状态，双击【折线图工具】按钮☑打开【图表类型】对话框，在【数值轴】设置界面中勾选【忽略计算的值】复选框，然后修改刻度为 5，增加一条刻度线，接着设置数值刻度的后缀为"元"，如图 4-61 所示。

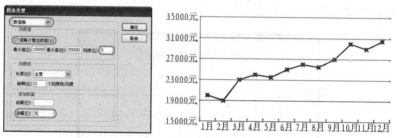

图4-61　设置数值轴的属性

04 切换至【类别轴】设置界面，取消勾选【在标签之间绘制刻度线】复选框，修改为在标签的正中绘制刻度线，使刻度线对齐于数值刻度，完成后单击【确定】按钮，关闭【图表类型】对话框，如图 4-62 所示。

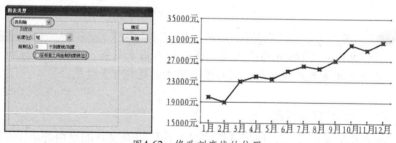

图4-62　修改刻度线的位置

05 使用【编组选择工具】☑单击"12月"刻度，先选择单个对象，然后单击当前被选取的"12月"对象，这样即可把整行的月份数值对象选取，接着在【字符】面板中修改字符的大小与基线偏移，如图 4-63 所示。

> 🎒**提示**　如果要选择整行刻度数值对象，可以使用步骤 5 的分两次单击的方式来选取，与一般的编组对象不同，若使用【编组选择工具】☑双击刻度数值编组对象，会直接切换至【文字工具】Ⅲ，并使当前双击的文字对象进入编辑状态。

06 使用步骤5的方法使用【编组选择工具】 先选择数值刻度对象，然后在【字符】面板中修改字符大小为13pt，如图4-64所示。

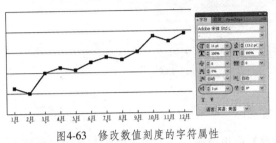

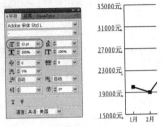

图4-63　修改数值刻度的字符属性

图4-64　数值刻度对象的大小

07 使用【编组选择工具】 双击折线点对象，将12个折线点同时选取，然后在【颜色】面板中将其设置为红色，如图4-65所示。

08 使用【编组选择工具】 双击折线对象，同时选取所有折线对象，然后在【颜色】面板中设置描边颜色为绿色，如图4-66所示。

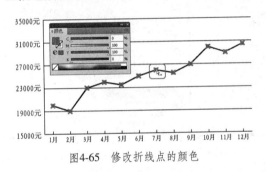

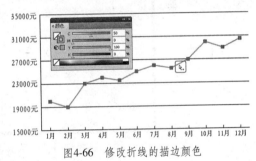

图4-65　修改折线点的颜色

图4-66　修改折线的描边颜色

09 使用【编组选择工具】 双击刻度线对象，同时选取所有刻度线对象，然后在【颜色】面板中设置描边颜色为蓝色，如图4-67所示。

10 使用【文字工具】 在折线表的上方输入图表标题，然后在【字符】面板中设置字符属性，如图4-68所示。

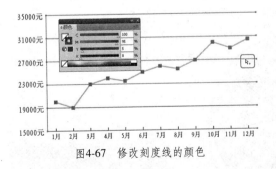

图4-67　修改刻度线的颜色

图4-68　输入图表标题

11 使用【矩形工具】创建一个宽度为170mm，高度为115mm的矩形对象，选择【对象】|【排列】|【置于底层】命令，将其调整至图表的下面，接着使用【选择工具】 调整矩形的位置，如图4-69所示。

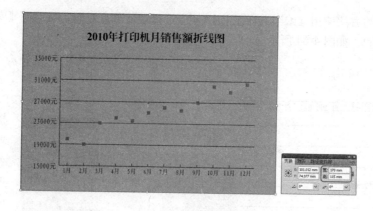

图4-69　绘制图表底板

12 保持矩形底板的被选取状态，通过【颜色】面板分别设置其填充颜色与描边颜色颜色，其中描边的粗细为6pt，如图4-70所示。

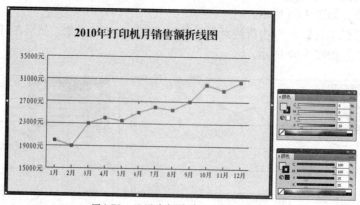

图4-70　设置底板的填充与描边颜色

4.7　使用饼形图统计年销售额比率

制作分析

本实例通过【饼图工具】创建一个商品销售额比率图，图表中以"切蛋糕"的形式，以不同颜色的扇形区显示某大型商场不同类别商品的销售比率，效果如图4-71所示。

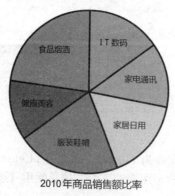

2010年商品销售额比率

图4-71　饼形图

制作流程

　　首先使用【饼图工具】创建一个饼状图，然后划分不同商品所占的比率，接着为不同扇形区填充颜色，再将商品类型合并到扇形里面，最后设置字符属性。

上机实战 绘制饼图

01 创建一个空白的新文件，使用【饼图工具】⊙单击文件的空白处，打开【图表】对话框后输入宽度与高度均为80mm，然后单击【确定】按钮，创建出一个直径为80mm的饼形图，如图4-72所示。

02 在数据表中输入数据，完成后单击【应用】按钮✔，生成如图4-73所示的饼图。

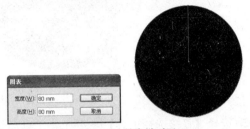

图4-72　创建饼形图

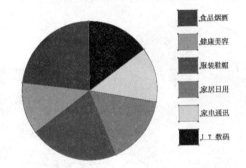

图4-73　输入饼图数据

03 双击【饼图工具】按钮⊙打开【图表类型】对话框，在【选项】中打开【图例】下拉列表，选择【楔形图例】选项，单击【确定】按钮，使右侧的商品类型合并分布至饼图中，如图4-74所示。

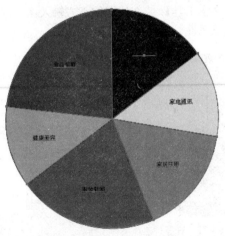

图4-74　设置饼形的图表类型

04 使用【编组选择工具】▶双击任意一个饼图扇形区，选取多个编组的对象，通过【外观】面板中的【描边】选项打开颜色板，选择一种颜色，设置粗细为2pt，为饼图添加边框效果，如图4-75所示。

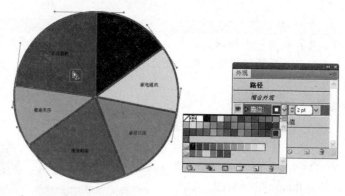

图4-75　为饼图添加边框

05 选择【直接选择工具】 并单击"食品烟酒"扇形区，通过【外观】面板更改其填充颜色。接着使用同样的方法为其他扇形区填充颜色，如图 4-76 所示。

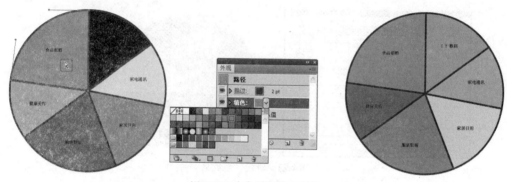

图4-76　为扇形区填充颜色

06 选择【编组选择工具】 ，再使用两次单击的方法选择全部饼图文字，在【字符】面板中修改字符属性，在【颜色】面板中设置填充颜色，如图 4-77 所示。

07 使用【文字工具】 在饼图的下方输入图表标题，然后通过【字符】与【颜色】面板设置字符属性与颜色属性，结果如图 4-78 所示。

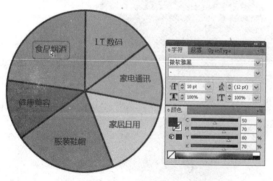

图4-77　设置饼图的字符属性

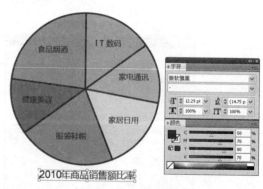

图4-78　输入饼图的标题

4.8　本章小结

本章通过"CD封套"和"光盘标签"两个实例介绍了字符与段落文字的设置方法，包括水平、垂直标题的设计方法，还有段落文本的基本编辑技巧，比如设置行距、字距、首行缩进、分栏排版等。在"光盘标签"实例中还介绍了使用【区域文字工具】 T 制作弯曲段落文本的方法，以及沿路径输入文本的操作。另外，通过"POP 促销广告"和"设计博客 LOGO"两个实例，介绍了把文字效果融合于实际应用的方法。最后通过"制作柱形数据图表、制作月销售额折线图、使用饼形图统计年销售额比率"3 个实例介绍了图表在实际商业中的用法。

4.9 上机实训

实训要求： 绘制一张手机年度月份销售统计表，要求列出某款手机在一年中每个月的销量。
制作提示：

（1）使用【柱形图工具】 创建出图表的雏形，在数据表中填充入数据信息，设置图表选项、数据轴和类别轴的属性。

（2）为柱形和刻度线设置填充颜色与描边颜色，设计刻度数值的字符属性。

（3）为图表添加标题与背景，制作流程如图 4-79 所示。

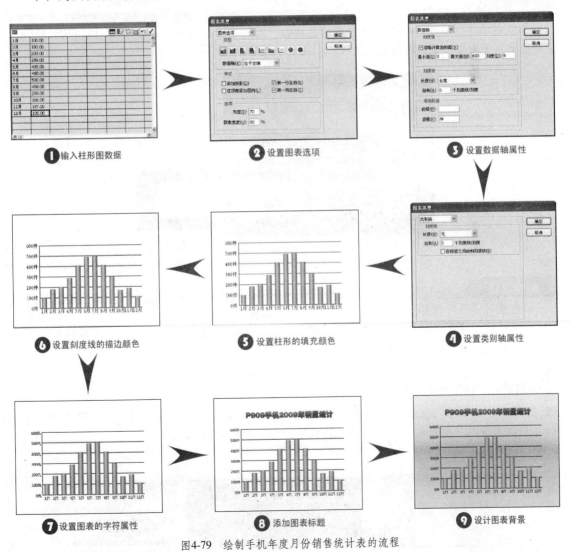

图4-79 绘制手机年度月份销售统计表的流程

第 5 章　效果的应用

▶ Illustrator CS5 将强大的滤镜功能整合于效果菜单中，利用它可以制作很多意想不到的神奇效果。此外，通过剪切蒙版、混合模式、混合工具、3D 等功能也可以制作美观衫的效果。本章通过水晶按钮、月色美景、动感足球、艺术相片、艳丽花朵、3D 花瓶、立体魔方 7 个实例，介绍制作各种效果的方法。

5.1　制作水晶网页按钮

▦ 制作分析 ▦

本实例将通过制作一个漂亮的水晶网页按钮，为大家介绍【混合模式】、【羽化】和【投影】等效果的应用方法，本例的结果如图 5-1 所示。

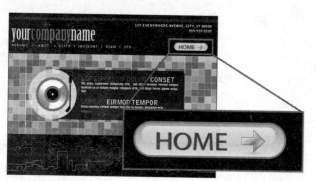

图5-1　水晶网页按钮

▦ 制作流程 ▦

首先使用【圆角矩形】工具绘制两个大小不一的圆角矩形，其中上方较小的圆角矩形为高光区域，通过设置【混合模式】并添加【羽化】效果，使两个对象完美融合。接着在按钮上输入文字并添加投影效果，使其增添立体感，最后添加一个箭头符号作装饰。

🐭 上机实战　制作水晶网页按钮

01 打开 "5.1.ai" 练习文件，使用【圆角矩形工具】 ▣ 创建一个 45mm × 10mm，圆角为半径为 5mm 的圆角矩形，接着取消填充颜色，设置描边颜色为 CMYK（72，17，6，0）的蓝色，以此作为按钮的外框，如图 5-2 所示。

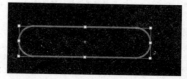

图5-2　绘制按钮外框

02 通过【渐变】面板为圆角矩形填充 CMYK（9，0，0，0）→ CMYK（47.5，9，0，0）的线性渐变颜色，其中角度为 90 度，结果如图 5-3 所示。

03 使用【圆角矩形工具】在按钮的上方绘制一个 40mm × 5mm，圆角为半径 2.5mm 的圆角矩形，填充颜色为白色或者任意颜色，再取消描边颜色，然后将其放置于按钮的中上方，作为按钮的高光区域，如图 5-4 所示。

图5-3　为按钮填充渐变颜色　　　　　　　　图5-4　绘制按钮的高光区域

04 保持高光对象的被选取状态，在【渐变】面板中单击预设的渐变缩图，然后将渐变属性修改为 CMYK（0.5，0，19，0）→ CMYK（75，67，67，90），角度为 -90 度，如图 5-5 所示。

05 在【透明度】面板中打开【混合模式】下拉列表，选择【滤色】选项，这时高光区域将会与下方的按钮完美融合，变得晶莹剔透，如图 5-6 所示。

图5-5　为高光区域填充渐变颜色　　　　　图5-6　设置高光区域的混合模式

> **提示** 通过设置不同的【混合模式】可以将上层对象颜色与底层对象的颜色混合，从而产生不同的混合效果，Illustrator CS5 提供了 16 种混合模式。其中步骤 5 选择了【滤色】模式，可以使当前对象与底层对象的明亮颜色相互融合，效果比原来浅色。

06 保持高光对象的被选取状态，在【外观】面板中单击【添加新效果】按钮，在打开的菜单中选择【风格化】|【羽化】命令（也可以选择【效果】|【风格化】|【羽化】命令），打开【羽化】对话框后设置羽化半径为 0.5mm，单击【确定】按钮，为高光对象添加羽化效果，使其边缘更加柔和，如图 5-7 所示。

07 使用【文字工具】T 在文档的空白区域输入"HOME"文字，按下【Esc】键切换到【选择工具】，将文字对象拖动至按钮上。在【字符】面板中设置字符属性，再通过【颜色】面板设置填充颜色，如图 5-8 所示。

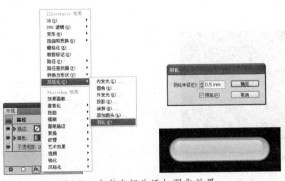  

图5-7　为高光部分添加羽化效果　　　　　　图5-8　添加按钮文字

> **提示** 在步骤7的操作中，如果使用【文字工具】[T]在按钮上单击并输入文字时，软件会自动在圆角矩形对象中输入区域文字，可以先在空白处输入文字，然后使用【选择工具】[▶]将其拖至按钮上，再设置字符的外观属性。

08 保持文字对象的被选取状态，在【外观】面板中单击【添加新效果】按钮[⚫]，在打开的菜单中选择【风格化】|【投影】命令（也可以选择【效果】|【风格化】|【投影】命令），打开【投影】对话框后设置投影的各项属性，其中投影的颜色为CMYK（66，59，58，41），完成后单击【确定】按钮，为文字对象添加投影效果，使其更具有立体感，如图5-9所示。

图5-9 为文字添加投影效果

09 选择【窗口】|【符号库】|【Web按钮和条形】命令，打开【Web按钮和条形】面板后，将【图标1-向右】符号对象拖至按钮上，接着使用【选择工具】[▶]将其等比例缩小，并调整至文字对象的右方，如图5-10所示。

图5-10 为按钮添加箭头符号

5.2 绘制城市月色美景图

制作分析

本实例通过绘制一幅月色美景，为大家介绍【建立不透明蒙版】与【新建散点画笔】的使用方法，最终效果如图5-11所示。

图5-11 城市月色美景

制作流程

　　首先创建一个黑色到蓝色的渐变背景，绘制两个大小不一的圆形对象，将其重叠后创建不透明蒙版，然后为蒙版对象添加径向渐变效果，制作出月牙儿效果。接着绘制一个四角星形对象，将其定义为散点画笔，使用【画笔工具】在天空绘制漫天的星星效果。最后在背景的下方使用【城市4】画笔制作城市效果。

上机实战　制作城市月色美景

01 创建一个 A4 大小的横向文件，然后使用【矩形工具】■创建一个 297mm × 210mm 的矩形对象，通过【对齐】面板将其与画板重叠起来，如图 5-12 所示。

02 通过【渐变】面板为矩形对象填充线性渐变颜色，其中渐变颜色属性为 CMYK（100，11，0，73）→黑色，角度为 90 度，以此作为背景，选择【对象】|【锁定】|【所选对象】命令将背景锁定，如图 5-13 所示。

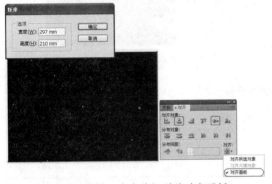

图5-12　绘制A4大小的矩形并对齐画板

图5-13　绘制作品背景并锁定

03 使用【椭圆工具】●在背景的左上角处绘制一个 45mm × 45mm 的白色圆形对象，取消描边颜色，如图 5-14 所示。

04 使用【椭圆工具】●绘制一个 62mm × 62mm 的圆形对象，填充任意颜色，再取消描边颜色。使用【选择工具】▶将其移动至白色圆形之上，覆盖其大部分区域，准备用于后续建立不透明蒙版的蒙版对象，如图 5-15 所示。

图5-14　绘制圆形对象　　　　　图5-15　绘制另一个较大的圆形

05 使用【选择工具】▶同时选择两个重叠的圆形对象，在【透明度】面板中单击■按钮，在打开的菜单中选择【建立不透明蒙版】命令，如图 5-16 所示。

06 当建立不透明蒙版后，取消勾选【剪切】复选框，这样可以把下方对象全部显示，但重叠的区域会呈半透明状态，而半透明的深浅以上方对象颜色浓度而定，如图 5-17 所示。

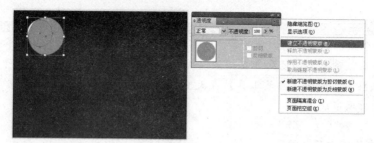

图5-16　建立不透明蒙版

07 保持上方较大圆形对象（即蒙版对象）的被选取状态，然后通过【渐变】面板为其填充多色径向渐变，产生一个月牙儿的形状，如图5-18所示。其中渐变的属性设置如表5-1所示。

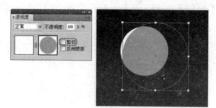

图5-17　取消剪切易蒙版效果

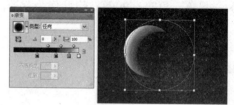

图5-18　填充渐变蒙版效果

表5-1　渐变属性设置

色　标	颜色（CMYK）	位　置	色　标	颜色（CMYK）	位　置
1	黑色	36%	3	(0, 0, 0, 57)	85%
2	黑色	65%	4	(0, 0, 0, 5)	100%

> **提示** 不透明蒙版是通过蒙版图形的灰度值来产生遮罩的效果，蒙版图形中的黑色区域为透明区域，可以显示下面的对象；白色的区域为不透明区域，可以遮盖下方的对象；灰色区域为半透明区域，会显示半透明的效果。如果作为蒙版的对象是彩色的，软件会自动将其转换为灰度，并以其灰度值来决定蒙版的透明程度。
>
> 在【透明度】面板中，左侧的缩图为被蒙版对象，位于下方；右侧的缩图为蒙版对象，位于上方。无论不被蒙版对象或是蒙版对象，它们都具有可编辑性，只要单击缩图即可进行针对性的编辑。

08 在【透明度】面板中单击左侧的缩图，选择下方的被蒙版对象，也就是白色的圆形对象。然后选择【效果】|【风格化】|【外发光】命令打开【外发光】对象，设置发光颜色为白色，并设置其他属性，最后单击【确定】按钮，此时月牙儿将会产生白色的发光效果，如图5-19所示。

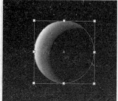

图5-19　为月牙儿添加外发光效果

09 使用【星形工具】☆在背景上绘制一个4角的星形对象，其中半径1为10mm，半径2为2mm，准备用于新建散点画笔，如图5-20所示。

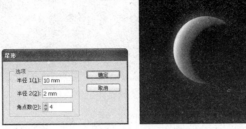

图5-20 绘制4角星形对象

10 选择【窗口】|【画笔】命令打开【画笔】面板，在面板的右上方单击▤按钮，在打开的菜单中选择【新建画笔】命令，打开【新建画笔】对话框后选择【散点画笔】单选按钮，再单击【确定】按钮，如图5-21所示。

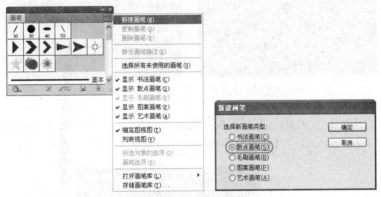

图5-21 新建散点画笔

11 打开【散点画笔选项】对话框后，分别设置名称、大小、间距、分布和旋转等选项，完成后单击【确定】按钮，这时返回【画笔】面板可以看到新建的"星星"画笔了，完成画笔的创建后，将步骤9绘制的4角星形对象删除，如图5-22所示。

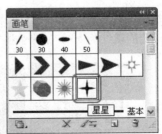

图5-22 设置散点画笔选项

12 选择【画笔工具】✐，再选择新建的"星星"画笔，设置描边颜色为白色，描边粗细为1pt，接着在月牙儿的右侧拖动鼠标，释放左键后将会根据鼠标拖动的轨迹绘制随机的星星效果，如图5-23所示。

图5-23 使用"星星"画笔添加制作星空效果

13 由于星星的分布还不够完美，可以保持画笔工具的设置不变，分别在天空的两侧单击鼠标，在空隙处添加散点的星星效果，结果如图 5-24 所示。

图5-24 使用单击的方法添加星星效果

14 使用【直线段工具】 ╲绘制一条与背景宽度相同的直线段（297mm），使用【选择工具】 ▶将其拖至背景的下方，然后通过【对齐】面板将直线与画板水平居中对齐，如图 5-25 所示。

图5-25 绘制并对齐直线段

15 保持直线的被选取状态，在【画笔】面板中单击【城市 4】画笔，将直线变成"城市"线条效果。最后设置描边的粗细为 5pt，结果如图 5-26 所示。

图5-26 为直线添加"城市"画笔效果

5.3 制作动感足球效果

制作分析

本实例通过制作一个动感足球效果，介绍【混合工具】的应用技巧，效果如图5-27所示。

图5-27 动感足球效果

制作流程

首先打开练习文件并加入"足球"素材，复制一个较小的副本后创建混合效果，编辑混合选项的堆叠方向与步数。接着使用【添加锚点工具】和【直接选择工具】编辑混合轴的形状，使原来直线飞行的路径变成圆弧飞行。最后对混合对象进行位置与不透明度的调整，使混合效果更加完美。

上机实战 制作动感足球效果

01 打开"5.3.ai"练习文件，再打开"足球.ai"素材文件，使用【选择工具】 T 将"足球"对象拖至练习文件中，如图5-28所示。

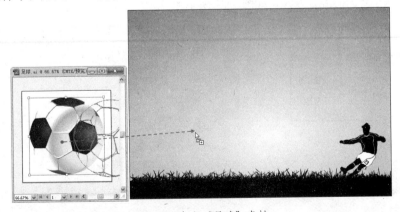

图5-28 加入"足球"素材

02 在【变换】面板中将"足球"的大小设置为50mm × 50mm，然后使用【选择工具】 将其调整至画面的左侧，如图5-29所示。

图5-29　调整足球素材的大小与位置

03 按住【Alt】键将"足球"拖动至人物剪影的脚上，复制出"足球"副本对象，接着在【变换】面板中修改大小为 10mm × 10mm，如图 5-30 所示。

图5-30　复制足球副本并缩小处理

04 双击【混合工具】按钮📷打开【混合选项】对话框，打开【间距】下拉列表并选择【指定的步数】选项，设置步数为10，单击【确定】按钮。接着依序单击较小的足球，再单击较大的足球，从而产生从小到大的混合效果，如图 5-31 所示。

图5-31

> **提示** 使用【混合工具】可以使任意两个路径对象产生混合效果，其中包括以下3种混合方式。
>
> （1）颜色的混合：两个不同颜色填充和笔画的路径，颜色可以混合。
>
> （2）形状个数的混合：选择步长数，在两个物体之间生成数量为步长数的物体，它们的形状和颜色逐步过渡。
>
> （3）按指定距离的混合：输入距离，在两个物体之间按一定距离生成过渡物体，它们的形状和颜色也是逐步过渡。

05 保持混合效果的被选取状态，选择【对象】|【混合】|【反向堆叠】命令，此时混合对象将会变成反向堆叠，变成大足球堆叠在小足球的上方，如图5-32所示。

图5-32 反向堆叠混合对象

06 选择【对象】|【混合】|【混合选项】命令，再次打开【混合选项】对话框，将原来的步数10修改为20，单击【确定】按钮，这时堆叠的数量也增加至20了，结果如图5-33所示。

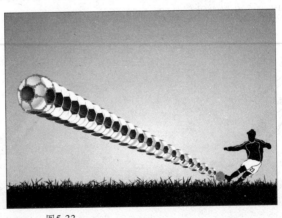

图5-33

07 使用【添加锚点工具】在混合轴上单击，新增一个锚点，然后在控制栏中单击【将所选锚点转换为平滑】按钮，如图5-34所示。

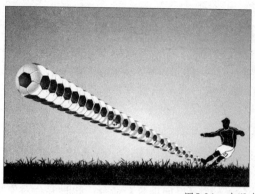 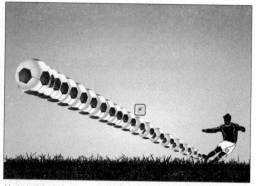

图5-34 在混合轴上新增锚点

08 使用【直接选择工具】 拖动新增的锚点，使直线的混合轴变成曲线，接着通过制作拖动锚点控制手柄的方法，编辑混合轴的曲率，使足球的飞行轨迹从原来的直线变成圆弧状，如图 5-35 所示。

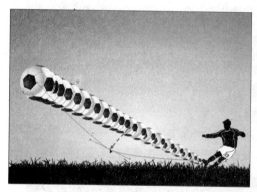 

图5-35 编辑混合轴

09 使用【选择工具】 双击混合效果，执行【隔离选定的组】命令，这时混合效果以外的所有对象变成半透明效果，只有当前双击的对象呈正常显示效果，也就是说可以对当前选定的对象进行单独编辑，而不会影响到其他的对象或者群组。选择混合效果的起点对象，也就是小足球，将其稍微移动至人物的脚上，如图 5-36 所示。

图5-36 隔离混合效果并进行单独编辑

10 通过【透明度】面板将小足球的不透明度设置为 70%，使混合的效果产生从远至近的逼真效果，如图 5-37 所示。完成后双击混合对象以外的区域取消【隔离选定的组】状态。

图5-37　修改混合对象的不透明度

5.4　制作艺术相片效果

　　本实例通过多种滤镜特效将相片变成艺术照效果，然后通过【剪切蒙片命令】制作出相框，最终效果如图 5-38 所示。

图5-38　艺术相片

　　首先置入相片素材，然后为其添加【扩散亮光】、【绘画涂抹】和【胶片颗粒】3 种滤镜特效，使原来普通的相片变成艺术相片。接着绘制两个大小不一的矩形对象，使用【建立剪切蒙版】功能制作出相框效果，为相框添加【马赛克拼贴】特效。最后使用【轮廓化路径】命令将矩形边框变成路径对象，填充多色渐变，制作出相框的内框效果。

上机实战　制作艺术相片效果

01 按下【Ctrl+N】快捷键打开【新建文档】对话框，创建一个 A4 大小的横向文件，如图 5-39 所示。

02 选择【文件】|【置入】命令打开【置入】对话框，选择"5-4.jpg"素材文件，单击【置入】按钮将其置入练习文件中。素材文件的大小为 297mm × 210mm，与画板的尺寸相符，如图 5-40 所示。

03 在【控制】面板中单击【嵌入】按钮，将素材图像嵌入至练习文件中。然后选择【效果】|【扭曲】|【扩散亮光】命令，打开【扩散亮光】对话框后设置粒度、发光量和清除数量等数值，在左侧窗口预览效果满意后单击【确定】按钮，如图 5-41 所示。

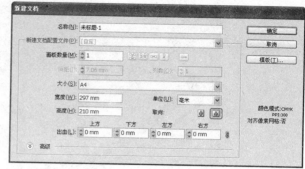

图5-39　创建新文件

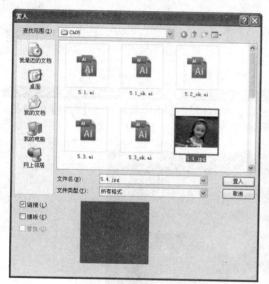

图5-40　置入人像素材图像

图5-41　添加扩散亮光效果

04 选择【效果】|【艺术效果】|【绘画涂抹】命令，打开【绘画涂抹】对话框后设置画笔大小、锐化程度和画笔类型等属性，在左侧窗口预览效果满意后单击【确定】按钮，如图 5-42 所示。

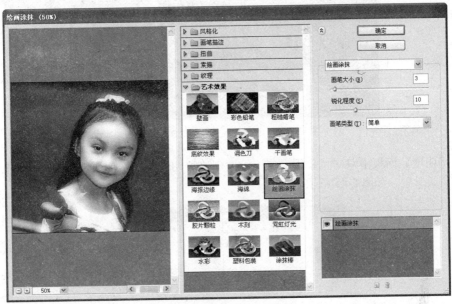

图5-42 添加绘画涂抹效果

05 选择【效果】|【艺术效果】|【胶片颗粒】命令，打开【胶片颗粒】对话框后设置颗粒、高光区域和强度等属性，在左侧窗口预览效果满意后单击【确定】按钮，如图 5-43 所示。

图5-43 添加胶片颗粒效果

06 使用【矩形工具】□创建任意大小的矩形，通过【变换】面板设置大小为 297mm × 210mm，使其与画板的大小相同，然后在【颜色】面板中设置颜色为 CMYK（40，65，90，35）的棕色，在【对齐】面板中分别单击【水平居中对齐】按钮 □ 和【垂直居中对齐】按钮 □ ，使其对齐于画板并与之重叠，如图 5-44 所示。

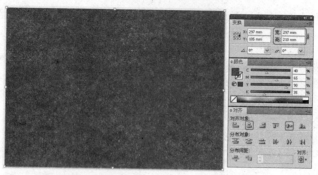

图5-44 创建一个布满画板的矩形对象

07 在【透明度】面板中双击"蒙版对象"缩图创建剪切蒙版，然后取消勾选【剪切】复选框，准备绘制蒙版对象，如图 5-45 所示。

图5-45 创建剪切蒙版

08 使用【矩形工具】■创建一个 267mm × 180mm 的矩形对象，填充任意颜色，此时矩形与下方的棕色矩形重叠之处会被遮挡住，在【对齐】面板中分别单击【水平居中对齐】按钮■ 和【垂直居中对齐】按钮■，这样就可以得到一个相片边框效果了，如图 5-46 所示。

图5-46 绘制蒙版对象

> **提示** 除了使用步骤 7 和步骤 8 的方法创建剪切蒙版外，也可以先把被蒙版对象与蒙版对象绘制好并重叠在一起，然后将两个对象同时选取，在被选取对象上单击右键，再选择【建立剪切蒙版】命令。

09 在【透明度】面板中单击被蒙版对象的缩图，选择棕色矩形对象，再选择【效果】|【纹理】|【马赛克拼贴】命令，打开【马赛克拼贴】对话框后分别设置拼贴大小、缝隙宽度和加宽缝隙选项，在左侧窗口预览效果满意后单击【确定】按钮，如图 5-47 所示。

10 使用【矩形工具】■绘制一个 267mm × 180mm 的矩形对象，取消其填充颜色，接着在【对齐】面板中分别单击【水平居中对齐】按钮■ 和【垂直居中对齐】按钮■，将其对齐于相框的内框，如图 5-48 所示。

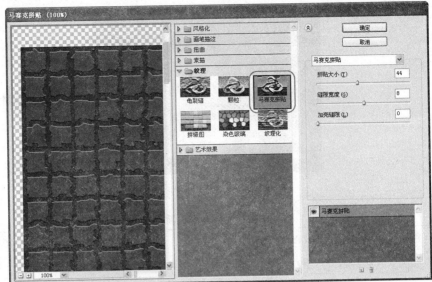

图5-47　添加马赛克拼贴效果

图5-48　绘制相框的内框

11 在【外观】面板中设置矩形的描边粗细为 10pt，并填充任意颜色，如图 5-49 所示。

图5-49　设置矩形边框的宽度

12 选择【对象】|【路径】|【轮廓化描边】命令，将矩形边框转换为路径对象，然后通过【渐变】面板填充线性多色渐变效果，制作出相框的内框效果，结果如图 5-50 所示。其中渐变的详细属性设置如表 5-2 所示。

图5-50　填充相框的内框

表5-2　渐变属性设置

色　标	颜色（CMYK）	位　置	色　标	颜色（CMYK）	位　置
1	(35，71，96，58)	0%	3	(34，66，100，5)	66%
2	(0，21，39，17)	36%	4	(47，73，87，67)	100%

5.5　绘制艳丽的盆景

制作分析

　　本实例通过绘制一株艳丽的花朵，介绍【分别变换】、【收缩和膨胀】、【阴影线】和【自由扭曲】等效果的使用方法，实例效果如图5-51所示。

图5-51　绘制艳丽的盆景

制作流程

　　首先创建一个渐变背景并锁定，使用【铅笔工具】绘制出花瓣的雏形并填充渐变颜色，通过【分别变换】功能变换并复制出其他花瓣，组合成花朵的雏形。将花朵编组后添加【收缩和膨胀】效果，变换花朵的外观后添加【阴影线】效果，使其边缘更加锐利。接着绘制出花梗、叶子、花盆和泥土等对象，通过【图层】面板调整各对象的排列顺序，再使用【自由变换】效果对花盆进行形状变换，使原本直角的花盆底变成圆弧形。

上机实战　绘制艳丽的花朵

01 按下【Ctrl+N】快捷键打开【新建文档】对话框，创建一个 150mm × 200mm 的新文档，如图 5-52 所示。

02 使用【矩形工具】▢绘制一个 150mm × 200mm 的矩形对象，为其填充白色到 CMYK（50，0，100，0）的渐变颜色，其中角度为 -73 度。接着通过【对齐】面板将其水平 / 垂直居中对齐于画板，选择【对象】|【锁定】【所选对象】命令将其锁定，以此作为作品的背景，如图 5-53 所示。

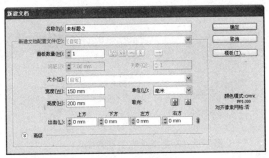

图5-52　创建新文档

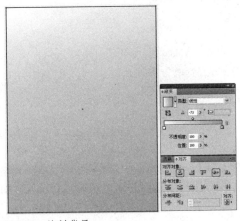

图5-53　绘制背景

03 使用【铅笔工具】✐在画板的上方绘制一个圆形，然后使用【直接选择工具】▶调整个别锚点的位置，制作出花瓣的雏形，如图 5-54 所示。

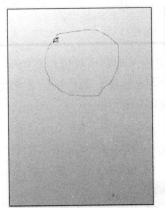
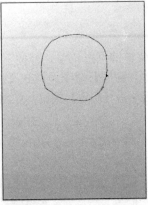

图5-54　绘制花瓣雏形

04 通过【渐变】面板为花瓣填充 CMYK（0，100，100，0）→ CMYK（0，0，100，0）的径向渐变颜色，取消其描边颜色，如图 5-55 所示。

05 选择【对象】|【变换】|【分别变换】命令打开【分别变换】对话框,设置水平缩放和垂直缩放均为90%,再设置旋转角度为40度,单击【复制】按钮,如图5-56所示。

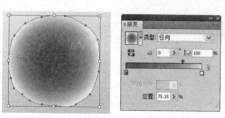
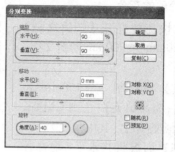
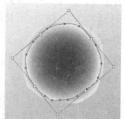

图5-55　为花瓣填充渐变颜色　　　　　　　　　　　　　图5-56　变换并复制出花瓣副本对象

06 按下10次【Ctrl+D】快捷键,执行10次【分别变换】命令,变换并复制出其他10花瓣对象,组合成花朵的雏形,如图5-57所示。

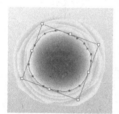
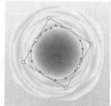
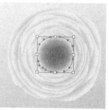

图5-57　变换并复制出花朵的雏形

07 使用【选择工具】选择花朵中间最小的花瓣对象,按住【Shift+Alt】键将其等比例向中心缩小。使用同样的方法对靠里面的多个花瓣进行调整,如图5-58所示。

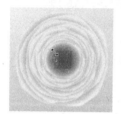
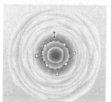
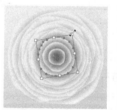
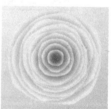

图5-58　调整花瓣的大小

08 按下【Ctrl+A】快捷键全选花瓣,再按下【Ctrl+G】快捷键将其编组。然后选择【效果】|【扭曲和变换】|【收缩和膨胀】命令,打开【收缩和膨胀】对话框后设置收缩为/膨胀的数值为20%,预览效果满意后单击【确定】按钮,如图5-59所示。

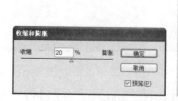

图5-59　为花朵添加【收缩和膨胀】效果

09 由于花朵不够清晰，可以选择【效果】|【画笔描边】|【阴影线】命令，打开【阴影线】对话框后设置描边长度、锐化程度和强度等属性，预览效果满意后单击【确定】按钮，如图 5-60 所示。

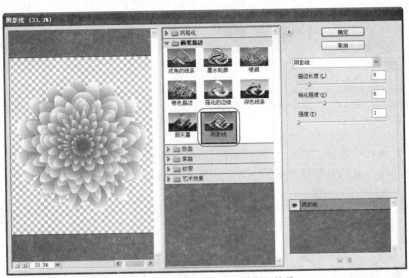

图5-60　为花朵添加【阴影线】效果

10 使用【钢笔工具】在花朵的下方绘制一段 "S" 形的路径，通过【外观】面板为其填充绿色的描边颜色，其中描边粗细为7pt，以此作为花朵的梗杆，将其下移一层，放置在花朵的下方，如图 5-61 所示。

11 使用【钢笔工具】绘制一段弧形的路径，取消描边颜色，设置填充颜色为绿色，与梗杆的颜色一致，以此作为叶子的其中一半，如图 5-62 所示。

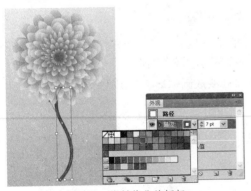

图5-61　绘制花朵的梗杆

图5-62　绘制半片叶子

12 使用步骤11的方法，绘制好左侧叶子的另一部分，并填充CMYK（85，10，100，0）的浅绿色。接着绘制右侧的叶子，如图 5-63 所示。

13 使用【矩形工具】在梗杆的下方绘制一个黄色CMYK（6，30，95，0）的矩形对象。然后选择【效果】|【扭曲和变换】|【自由扭曲】命令，打开【自由扭曲】对话框后分别往内拖动下方的两个锚点，单击【确定】按钮，将矩形变换成一个倒梯形，如图 5-64 所示。

14 使用【椭圆工具】在花盆的上方绘制一个棕色的椭圆对象，以此作为花盆的泥土，如图 5-65 所示。

图5-63 绘制花朵的其他叶子

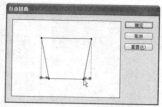
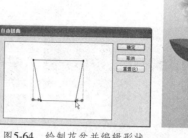

图5-64 绘制花盆并编辑形状

15 在【图层】面板中展开"图层1"，然后按住【Ctrl】键选择最上方的"泥土"和"花盆"两个对象，再将其往下拖动至渐变背景的上方，调整对象的排列顺序，如图5-66所示。

图5-65 绘制花盆泥土

图5-66 调整"泥土"和"花盆"的排列顺序

16 使用【直接选择工具】选中花梗对象，将最下方的锚点往上拖动，缩短梗杆的长度，将花朵放置于花盆中。然后单击"花盆"，按住【Shift】键选择下方的两个锚点，在【控制】面板中单击【将所选锚点转换为平滑】按钮，使原本直角的花盆底变成圆弧形，如图5-67所示。

图5-67 编辑"花梗"与"花盆"

5.6 绘制3D花瓶

制作分析

　　本实例通过【绕转】命令制作出一个3D花瓶，然后使用【新建符号】命令新建符号对象，并使用【贴图】命令将符号粘贴至花瓶的上方，效果如图5-68所示。

图5-68　绘制3D花瓶

制作流程

　　首先创建一个新文件，使用【钢笔工具】绘制出花瓶右侧的轮廓，填充颜色后添加3D绕转效果，再为花瓶添加一个光源，并调整位置。接着输入一段古诗段落文字并新建为符号对象，打开【贴图】对话框将"古诗"符号粘贴于花瓶的表面。

上机实战　绘制3D花瓶

01 创建一个新文件，使用【钢笔工具】 ✑ 绘制出花瓶右侧的轮廓，在绘制直线路径段时，可以配合【Shift】键来完成。接着通过【颜色】面板填充CMYK（20，0，100，0）的翠绿色，取消描边颜色，如图5-69所示。

02 选择【效果】|【3D】|【绕转】命令打开【3D绕转选项】对话框，在【旋转】选项组中设置角度为360度，偏移为5pt，方向为左边，其预览结果如图5-70所示。

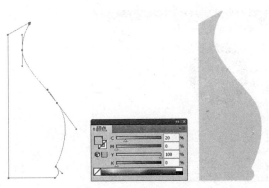

图5-69　绘制花瓶右侧截面

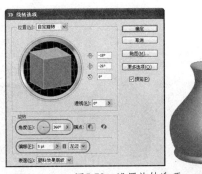

图5-70　设置旋转选项

03 在【3D绕转选项】对话框中单击【更多选项】按钮，在对话框的下方展开更多设置选项。在【表面】选项组中单击【新建光源】按钮，创建一个新光源，然后在光源缩图中使用鼠标拖动调整光源的位置，调整新光源的【混合步骤】为40，如图5-71所示。

04 使用【直排文字工具】创建一个文本框，输入段落文字，通过【字符】面板设置字符的属性，如图5-72所示。

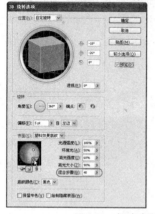

图5-71 新建光源

图5-72 输入直排段落文字

05 选择【窗口】|【符号】命令打开【符号】面板，单击【新建符号】按钮打开【符号选项】对话框，输入字符名称，打开【类型】下拉列表并选择【图形】选项，完成后单击【确定】按钮，此时在【符号】面板中可以看到新增的"古诗"符号，而且原来的段落文字会丢失文字特性，变成一个符号对象，可以将其拖至画板以外备用，如图5-73所示。

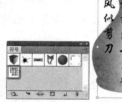

图5-73 新建符号

06 选择立体的花瓶对象，在【外观】面板中单击【3D绕转】效果选项，打开【3D绕转选项】对话框后单击【贴图】按钮，如图5-74所示。

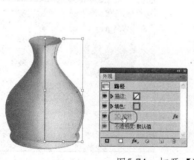

图5-74 打开【贴图】对话框

07 打开【贴图】对话框后，先勾选【预览】复选框，通过单击【上一个表面】按钮◀和【下一个表面】按钮▶选择花瓶表面所在的面（选中后会显示红色的网状效果），接着打开【符号】下拉列表，选择步骤5新建的"古诗"符号。在编辑区域中调整符号的大小与位置，预设效果满意后单击【确定】按钮，如图5-75所示。

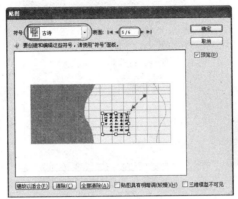

图5-75　为花瓶添加贴图

5.7　绘制立体魔方

制作分析

　　本实例通过绘制一个魔方玩具，介绍【凸出和斜角】命令的使用方法，最终效果如图5-76所示。

图5-76　立体魔方

制作流程

　　首先创建一个新文件，绘制一个正方形并执行【凸出和斜角】命令制作成立方体。接着使用【矩形网格工具】制作三魔方的九宫方块贴图，新建为符号后将其贴于立方体可见的三个面上，最后调整魔方的位置并制作背景。

上机实战　绘制立体魔方

01 创建一个 A4 大小的新文件，使用【矩形工具】▢绘制一个 65mm × 65mm 的矩形，设置填充颜色为灰色 CMYK（45，36，35，1），取消描边颜色，如图 5-77 所示。

02 选择【效果】|【3D】|【凸出和斜角】命令打开【3D 凸出和斜角选项】对话框，先设置位置为【等角 - 左方】，再设置透视为 100 度，凸出厚度为 180pt，完成后单击【确定】按钮，制作出立方体，如图 5-78 所示。

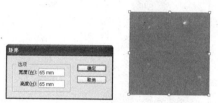

图5-77　绘制正方形　　　　　　　　　　　　　　　图5-78　绘制立方体

03 绘制立方体的贴图符号，使用【矩形网格工具】绘制一个宽度与高度均为 65mm×65mm 的九宫网格对象，取消填充颜色并设置描边颜色为黑色，粗细为 6pt，如图 5-79 所示。

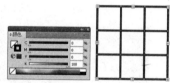

图5-79　绘制正方形网格

04 在【色板】面板中选择所需颜色，再使用【实时上色工具】在网格中填充颜色，可以根据喜好填充颜色，但注意颜色的数量不能超过 6 种，如图 5-80 所示。

图5-80　绘制魔方贴图符号

05 选择【选择工具】并按住【Alt】键将步骤 4 填充好的网格对象拖动至右侧，复制一个副本对象，再使用【实时上色工具】更改网格的填充颜色，如图 5-81 所示。

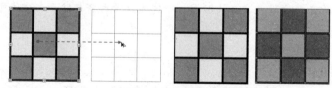

图5-81　复制另一个贴图符号并更改颜色

06 使用步骤 5 的方法复制第三个贴图符号对象并填充颜色，如图 5-82 所示。

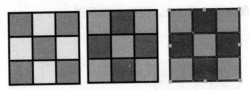

图5-82　复制第三个贴图符号并更改颜色

> **提示** 魔方，Rubik's Cube 又叫魔术方块，由富于弹性的硬塑料制成的 6 面正方体。平常说的都是最常见的三阶立方体魔方。三阶立方体魔方由 26 个小方块和一个三维十字（十字轴）连接轴组成，小方块有 6 个在面中心（中心块），8 个在角上（角块），12 个在棱上（棱块），物理结构非常巧妙。所以在为魔方填色时可以自由组合颜色，但颜色种类不能超过六种。

07 选择第一个网格对象，在【符号】面板中单击【新建符号】按钮，打开【符号选项】对话框后输入名称并选择【图形】类型选项，单击【确定】按钮，将网格对象新建为符号，如图 5-83 所示。

08 使用步骤 7 的方法，将第二、三个网格对象分别以"魔方 2"和"魔方 3"的名称新建为符号。至此，【符号】面板新增了三个新符号，如图 5-84 所示。可以通过【图层】面板将三个符号对象隐藏起来。

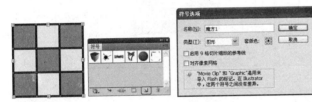

图5-83　新建符号

图5-84　新增其他两个符号

09 选择前面绘制的立方体，在【外观】面板中单击"3D 凸出和斜角"选项，打开【3D 凸出和斜角选项】对话框后单击【贴图】按钮，如图 5-85 所示。

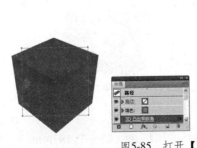

图5-85　打开【贴图】对话框

10 打开【贴图】对话框后，先勾选【预览】复选框，通过单击【上一个表面】按钮和【下一个表面】按钮选择俯视的第 6 个面（选中后会显示红色的网状效果），接着打开【符号】下拉列表，选择"魔方1"符号。单击【缩放以适合】按钮，使符号自动填满选中的面，如图5-86所示。

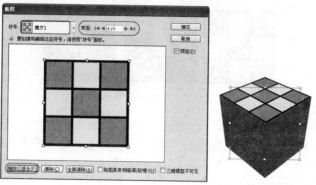

图5-86　指定魔方第6个面的贴图

11 使用步骤10的方法，为魔方的第1个面选择"魔方2"符号，再为第3个面选择"魔方3"符号，完成单击【确定】按钮，如图5-87所示。

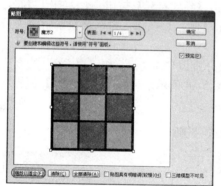 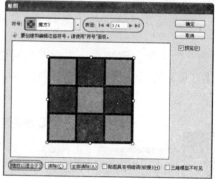

图5-87　指定魔方其他两个面的贴图

12 返回【3D凸出和斜角选项】对话框，调整立体魔方的位置，预览效果满意后单击【确定】按钮，如图5-88所示。

图5-88　修改魔方的位置

13 为魔方制作一个好看的背景效果。使用【矩形工具】■绘制一个197mm × 152mm的矩形对象，选择【对象】|【排列】|【置于底层】命令，如图5-89所示。

14 选择【窗口】|【图形样式库】|【照亮样式】命令打开【照亮样式】面板，为矩形对象套用【特殊光照】样式，如图5-90所示。

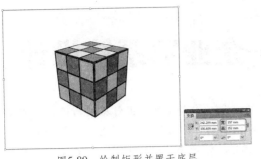

图5-89　绘制矩形并置于底层

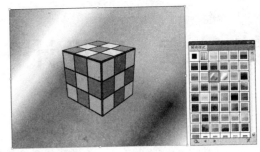

图5-90　为矩形背景填充图形样式

5.8　本章小结

　　本章通过多个实例详细地介绍了制作各种特殊效果的方法，其中涉及【建立剪切蒙版】、【建立不透明蒙片】、【混合模式】、【混合工具】、【矩形网格工具】以及【效果】菜单中多种效果的技巧应用。

5.9　上机实训

　　实训要求：绘制一幅艺术油画效果。

　　制作提示：

　　（1）创建一个横向的新文件并置入"5-8.jpg"素材文件，为其添加"海报边缘"和"纹理化"两种滤镜特效。

　　（2）绘制一个与图像大小相同的黑色矩形边框，宽度为31pt，执行【轮廓化路径】，为矩形边框添加3D效果。

　　（3）将3D相框扩展外观并取消编组，添加"金属金"图形样式。绘制艺术油画的制作流程如图5-91所示。

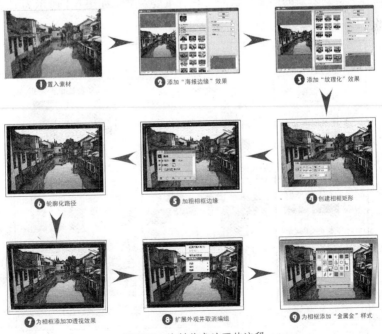

图5-91　绘制艺术油画的流程

第6章 VI设计——企业VI系统设计

> 本章先介绍 VI 设计的概念、构成要素、设计原则与设计流程等基础知识，然后通过"旅游公司 VI"案例介绍了企业 VI 设计的方法。其中包括制作底稿与标志、信纸与信封、名片、会员卡、营业店面等小主题。

6.1 VI设计的基础知识

6.1.1 VI系统的概念

VI（Visual Identity）通译为"视觉识别"，要理解 VI 的含义，首先要了解什么是 CIS（Corporate Identity System），CIS 是指企业形象识别系统，简称为 CI，它具体分为 MI（理念识别）、BI（行为识别）、VI（视觉识别）三大部分。

VI（视觉识别）是企业 CIS 形象设计的重要组成部分。VI 形象设计的作用是指企业通过 VI 设计这一方式实现两个目的：对内征得员工的认同感，归属感，加强企业凝聚力；对外树立企业的整体形象，可控地将企业信息传达给受众，通过视觉符号不断地强化受众的意识，从而获得认同。

VI 视觉识别系统主要包括标志（LOGO）、标准字、标准色、辅助图形等内容为核心的一套完整的、系统的视觉表达体系。也就是将企业的理念、文化、规范、服务内容等精神与抽象概念转换为具体符号，塑造出独特的企业形象。在 CIS 设计中，最具传播力和感染力的就是 VI 视觉识别设计，它最容易得到公众的接受与认同，具有重要意义。如图 6-1 所示为国家电网公司的 VI 视觉识别系统。

图6-1　国家电网公司VI视觉识别系统

6.1.2　VI系统的构成要素

VI系统主要由"基本设计系统"和"应用设计系统"两大部分组成，前者为基本的企业设计系统，后面则扩张到企业中的多个视觉项目。

1.基本设计系统的种类

（1）企业标志：又叫商标，是代表企业的视觉符号，也是企业与消费者沟通的桥梁，如图6-2所示。常见的有图形标志、字体标志或由两者组合而成。企业标志的特点与设计流程如表6-1所示。

图6-2　著名品牌的标志设计

（2）企业名称：是公司的对外名称，也是作为区别其他企业最为直接的标识。规划时可由本国文字加上英文字配合为主。如图6-3所示为海南航空股份有限公司的名称。

（3）企业标语：将企业经营理念、思想及未来方针用简短有力的字句表现，常与企业标志、企业名称同时出现。

（4）企业标准字：是企业对外宣传用的字体，应用于企业名称、广告、传单及海报文字上。使用字体通常在印刷体中选择，或者进行细部修正，也可以自行绘制拼凑而成，最终成为专属而又富有特色的企业名称标准字。如图6-4所示为中国铁通集团有限公司VI标准字体。企业标准字的特征、种类、更名前提与制图法如表6-2所示。

表 6–1　企业标志的特点与设计流程

企业标志特点	企业标志设计流程
识别性	调查企业经营实态、分析企业
系统性	视觉设计现状
统一性	确立明确的概念
形象性	具体设计表现
时代性	标志作业的缜密化

表6-2　企业标准字的特征、种类、更名前提与制图法

企业标准字特征	企业标准字种类	企业命名或更名	标准字制图法
识别性 可读性 设计性 系统性	企业名称标准字 产品或商标名称标准字 标志字体 广告性活动标准字	全面变更公司名称 部分变更或简化企业名称 阶段性变更 统一企业名称和商标品牌名称	方格表示法 直接标志法

图6-3　海南航空股份有限公司名称　　　　　图6-4　中国铁通集团有限公司标准字体

（5）企业标准色：它代表企业的形象色彩，通常以某种颜色为主；企业通过色彩的视觉传达，来反映企业独特的精神理念、组织机构、市场营销与风格面貌等状态。如图 6-5 所示为中国铁通集团有限公司 VI 标准色。企业标准色的调查分析与概念设定如表 6-3 所示。

表6-3　企业标准色的调查分析与概念设定

标准色的调查分析	标准色的概念设定
企业现有标准色的使用情况分析 公众对企业现有色的认识形象分析 竞争企业标准色的使用情况分析 公众对竞争企业标准色的认识形象分析 企业性质与标准色的关系分析 市场对企业标准色期望分析 宗教、民族、区域习惯等忌讳色彩分析	积极的、健康的、温暖的等（如红色） 和谐的、温情的、任性的等（如橙色） 明快的、希望的、轻薄的等（如黄色） 成长的、和平的、清新的等（如绿色） 诚信的、理智的、消极的等（如蓝色） 高贵的、细腻的、神秘的等（如紫色） 厚重的、古典的、恐怖的等（如黑色） 洁净的、神圣的、苍白的等（如白色） 平凡的、谦和的、中性的等（如灰色）

（6）辅助图形：是识别系统中的辅助性视觉要素，可以从企业的吉祥物、象征图案、版面编排等三个方面着手设计。如图 6-6 所示为金色嘉园的辅助图形设计，以象征图案着手进行设计。企业造型的应用、设计构成与版面编排如表 6-4 所示

表6-4　企业造型的应用、设计构成与版面编排

企业造型的应用	企业象征图形的设计构成	版面编排结构
二维媒体，如印刷品等 三维媒体，如影视媒体等 户外广告和POP广告等，如路牌、车体 企业公关物品和商品包装，如赠品等	企业象征图形的设计题材 版面编排设计	直接标示法 符号标志法

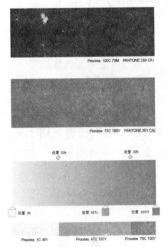

图6-5　中国铁通集团有限公司标准色设计

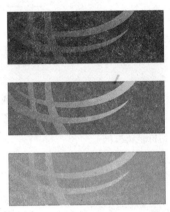

图6-6　华东电网公司辅助图形设计

2. 应用设计系统的种类

（1）事务用品：包括公司进行业务或服务的对外常用品，如名片、文件袋、信封、工作卡等，如图6-7所示。这些事务用品都需要采用统一的设计模式，配合企业VI系统的整体风格，让成品能够符合企业VI系统的要求。

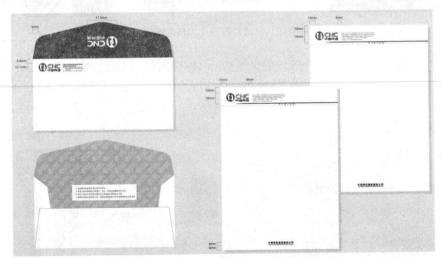

图6-7　中国网通的信纸与信封设计

（2）包装：包装是消费者购买商品的主要依据之一，是一款商品的面子。企业可以借助包装设计来提高产品的价值，是装饰企业形象的有利工具。另外，还可以将VI系统中的基本元素直

接应用于商品中，这要根据产品的种类而定，比如可以将标志加印于商品的瓶上，以便企业创造品牌。如图6-8所示为中国石化的包装设计

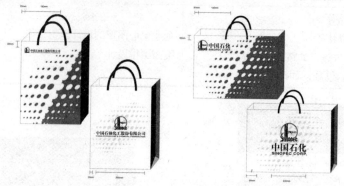

图6-8　中国石化的包装设计

（3）标志：标志是企业最明显的辨认载体，包括旗帜、招牌、指示牌等，用于标示及说明企业中的设施。在设计时要注意风格统一，否则会造成损害企业形象的负面影响。如图6-9所示为莱达制药公司的标志设计。

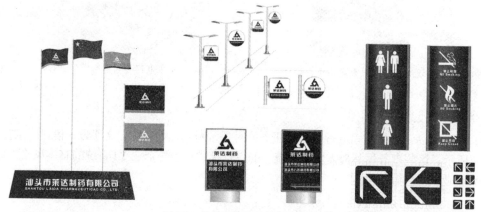

图6-9　莱达制药公司的标志设计

（4）制服：很多企业为了对外统一企业形象，对内提高员工士气、增加生产率，通常会依据不同的部门设计用于不同工作类型或者行政事务所用的制服，它是企业的形象表征。如图6-10所示为中国网通的工作制服。

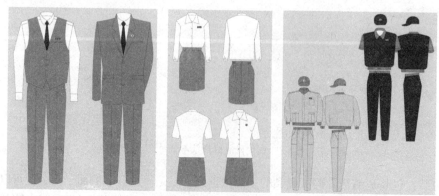

图6-10　中国网通的工作制服

　　（5）车辅、运输工具：企业中的运输工具遍布世界各个角落，为了达到大范围的广告作用，很多企业都会将视觉标识应用于营业车辆和其他运输工具上，使它们能够把企业的理念灌输到不同地方，成为最佳的视觉焦点。如图6-11所示为联想集团的运输车辆。

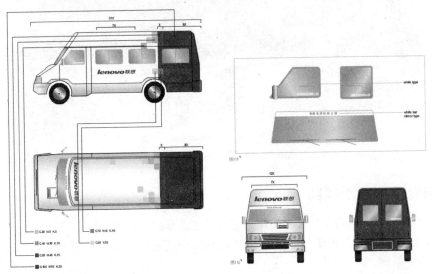

图6-11　联想集团的运输车辆

　　（6）广告载体：包括电视广告或者平面广告（商品广告、公司简介、企业宣传、征才专栏等）中的各种类型。广告代表企业面子，设计水平的高低直接影响到企业的形象。如图6-12所示为格式集团的广告设计。

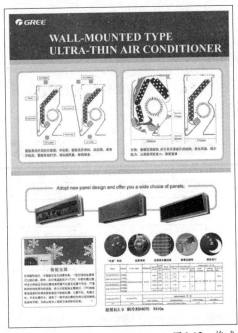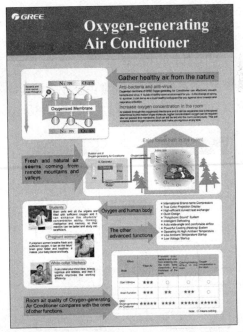

图6-12　格式集团的广告设计

　　（7）展示场：包括展览场地的营业店面，它是企业的窗口。通过具有代表性的建筑物或者展场布置，能给予外界深刻的印象。如图6-13所示为中国移动的营业厅设计。

图6-13 中国移动的营业厅设计

6.1.3 VI设计的基本原则

VI设计不是凭空虚构的主观符号操作，它是经过多方面的建议与研讨结果再结合企业的理念识别（MI），通过多角度、全方位的实践得来的视觉识别系统。所以，在进行VI设计时必须遵从下面的几项基本原则。

（1）风格的统一性原则。

（2）强化视觉冲击的原则。

（3）强调人性化的原则。

（4）增强民族个性与尊重民族风俗的原则。

（5）可实施性原则。

（6）符合审美规律的原则。

（7）严格管理的原则。

6.1.4 VI设计的操作流程

对于VI系统的设计，通常由企业委托设计公司来完成，一般需要经过磋商阶段、设计阶段、制作阶段与维护阶段四个阶段，如图6-14所示。

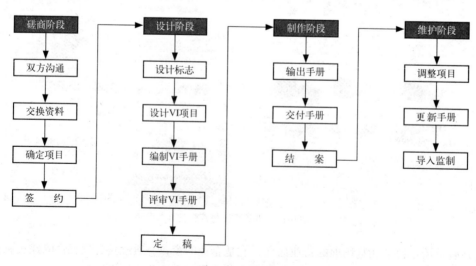

图6-14 VI设计的操作流程

1. 磋商阶段

(1) 企业与设计公司就 VI 设计的各方面进行沟通，促进了解。

(2) 设计公司提供 VI 项目表与计划表等框架资料，企业则向设计公司提供自身的相关资料。

(3) 设计公司提供 VI 项目设计的纲领与方向，并与企业讨论，统一理念，确定项目。

(4) 双方确定 VI 设计项目、金额并签订合同。

2. 设计阶段

(1) 设计公司把 VI 项目核心——标志的设计理念提供给企业，并与之讨论取得认同。

(2) 设计公司根据确定后的理念设计多项标志方案。

(3) 企业对标志方案进行评审，先初选，再精选，最终确定标志。

(4) 设计公司根据评审通过后的方案进行 VI 设计项目，并编制 VI 手册。

(5) 企业对 VI 手册进行评审。

(6) VI 手册通过评审后便可定稿。

3. 制作阶段

(1) VI 手册的制作分为制版打样和彩色喷墨打印两种形式。

(2) 交付于企业的 VI 手册版本为两种，分别为常规印刷版和电子光盘版。

(3) 制作印刷完毕后即可结案（至此，合同内容全部完成）。

4. 维护阶段

(1) 针对 VI 手册在导入实施过程中的实际情况，调整原有的某些项目的设计。

(2) 如果企业需增加合同内容以外的项目设计，则由双方进行协商，设计公司为客户提供有偿性的新增项目设计，并更新 VI 手册。

(3) 设计公司可根据企业要求，有偿性的为企业提供手册中部分项目导入的监制工作。

6.2 旅游公司VI设计

6.2.1 设计概述

"光扬国际旅游有限公司"是一家国际知名的旅游公司，企业的基本宗旨在于为游客提供精彩的旅游线路，一切为了客人愉悦！本实例先设计出标准字、标准色、标志、辅助图形等基础元素，然后通过通信用品、名片、会员卡与店面等介绍 VI 手册部分项目的设计方法，最终成果如图 6-15 所示。

标准色：橘红色（M35、Y85）、橘红色到深黄色渐变、白色、灰色（K30）。根据"光扬"二字选用朝气蓬勃的黄色调。

标准字体：中文标题为"汉真广标"、英文标题为"Trajan Pro"、中文内文为"幼圆"、"方正粗宋 _GB"与"方正姚体"。

辅助图形：由多个不规则的并且色彩艳丽的色块组成，详见"辅助图形 .ai"与"辅助图形 2.ai"素材文件。

下面对本例所设计的各个 VI 项目进行概述。

(1) VI 手册底稿

VI 系统的所有项目最终都要印刷装订成册，所以必须有一个放置项目的纸张平台，这里称之为手册的底稿。也就是说为 VI 手册设计一个纸张版面。在本例中先将一个标准渐变色的矩形配合一条标准色的直线作为手册底稿的页眉，然后通过字体依序递减3层标题来标明项目的内容。第一层为"视觉应用要素系统"、第二层为"项目应用系统"、第三层为"具体项目名称"

图6-15　光扬国旅VI项目设计

（2）企业标志

本企业标志主要由吉祥物与企业名称两部组成。先通过"汉真广标"与"Trajan Pro"两种标准字体输入企业的中英文简写，再以上中下英的组合方式作为标志右侧的文字部分。然后以一个抽象的小太阳加上眼睛、嘴巴与脚等人类身体元素组成一个吉祥物图案。以小太阳寓意企业名中的"光"，更以丰富的脸部表情加上生动的行走姿态表现了出游时的愉悦，从而充分把"扬"字发扬光大了。最后将吉祥物图案放置于文字的左侧，即构成了生趣无比的企业标志。

另外，根据标准色或者某些VI设计项目派生出一些其他的标志组合，更是不可缺少的内容，比如本例有"白底黄字"、"黄底白字"、"白底灰字"与"上下组合"等多种派生形式。

（3）信纸与信封

对于企业而言，办公用品种类繁多，但信封与信纸是最直观的传播媒介，常用作广告宣传、邀请来宾或传达信息。它具有扩散大、传播率高、应用面广、作用时间长等特点。

本例的信纸主要以页眉与页脚图案作为重点。其中页眉由多个向下悬弧的图形和一个与之形状相仿的装饰图形组成，并填充渐变标准色；而页脚侧是以相似的图形再加上辅助图形作剪切而成。最后在页眉添加企业标志，在页脚的上方添加企业的网站地址。整个结构新颖脱俗，色彩鲜艳。

信封主要由信封主体与封口页组成。其中适当沿用了信纸中的部分设计元素，如信封中标志、封口页、辅助图形等对象均从信纸中得来，再加以简单编辑而成，不但省略了大量的操作步骤，更能统一设计风格。最后还添加了邮政编码输入框、粘贴邮票的辅助线、收信人地址输入栏与寄信人联系方式等内容。

（4）名片

在社会交际中，名片作为交友或商业交易的一座重要桥梁，是人与人之间交流的第一印象。本例的名片主要将辅助图形加以变形，并添加淡出等效果，然后以对称的方式放置于名片的上下两端。接着添加标志、姓名、职位与一些联系方式。至于背面沿用下正面的风格，对部分元素进行编辑，比如去了上方的辅助图形，并把标志变成浅灰色等，最后加入三句能够宣传企业的得奖项目与名誉介绍。

（5）会员卡

会员卡的作用主要为了证明持卡的贵宾身份，同时可以享受企业的优惠与及其他一些礼遇。本会员卡的尺寸沿用银行卡的尺寸，其背景由渐变标准色和动感的色块与线条组成，最大的特点就是"光扬伴我游"文字下方的多个炫动的色块。除了金黄色的主色调彰显身份外，更以活跃的设计元素赢得各会员的青睐。至于背面的设计，主要沿用正面的背景，再添加几项使用说明内容。

（6）营业店面

营业店面是一家企业的活招牌，必须彰显企业的主题、精神与宗旨，同时美观性也是吸引受众的一大因素。本营业店面的主要卖点为横额招牌，通过流畅的线条配以时尚明快的辅助图形，在正中添加醒目的标志，充分显示了上述需求。

（7）设计方案

"光扬国际旅游有限公司"的具体 VI 设计方案见表 6-5 所示。

表 6-5　具体设计方案

尺　寸	手册底稿：210mm×297mm　　信纸：210mm×297mm 信封：220mm×110mm　　　名片：90mm×55mm 会员卡：90mm×55mm　　　店面：850mm×445mm 栅格效果均为 300PPI	
风格类型	时尚、活跃、阳光	
创意点	① 使用抢眼的橘红色带出企业的精神与宗旨 ② 标志的吉祥物图案生动有趣，并富含寓意 ③ 设计元素的线条流畅，辅助图形时尚动感	
配色方案	#FFFFFF　#BFC0C0　#F3F2A1　#ECC02A　#ED9126	
作品位置	**AI 格式** ..\Ch06\creation\VI 手册底稿与标志 .ai ..\Ch06\creation\ 信纸与信封 .ai ..\Ch06\creation\ 名片 .ai ..\Ch06\creation\ 会员卡 .ai ..\Ch06\creation\ 营业店面 .ai	**Jpg 格式** ..\Ch06\creation\ VI 手册底稿与标志 .jpg ..\Ch06\creation\ 信纸与信封 .jpg ..\Ch06\creation\ 名片 .jpg ..\Ch06\creation\ 会员卡 .jpg ..\Ch06\creation\ 营业店面 .jpg

（8）设计流程

本 VI 设计主要由"设计 VI 底稿"、"设计基本元素"、"设计 VI 项目"几部分组成，详细设计流程如图 6-16 所示。

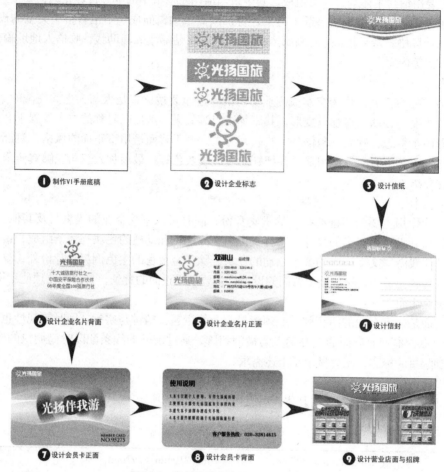

① 制作VI手册底稿　　② 设计企业标志　　③ 设计信纸

⑥ 设计企业名片背面　　⑤ 设计企业名片正面　　④ 设计信封

⑦ 设计会员卡正面　　⑧ 设计会员卡背面　　⑨ 设计营业店面与招牌

图6-16　光扬国旅企业VI项目设计流程

（9）功能分析

- ■【矩形工具】、＼【直线段工具】与◯【多边形工具】等：绘制标志与 VI 项目的基本组成部分。
- ✍【添加锚点工具】、▶【直接选择工具】：调整与编辑图形的形状。
- ■【渐变工具】：为 VI 项目的各图形填充标准渐变颜色。
- ▥【矩形网格工具】：绘制标志下方的网格对象。
- 【路径编辑器】面板：对信纸的页眉、页脚与标志等元素进行扩展与合并处理。
- 【对齐】面板：对底稿标题、邮政编码输入框、收信人地址输入栏等内容进行对齐与分布。
- 【建立剪切蒙版】与【建立不透明蒙版】命令：制作信纸、信封的页脚与名片等特殊效果。
- ✋【变形工具】：对会员卡背景中的半透明矩形与多个正方形进行变形处理。
- 【纹理】效果：用于填充名片背景。
- 【径向模糊】效果：对会员卡上的色块进行模糊处理。
- 【投影】效果：为店面的招牌标志添加阴影效果。

6.2.2 制作VI手册底稿与标志

制作分析

本实例先创建一个 A4 大小的文档，然后为其添加页眉效果与标题，作为 VI 手册的底稿；接着绘制出企业标志，并按标准色制作出多种形式，效果如图 6-17 所示。

图6-17 VI手册底稿与标志

制作流程

主要设计流程为"制作 VI 手册底稿"→"制作标志的文字部分"→"绘制标志吉祥物"，具体制作流程如表 6-6 所示。

表 6-6 制作 VI 手册底稿与标志的流程

制作目的	实现过程	制作目的	实现过程
制作 VI 手册底稿	创建 A4 大小的文件并创建同样尺寸的矩形 绘制矩形页眉并填充标准渐变色 绘制直线段并填充橘红色，完成页眉制作 输入 VI 手册底版的标题文字并对齐、分布	绘制标志吉祥物	绘制椭圆形对象并旋转，作为吉祥物的头部 绘制并编辑眼睛与嘴巴 绘制吉祥物的头发 绘制吉祥物的脚部与腿部 调整大小并与文字部分组合 添加矩形网络对象作为量度参考线 制作其他标志形式
制作标志的文字部分	输入标志的中、英文名称 调整行距并创建文字轮廓		

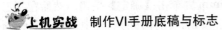

上机实战 制作VI手册底稿与标志

01 选择【文件】|【新建】命令打开【新建文档】对话框，输入名称为"手册底版与标志"，四

周的出血位均为 3mm，保持其他默认设置不变，单击【确定】按钮，如图 6-18 所示，创建一个新文件作为练习文件。

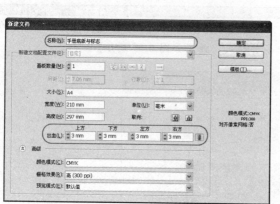

图6-18　创建练习文件

> 💰提示　为了便于教学，在本书后续的范例章节中，将不对练习文件做预留出血位的处理，但是在实际设计过程中，必须按照规定在作品的四周各预留 3mm 左右的出血位。

02 选择【矩形工具】 □ 并在绘图区域中单击，在打开的【矩形】对话框中输入宽度为 210mm，高度为 297mm，单击【确定】按钮，此时新增了一个与画板大小相同的矩形。在【外观】面板中设置填充颜色为【白色】，描边颜色为【黑色】，描边粗细为 1pt，在【对齐】面板中单击【对齐到画板】按钮 □，显示对齐按钮并单击【水平居中对齐】 ♨ 按钮与【垂直居中对齐】按钮 ⬚，使矩形与画板重叠，如图 6-19 所示。

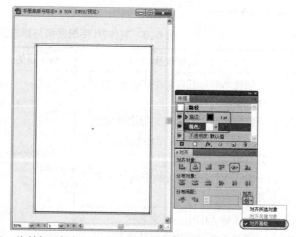

图6-19　绘制与画板相同大小的矩形并对齐

03 打开【矩形】对话框，设置宽度为 210mm、高度为 25mm 并单击【确定】按钮。然后在【工具】面板中选择【渐变工具】 ▤，在【渐变】面板中单击 ▮ 按钮，在打开的列表中选择【线性渐变】选项，设置角度为 -90 度，如图 6-20 所示。

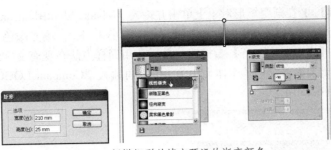

图6-20　新增矩形并填充预设的渐变颜色

04 双击起始渐变色标，在打开的【颜色】面板中设置CMYK各选项的参数属性，如图6-21所示。

05 使用步骤4的方法，先双击结束色标，再设置颜色属性，结果如图6-22所示。

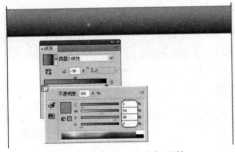

图6-21　设置起始色标属性

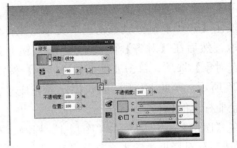

图6-22　设置结束色标的属性

06 在【外观】面板中先取消矩形的描边颜色，然后在【对齐】面板中分别单击【水平居中对齐】按钮与【垂直顶对齐】按钮，将渐变矩形与面板的顶端居中对齐，以此作为VI手册底稿的页眉，如图6-23所示。

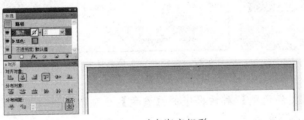

图6-23　对齐渐变矩形

07 选择【直线段工具】并在面板中单击，在打开的【直线段工具选项】对话框中设置长度为210mm，角度为0度，再单击【确定】按钮。接着打开【颜色】面板取消填充颜色，并设置描边颜色为CMYK（9，25，87，0）的橘红色，粗细为4pt，最后通过【变换】面板与【对齐】面板调整其位置，如图6-24所示。

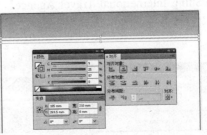

图6-24　绘制直线段并填充橘红色

08 使用【文字工具】 T 在渐变矩形对象上单击并输入"Visual Identification System（视觉应用要素系统）"文字内容，其字体为【Trajan Pro】，字体大小为18pt，填充颜色为【白色】，接着在【对齐】面板中单击【水平居中对齐】 按钮。最后使用同样方法在现有文字的下方输入"Basic Element System（基础要素系统）"，字体大小为14pt，再输入"Compant LOGO（公司标志）"，字体大小为10pt，如图 6-25 所示。

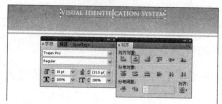
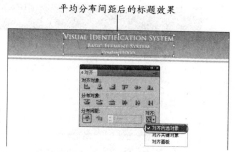

图6-25　输入VI手册底稿的页眉文字

09 由于三个标题的间距不一样，选择【选择工具】的同时按住【Shift】键分别单击三个文字对象，将它们同时选取，然后在【对齐】面板中单击 按钮并选择【对齐所选对象】选项，单击【垂直分布间距】按钮 ，如图 6-26 所示。至此 VI 手册的底稿已经完成了，接着将进行企业标志的设计。

平均分布间距后的标题效果

图6-26　垂直分布文字标题的间距

10 在【图层】面板中单击"图层 1"标题，在打开的【图层选项】对话框中输入名称为"VI手册底版"，再选择【锁定】复选框，将前面制作的版面部分锁定，不能进行任何编辑，最后单击【确定】按钮，如图 6-27 所示。

双击此处

锁定图层后显示的图标

更名后的图层名称

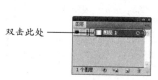

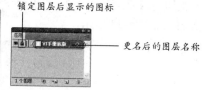

图6-27　锁定并输入图层名称

> **提示** 通过【图层选项】对话框中的【颜色】选项，可以设置该层所有对象在被选中或者编辑状态下的颜色。

11 在【图层】面板中单击【创建新图层】按钮 ，双击新增的"图层 2"，在打开的【图层选项】对话框中输入名称为"标志"，最后单击【确定】按钮，如图 6-28 所示。

12 使用【文字工具】 T 单击面板输入"光扬国旅"，作为标志的中文名称；按下【Enter】键换新行，再输入"SunShing Internetional Travel Agence"，作为标志的英文名称，接着修改字体与字体大小，详细的文字属性设置如图 6-29 所示。

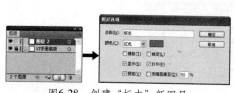
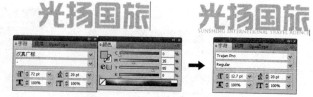

图6-28　创建"标志"新图层　　　　图6-29　输入标志的中、英文名称

13 由于中、英文名称的行距过小，拖选整段文字内容，在【字符】面板的【设置行距】数值框中输入 28pt，按下【Enter】键调整行距，如图 6-30 所示。

14 在文字上单击右键，选择【创建轮廓】选项，将文字对象转换为一般对象，如图 6-31 所示。

> **提示** 将文字转为轮廓后将会丢失原来的文字属性，所以在进行此操作前必须确定文字内容不用再修改。

图6-30　调整行距

图6-31　创建文字轮廓

15 选择【椭圆工具】并在【控制】面板中取消填充颜色，设置描边颜色为 CMYK（0，35，85，0）的橘红色，接着在面板中拖动鼠标绘制出椭圆形，作为标志吉祥物图案的头部，如图 6-32 所示。

16 使用【选择工具】单击椭圆对象显示编辑框，然后拖动右上方的控制点，旋转椭圆形，椭圆的大小与旋转后的结果如图 6-33 所示。

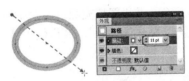

图6-32　绘制椭圆形

图6-33　旋转椭圆对象

17 选择【椭圆工具】在前面绘制的椭圆对象内按住【Shift】键绘制出圆形对象，取消描边颜色，设置填充颜色为 CMYK（0，35，85，0）的橘红色，作为吉祥物的眼睛，如图 6-34 所示。

18 选择【弧形工具】在圆形对象的下方拖动出弧形对象，选择【选择工具】并在【控制】面板中取消描边颜色，设置填充颜色为 CMYK（0，35，85，0）的橘红色，作为吉祥物的嘴巴，如图 6-35 所示。

图6-34　绘制圆形对象

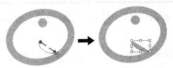
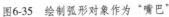

图6-35　绘制弧形对象作为"嘴巴"

19 使用【直接选择工具】拖动弧形的两个锚点调整其位置，接着拖动控制手柄调整弧形的弯度，如图 6-36 所示。

20 选择【矩形工具】在椭圆对象的上方拖动出矩形对象，其中填充颜色为 CMYK（0，35，85，0）的橘红色，接着使用【直接选择工具】分别拖动下方的两个锚点，使其呈透视形状，作为吉祥物的头发，也寓意太阳的光照效果，如图 6-37 所示。

21 选择【选择工具】移动透视后的形状，并根据"头部"作适当旋转处理，结果如图 6-38 所示。

图6-36 调整弧形对象的位置与形状　　　　　　图6-37 绘制吉祥物的头发

22 按住【Alt】键拖动旋转后的对象，复制出一个相同的对象，然后使用【直接选择工具】 ▶ 对锚点进行微调。使用同样的方法制作出其他 3 个 "头发" 对象，如图 6-39 所示。

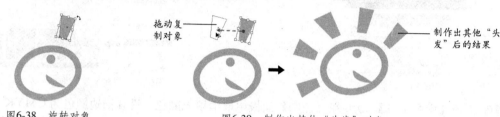

拖动复制对象

制作出其他 "头发" 后的结果

图6-38 旋转对象　　　　　　图6-39 制作出其他 "头发" 对象

23 选择【钢笔工具】 ♦ 并在【控制】面板中设置描边颜色为 CMYK（0，35，85，0），再取消填充颜色，在吉祥物 "头部" 的下方绘制一段折弯的曲线段，使用【直接选择工具】 ▶ 对添加的锚点与控制手柄进行微调，以此作为吉祥物的 "右腿"，如图 6-40 所示。

24 选择【椭圆工具】 ◯ 并在【控制】面板中取消描边颜色，并设置填充颜色为 CMYK（0，35，85，0），在吉祥物 "右腿" 的左下方绘出椭圆形对象作为 "右脚掌"。最后使用【选择工具】 ▶ 单击椭圆形并旋转处理，如图 6-41 所示。

图6-40 绘制并编辑折弯曲线段　　　　　　图6-41 绘制并旋转椭圆形对象

25 使用步骤 23 和步骤 24 的方法，绘制出吉祥物的 "左腿" 与 "左脚掌"，如图 6-42 所示。至此，标志中的吉祥物图像绘制完毕，下面将其编辑并缩放于标志文字的左侧。

> 🎒提示 在默认状态下，缩放描边后的对象时，其描边粗细不会按缩放比例而改变大小，而是维持原来设置的描边粗细不变，如本例中缩放标志图案时将会出现大小不一的线条效果，如图 6-43 所示。若遇到此情况可以选择【编辑】|【首选项】|【常规】命令打开【首选项】对话框，在【常规】设置界面中选择【缩放描边和效果】复选框，接着单击【确定】按钮，如图 6-44 所示就可以解决问题。

26 使用【选择工具】 ▶ 拖选整个吉祥物图案，选择【对象】|【扩展】命令，在打开的【扩展】对话框中保持默认设置不变，单击【确定】按钮，如图 6-45 所示。

27 选择【窗口】|【路径查找器】命令打开【路径查找器】面板，接着单击【与形状区域相加】按钮 ⬜，如图 6-46 所示。

图6-42 绘制吉祥物"左腿"与 "左脚掌"

图6-43 描边粗细不会按缩放比例 改变的缩小结果

图6-44 设置缩放时的描边效果

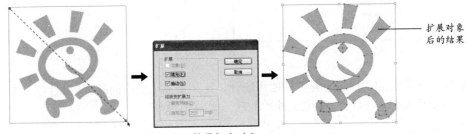

图6-45 扩展标志对象

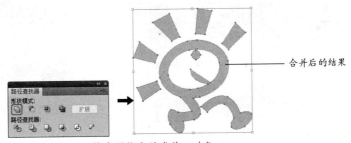

图6-46 将吉祥物合并成单一对象

28 使用【选择工具】 ▶ 按住【Shift】键拖动标志图案，将其等比例缩小，再移动至标志文字的左侧并进行微调处理，最后拖选整个标志的组成对象，对其进行编组处理，如图6-47所示。

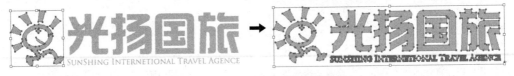

图6-47 缩小标志图案并与文字编组

29 使用【矩形网格工具】 ▦ 单击画板，在打开的【矩形网格工具选项】对话框中设置宽度为150mm，高度为45mm，水平分隔线数量为15，垂直分隔线数量为50，单击【确定】按钮即可在画板中新增一个网格对象，如图6-48所示。

> 💰**提示** 创建网格的目的是为了应对所有无法用电脑输出或者制作户外超大型广告的情况，同时也可以据此检查复制标志图形是否合乎标准规格。

30 为便于查看标志中各组成部分的相互结构，以及在后续加入标注，下面使用【选择工具】 ▶ 将整个标志对象移到网格对象上，按下【Shift+Ctrl+]】快捷键将标志置于顶层，微调标志对象的大小与位置关系，使网格中的分隔线对齐，如图6-49所示。

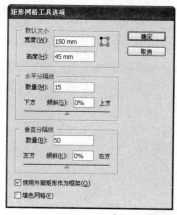
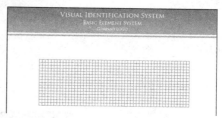

图6-48　创建网络对象

31 由于一家企业的标志会有多种使用场合，比如要应用到不同的 VI 设计项目中，可以将它进行一些变色或者互换位置、调整大小等处理，如图 6-50 所示。

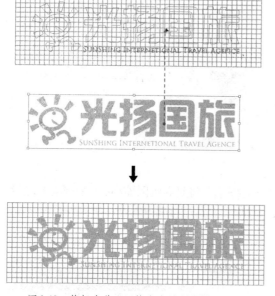

图6-49　将标志移至网格上方并调整排列顺序　　　　　　图6-50　其他的标志组合形式

至此，VI 手册底稿面版与公司标志设计完毕，最终成果如图 6-17 所示。

6.2.3　设计信纸与信封

░ 制作分析 ░

先通过模板创建一个信封大小的新文档，然后绘制信纸的页眉与页脚。完成信纸的制作后将相关设计元素复制到信封中并加以编辑，效果如图 6-51 所示。

░ 制作流程 ░

主要设计流程为"制作信纸页眉"→"制作信纸页脚"→"制作信封"→"制作信封的正面"→"添加信封的封口页"，具体操作过程如表 6-7 所示。

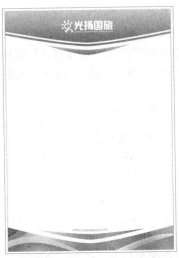

图6-51 信纸与信封

表6-7 设计信纸与信封的流程

制作目的	实现过程	制作目的	实现过程
制作信纸页眉	从模板新建信纸文件 绘制页眉图形 绘制页眉装饰图形 填充标准渐变色并添加白色标志	制作信封的正面	新建"信封"图层并创建信封外框 复制信纸的页脚图形并制作淡出效果 绘制、对齐与分布邮政编码输入框 绘制收信人地址输入栏 绘制粘贴邮票的辅助线 加入标志并输入企业的联系方式
制作信纸页脚	绘制页脚图形 加入辅助图形并对齐于信纸的底端 为辅助图形与页脚图形创建剪切蒙版 加入企业网址并变形处理	添加信封的封口页	复制信纸的页眉图形与标志并垂直翻转 编辑封口页的形状与标志大小

上机实战 设计信纸与信封

01 选择【文件】|【新建】命令打开【新建文档】对话框，设置【画板数量】为2，单击【按行设置网格】按钮 图，设置【间距】为20mm，【行数】为1，四周的【出血】均为3mm。保持其他默认设置不变，单击【确定】按钮，创建大小相同的两个画板，并按水平位置排放在左右两侧，左侧的【画板1】用于绘制信纸，右侧的【画板2】用于绘制信封，如图6-52所示。

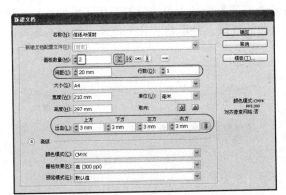

图6-52 创建信纸和信封文件

02 使用【选择工具】 ⬚ 单击左侧的【画板 1】将其激活，然后使用【矩形工具】 ⬚ 单击画板，在打开的【矩形】对话框中输入宽度为 210mm，高度为 20mm，单击【确定】按钮，创建出矩形对象，接着填充 CMYK（0, 35, 85, 0）的橘红色并取消描边，在【对齐】面板中选择【对齐画板】模式，单击【水平居中对齐】按钮 ⬚ 与【垂直顶对齐】按钮 ⬚，使矩形对象置中对齐于画板的顶端，如图 6-53 所示。

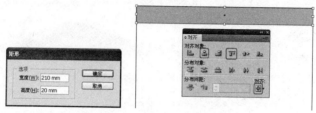

图6-53 创建信纸页眉的色块

03 使用【添加锚点工具】 ⬚ 在矩形对象的中下方边缘上单击，添加一个锚点。接着选择【直接选择工具】 ⬚ 并按住【Shift】键往下拖动新增的锚点，垂直移动锚点的位置，改变矩形的形状，在【控制】面板中单击【将所选锚点转换为平滑】按钮 ⬚，使新增锚点两则的直线段变得平滑，如图 6-54 所示。

图6-54 编辑矩形得到不规则图形

04 按住【Alt】键并往下拖动编辑后的图形，复制出另一个相同的对象。接着使用同样方法再次复制出第二个相同的对象，如图 6-55 所示，调整重叠的区域，准备用于对象之间的造型。

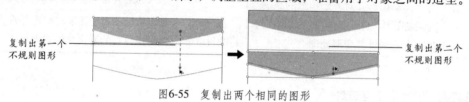

图6-55 复制出两个相同的图形

> 🎒**提示** 按住【Alt】键拖动并复制对象时，如果同时按下【Shift】键可以通过上、下、左、右等四个方向水平或者垂直进行复制操作。

05 拖选复制出来的是两个不规则图形，在【路径查找器】面板中单击【与形状区域相减】按钮 ⬚，将上方的图形减去下方的图形，得到一条弯曲的线段。最后将其往上拖动，移到不规则图形的下方，如图 6-56 所示。

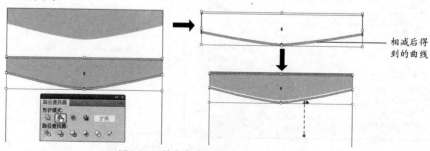

图6-56 制作弯曲的线段

06 选择【多边形工具】◎并单击左侧画板，在打开的【多边形】对话框中输入半径为50mm，边数为3，单击【确定】按钮创建出三角形对象，填充CMYK（0，35，85，0）的橘红色并取消描边，如图6-57所示。

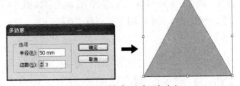

图6-57　创建三角形对象

07 使用【添加锚点工具】◊在三角形对象的中下方边缘上单击添加锚点，然后选择【直接选择工具】▷并按住【Shift】键往下拖动三角形的顶点，接着使用同样方法往下移动新增的锚点，选择【选择工具】▶，按住【Shift】键将编辑后的三角形等比例缩小，并移至信纸页眉图形的下方，单击【水平居中对齐】按钮与页眉图形对齐，如图6-58所示。

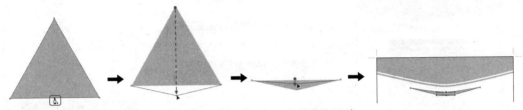

图6-58　编辑信纸顶页眉的装饰图形

08 使用【矩形工具】□创建一个宽度为210mm，高度为30mm的矩形对象，填充CMYK（0，35，85，0）的橘红色并取消描边。单击【水平居中对齐】按钮与【垂直底对齐】按钮，使矩形对象置中对齐于画板的底端。最后通过新增与移动锚点，编辑矩形的形状，如图6-59所示，作为信纸的页脚图形。

图6-59　绘制信纸页脚图形

09 使用【选择工具】▶单击步骤7编辑好的图形，按住【Alt+Shift】键往下拖，垂直往下复制出相同的对象，作为页脚的装饰图形，按住【Alt】键往右拖动装饰图形，此时可以向两侧拉长该对象，如图6-60所示。

10 拖选页脚对象与装饰对象，在【路径查找器】面板中单击【与形状区域相加】按钮，将两个对象合二为一，如图6-61所示。

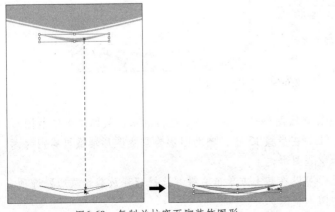

图6-60　复制并拉宽页脚装饰图形

图6-61　合并页脚图形

11 按住【Shift】键选择组成信纸页眉的三个图形对象，在【渐变】面板中设置从 CMYK（0，15，90，0）到 CMYK（0，62，88，0）的渐变颜色，类型为【线性】，角度为 -90 度，如图 6-62 所示。

12 打开"辅助图形 .ai"素材文件，使用【选择工具】 将辅助图形拖至练习文件中，按住【Shift】键等比例拖动缩小对象，使其与练习文件的宽度一致，单击【水平居中对齐】按钮 与【垂直底对齐】按钮 ，使辅助图形置中对齐于画板的底端并覆盖页脚图形，如图 6-63 所示。

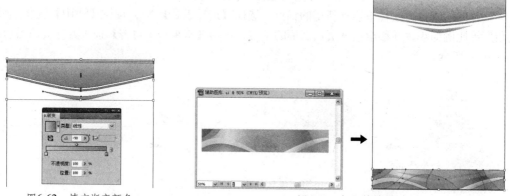

图6-62　填充渐变颜色　　　　　　　　　　图6-63　加入辅助图形

13 先按下【Shift+Ctrl+[】快捷键将辅助图形置于底层，在拖动鼠标的同时选择辅助图形与页脚图形，在被选取对象上单击右键并选择【建立剪切蒙版】选项，以页眉图形的形状剪切辅助图形，如图 6-64 所示。

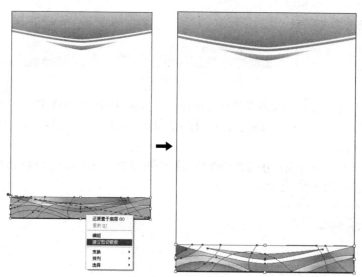

图6-64　建立剪切蒙版

> **提示** 建立剪切蒙版可以将蒙版图形外的所有对象进行遮罩，被遮罩的蒙版图形的填充和描边将变成无色。比如在步骤 13 中，辅助图形为蒙版图形信纸页脚则为遮罩，并且遮罩图形必须位于蒙版图形之上。
>
> 对于建立剪切蒙版后的对象，可以在其上方单击右键并选择【释放剪切蒙版】选项，即可恢复建立剪切蒙版前的图形状态。

14 打开"白色标志.ai"素材文件，使用【选择工具】将标志对象拖至练习文件中，按比例缩小后移至信纸页眉上，并水平居中对齐于画板，如图6-65所示。

15 使用【文字工具】在页脚的上方单击，输入"www.sunshining.com"文字内容，将其水平居中对齐于画板，其属性设置如图6-66所示。

图6-65 加入并编辑标志

图6-66 输入公司网址

16 按下【Esc】键切换至【选择工具】，在【控制】面板中单击【制作封套】按钮，在打开的【变形选项】对话框中选择【弧形】样式，并设置【弯曲】为-5%，单击【确定】按钮，如图6-67所示，使文字适应页脚的弧度。至此，信纸的制作就完成了。

17 在【图层】面板中将"图层1"标题更名为"信纸"，然后单击【创建新图层】按钮创建出"图层2"，更名为"信封"，如图6-68所示。

图6-67 变形网址文字

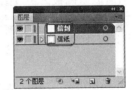

图6-68 创建并更名图层

> **提示** 在【制作封套】按钮旁边单击【制作封套选项】按钮可以打开菜单选项，只有在勾选【用变形建立】选项的状态下，单击【制作封套】按钮方可打开如图6-67所示的【变形选项】对话框。

18 使用【选择工具】单击右侧的【画板2】将其激活，然后在【工具】面板中单击【面板工具】按钮进入画板编辑状态，在【控制】面板中设置【宽】的值为220mm，调整【画板2】的宽度，以适应信封的设计，如图6-69所示。

19 使用【矩形工具】在【画板2】中创建一个宽度为220mm，高度为110mm的矩形，然后取消填充并设置描边为CMYK（0，0，0，50），粗细为1pt。接着通过【对齐】面板将其对齐于"信封"画板的中下方，如图6-70所示。

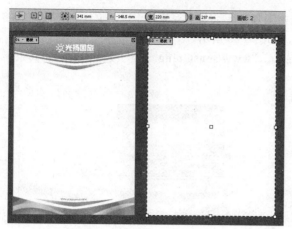

图6-69 编辑【画板2】的宽度

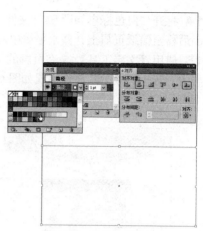

图6-70 创建信封外框

> 提示 在设计信封时要注意邮政法规，严格遵守信封的尺寸、重量、署名与空间划分等相关规定。其中信封尺寸请参考表6-8所示。

表6-8 信封尺寸

信封代号	长度（mm）	宽度（mm）	信封代号	长度（mm）	宽度（mm）
2号	176	125	7号	229	162
5号	220	110	9号	324	229
6号	230	120			

20 由于信封的边框与【画板2】重叠了，为了不让其干扰设计，可以选择【视图】|【隐藏画板】命令，暂时隐藏画板。在【图层】面板中单击"信纸"图层，使用【选择工具】单击选择"页脚图形"，按下【Ctrl+C】快捷键将其复制。接着单击"信封"图层，再按下【Ctrl+V】快捷键粘贴"页脚图形"，如图6-71所示。

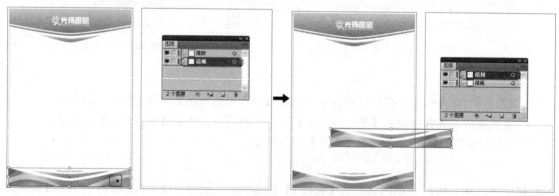

图6-71 将信纸的页脚图形复制至信纸上

21 通过【变换】面板设置"页脚图形"的【宽】设置为220mm，使其与信封的宽度一致，然后在【对齐】面板中分别单击【水平居中对齐】按钮与【垂直底对齐】按钮，将其对齐于【面板2】的中下方，如图6-72所示。

22 使用【直接选择工具】单击页脚图形上方的装饰图形，然后单击选择右上方的锚点，按下【Delete】键删除该锚点,接着再按一下【Delete】键,即可将整个装饰图形删除掉,如图 6-73 所示。

23 使用【矩形工具】 创建一个 220mm×32mm 的矩形对象,并通过【对齐】面板对齐于信封的中下方,使其大小必须能完全覆盖下面的"辅助图形"对象。接着通过【渐变】面板填充预设的【线性渐变】颜色,如图 6-74 所示。

24 拖选步骤 23 创建的矩形与页脚图形,在【透明度】面板中单击 按钮并选择【建立不透明蒙版】选项,选择【剪切】复选框,这时将根据矩形的渐变属性使页脚图形产生淡出的透明效果,如图 6-75 所示。

图6-72 将"页脚图形"拉宽并置中对齐于信封的底端

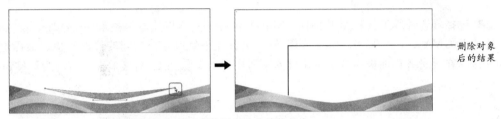

删除对象后的结果

图6-73 删除页脚图形的的装饰部分

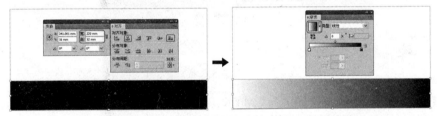

图6-74 创建渐变矩形对象

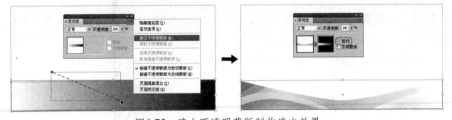

图6-75 建立不透明蒙版制作淡出效果

> **提示** 不透明蒙版的原理主要是使用蒙版对象中颜色的等效灰度来表示蒙版中的不透明度,从而产生渐渐淡出的遮罩效果。比如在目标蒙版对象上方创建的不透明蒙版为白色,则会完全显示下方的对象;如果不透明蒙版为黑色,则会隐藏对象。而如图 6-75 所示创建的不透明蒙版为白色至黑色的渐变填充,所以白色区域会完全显示,而黑色部分则会隐藏,所以蒙版对象会产生渐渐淡出的效果。
>
> 建立不透明蒙版的方法与建立剪切蒙版的原则相似,不透明蒙版对象必须置于目标蒙版对象的上方。
>
> 如果要恢复创建不透明蒙版前的效果,只需要选择目标对象并在其上方单击右键,然后选择【释放不透明蒙版】选项即可。

25 选择【矩形工具】█并按住【Shift】键在信封的左上方拖动鼠标，绘制出正方形对象。接着按住【Alt】键拖动复制出 5 个相同的正方形对象，作为邮政编码的输入框。同时选择 6 个正方形方框，在【对齐】面板中先选择【对齐所选对象】█模式，再分别单击【垂直居中对齐】按钮██与【水平分布间距】按钮██，对齐并分布编码输入框，如图 6-76 所示。

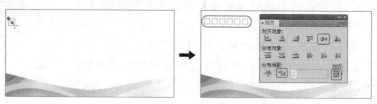

图6-76　绘制、对齐与分布邮政编码输入框

26 选择【直线段工具】█并按住【Shift】键在信封内框绘制一条水平直线段，设置填充为无、描边为 CMYK（0，0，0，100）的黑色，接着往下复制 4 个相同的线段对象。最后选择 5 条直线段，在【对齐】面板中分别单击【水平居中对齐】按钮██与【垂直分布间距】按钮██，如图 6-77 所示。

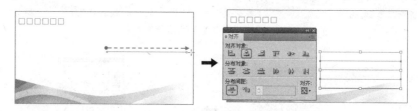

图6-77　绘制收信人地址输入栏

27 选择【钢笔工具】█，设置描边为 CMYK（0，0，0，100）的黑色，填充为无，然后按住【Shift】键在信封的右上方通过添加三个锚点，绘制一条直角线段，如图 6-78 所示，以此辅助粘贴邮票，免得贴歪。

28 保持直角线段的被选取状态，在【描边】面板中单击██按钮并选择【显示选项】选项，选择【虚线】复选框并设置粗细为 1pt，单击██按钮，使虚线与边角和路径终端对齐，并调整到适合长度，也就是说使直角处于闭合状态，如图 6-79 所示。

图6-78　绘制粘贴邮票的辅助线　　　　图6-79　将实线变成虚线

29 打开"黄色标志 .ai"素材文件，使用【选择工具】█将标志拖至练习文件中，缩小并移至邮政编辑输入框的下方。接着使用【文字工具】█在标志的文字下拖动出一个文本框，如图 6-80 所示。

30 在文本框内输入公司的"电话、传真、邮箱、网址、地址、邮编"等项目内容，每个项目均为独立一行，其文字属性设置如图 6-81 所示。

图6-80　加入标志并绘制联系地址文本框　　　　图6-81　输入企业的联系方式

31 在"信纸"图层的左侧单击 ▷ 按钮展开图层列表，在列表内容中查找出信纸页眉上方的色块与白色标志，按住【Shift】键分别单击它们右侧的"○"符号，将其同时选取再按下【Ctrl+C】快捷键。然后切换至"信封"图层，按下【Ctrl+V】快捷键粘贴内容，如图 6-82 所示。

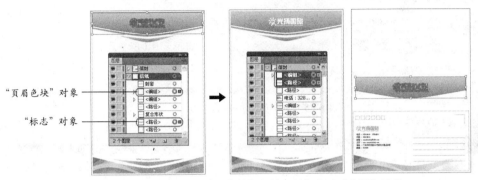

图6-82　从"信纸"图层复制标志至"信封"图层

32 在【变换】面板中设置【宽】为 220mm，并单击右侧的【约束宽度和高度比例】按钮 ⑧，按比例放大色块与标志，使其宽度与信封一致。接着输入【旋转】角度为 180 度，按下【Enter】键确定旋转角度，将其垂直翻转。最后将其移至信封的上方，作为信封的封口页，如图 6-83 所示。

33 使用【直接选择工具】 ➤ 分别将封口页左、右上方的锚点往下拖，如图 6-84 所示。在拖动过程中必须按住【Shift】键，以确保锚点按垂直的轨迹往下移动。最后适当缩小封口页上的标志。

图6-83　变换信封的封口页

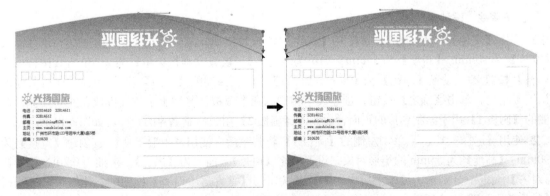

图6-84　编辑封口页的形状

至此，信纸与信封制作完毕，最终成果如图6-51所示。

6.2.4 设计企业名片

制作分析

先创建一个名片大小的新文档，填充纹理效果后以辅助图形作装饰，接着加入企业标志、姓名、职称与联系方式等内容，最后制作风格统一的名片背面，效果如图6-85所示。

图6-85 企业员工名片

制作流程

主要设计流程为"设计名片背景"→"加入名片元素"→"制作名片背面"，具体制作流程如表6-9所示。

表6-9 设计企业名片的流程

制作目的	实现过程	制作目的	实现过程
设计名片背景	按正规尺寸创建名片文件 创建画板大小的矩形并添加纹理效果 加入辅助图形并进行变形与制作淡出效果 将编辑好的辅助图形分别放置于名片上下方	加入名片元素	加入竖排标志于名片左侧 输入名片持有人的姓名与职称 添加各项联系方式
		制作名片背面	在名片正面中复制背景、辅助图形与标志等元素 调整标志的颜色与位置 加入宣传企业的一些奖项与名誉

上机实战 设计企业名片

01 选择【文件】|【新建】命令打开【新建文档】对话框，输入【名称】为"名片"，再输入【宽度】为90mm、【高度】为55mm，单位为【毫米】。设置【画板数量】为2，单击【按行设置网格】按钮 ，设置【间距】为10mm，【行数】为1，四周的【出血】均为3mm。保持其他默认设置不变，单击【确定】按钮，创建大小相同的两个画板，并按水平位置排放在左右两侧，左侧的【画板1】用于绘制名片的正面，右侧的【画板2】用于绘制名片的背面，如图6-86所示。

02 使用【选择工具】 单击左侧的【画板1】将其激活，使用【矩形工具】 创建【宽度】为90mm、【高度】为55mm的矩形对象，设置填充【白色】、描边为【黑色】、粗细为0.2pt，接着在【对齐】面板中分别单击【水平居中对齐】 按钮与【垂直居中对齐】按钮 ，使矩形与【画板1】重叠，如图6-87所示。

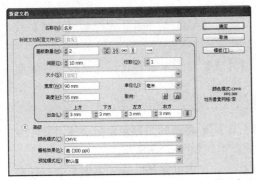

图6-86 按正规尺寸创建名片文件

> **提示** 名片的尺寸也有规定，包括横式、立式与折叠式（双面式）三种类型，其中名片的宽高大小请参考表6-10所示。

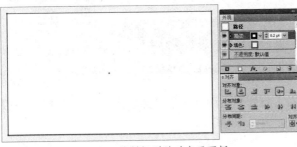

图6-87 绘制矩形并对齐于画板

表6-10 名片的种类与尺寸

名片种类	宽度（mm）	高度（mm）
横式	90	55
立式	55	90
折叠式	90	72

03 保持矩形对象的被选取状态，选择【效果】|【纹理】|【纹理化】命令，在打开的【纹理化】对话框中设置纹理为【画布】，缩放为100%，凸现为2，光照为【上】，然后在预览区域中观察效果，满意后单击【确定】按钮，如图6-88所示。

图6-88 为名片的背景添加纹理化效果

> 💰**提示** 如果对当前设置的效果不太满意，按住【Alt】键不放，原来的【取消】按钮即会变成【复位】按钮，单击可以恢复设置前的效果。
>
> 　另外，对于添加效果后的对象，可以通过【外观】面板单击 *fx* 选项，这样可以重新打开原设置对话框，以便对效果进行编辑修改。

04 打开"辅助图形.ai"素材文件，使用【选择工具】▶将辅助图形对象拖至练习文件中，将其缩小至与名片宽度一致，并水平置中对齐于名片的底端，如图6-89所示。

05 在【图层】面板中依序展开"图层1"|"编组"，在"剪贴路径"选项右侧单击 ○ 符号，将辅助图形中的矩形剪贴路径选取，如图6-90所示。

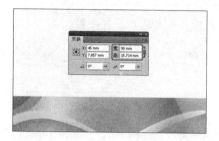
图6-89　加入、缩小并对齐辅助图形

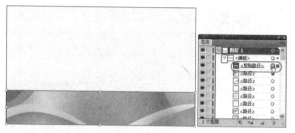
图6-90　选择辅助图形中的剪贴路径

06 使用【添加锚点工具】👆在剪贴路径的右上方处单击添加锚点，然后使用【直接选择工具】▶对矩形上边的三个锚点进行编辑，得到如图6-91所示的结果。

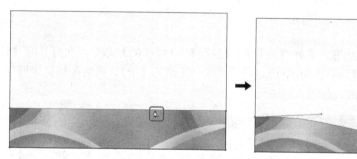
图6-91　编辑辅助图形的剪贴路径

> 💰**提示** 由于辅助图形主要由多个不规则的色块组成，在其上方绘制一个矩形，并建立剪切蒙版后才得到现在的效果，因此如果编辑剪贴路径的形状，辅助图形的形状也会改变。

07 使用【矩形工具】▢在辅助图形的上方绘制一个足以覆盖的矩形，填充默认的渐变颜色，再设置角度为90度，位置为35%，如图6-92所示，准备用于制作剪切蒙版。

08 在【图层】面板中展开"图层1"，按住【Shift】键选择"路径"与"编辑"对象，如图6-93所示。

09 在【透明度】面板中单击 ▤ 按钮并选择【建立不透明蒙版】选项，如图6-94所示。

10 按住【Alt】键往上拖动建立不透明蒙版后的辅助图形，复制另一个相同的对象，如图6-95所示。

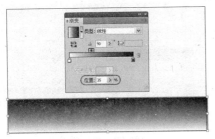

图6-92 绘制渐变矩形对象

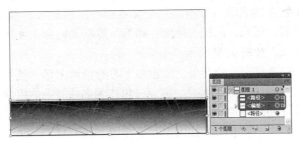

图6-93 选择用于建立剪切蒙版的两个对象

图6-94 建立不透明蒙版

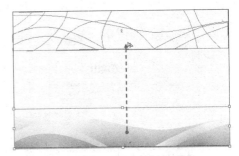

图6-95 复制辅助图形对象

11 保持复制的辅助图形的被选取状态，在【变换】面板中输入旋转角度为180度，接着通过【对齐】面板使其水平居中对齐于名片的顶端，如图6-96所示。

12 打开"黄色竖向标志.ai"素材文件，使用【选择工具】 将其拖至练习文件中，并缩小移至名片的左侧，如图6-97所示。

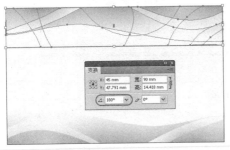

图6-96 旋转复制的辅助图形

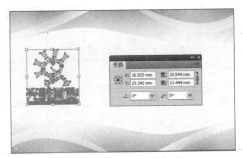

图6-97 加入并调整标志

13 使用【文字工具】 在名片上输入"刘淇山"等文字，作为名片主人的姓名。接着在其右侧输入"总经理"等文字，作为名片主人的职称，文字属性设置如图6-98所示。

图6-98 输入姓名与职称

14 在姓名的下方拖出一个文本框，然后输入"电话、传真、邮箱、网址、地址、邮编"等联系内容，文字属性设置如图 6-99 所示。

15 选择名片的背景、标志与下方的辅助图形，然后按住【Alt】键往右拖动，复制一份作为名片背面的组成元素，如图 6-100 所示。

16 选择背面上的标志，并更改填充为 CMYK（0，0，0，50），缩小并移至背面的中上方，然后使用【文字工

图6-99　输入联系方式

具】![T]在其下方拖出一个文本框输入三行介绍公司的文字，文字属性设置如图 6-101 所示。

图6-100　复制名片背景的组成元素

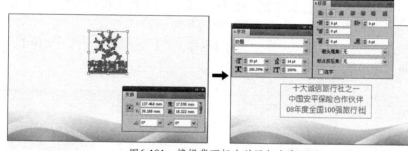

图6-101　编辑背面标志并添加文字

至此，企业名片制作完毕，最终效果如图 6-85 所示。

6.2.5　设计会员卡

制作分析

先创建一个名片大小的新文档，填充纹理效果后以辅助图形作装饰，接着加入企业标志、姓名、职称与联系方式等内容，最后制作风格统一的名片背面，效果如图 6-102 所示。

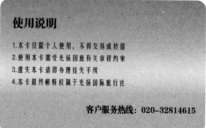

图6-102　会员卡

制作流程

主要设计流程为"填充会员卡背景"→"制作会员卡主体对象"→"制作会员卡背面",具体制作流程如表6-11所示。

表6-11 设计会员卡的流程

制作目的	实现过程	制作目的	实现过程
填充会员卡背景	按银行卡尺寸创建新文件 创建一个与画板相同的圆角矩形并对齐 填充标准多色渐变作底色 制作"S"形的半透明色块并加入线条组素材	制作会员卡主体对象	旋转并调整大小后输入"光扬伴我游"文字内容 最后加入标志并添加会员卡编号
制作会员卡主体对象	绘制五个色彩各异的正方形并变形 编辑多个色块再进行"径向模糊"处理	制作会员卡背面	复制正面的圆角矩形作为背面的背景 添加多项使用说明与服务电话 最后调整各文字的属性

上机实战 设计会员卡

01 选择【文件】|【新建】命令打开【新建文档】对话框,输入【名称】为"会员卡",【宽度】为85.5mm、【高度】为54mm,单位为【毫米】,【画板数量】为2,单击【按列设置网格】按钮,设置【间距】为10mm,【列数】为1,四周的【出血】均为3mm。保持其他默认设置不变,单击【确定】按钮,创建大小相同的两个画板,并按垂直位置排放在文档的上下方,上方的【画板1】用于绘制会员卡的正面,下方的【画板2】用于绘制背面,如图6-103所示。

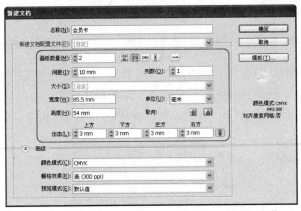

图6-103 创建新文件

> **提示** 本会员卡的常见尺寸与银行卡相似,尺寸为85.5mm×54mm。

02 使用【选择工具】单击上方的【画板1】将其激活,使用【圆角矩形工具】在画板中单击,在打开的【圆角矩形】对话框中创建一个与文档尺寸相同的圆角矩形,其中圆角半径为4mm。接着通过【对齐】面板使圆角矩形与文档画板重叠并取消描边,如图6-104所示。

03 在【渐变】面板中套用预设的渐变选项,然后添加5个色标,并如表6-12所示设置各个色标的颜色属性,其中渐变角度为-90度,结果如图6-105所示。

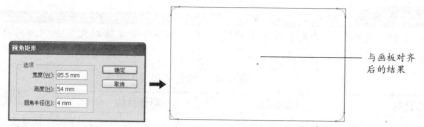

图6-104 绘制并对齐圆角矩形对象

图6-105 为会员卡背景填充多色渐变

表6-12 渐变属性设置

色 标	颜色（CMYK）	位 置
1	3，62，87，0	0%
2	8，15，87，0	47%
3	7，0，46，0	63%
4	7，17，87，0	76%
5	5，22，88，0	100%

04 使用【矩形工具】 在会员卡的中间处绘制一个填充为白色，描边为无的矩形，然后在【透明度】面板中设置不透明度为20%，如图 6-106 所示。

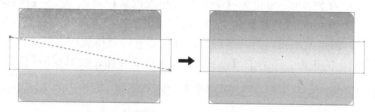

图6-106 绘制不透明度为20%的矩形对象

05 选择【变形工具】 ，鼠标指针会变成"⊕"的图案，按住【Alt】键使鼠标图案中间的"+"变成"÷"，然后按下鼠标左键并在画板中往右下方拖动，调整指针的大小与形状。接着在矩形的两侧分别往上、下拖动，将矩形变形为"S"形状，如图 6-107 所示。

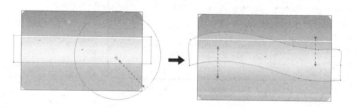

图6-107 对矩形对象进行变形

06 打开"曲线组 .ai"素材文件，使用【选择工具】 将图形对象拖至练习文件中，更改其填充颜色为白色，然后调整大小与旋转角度，并拖至会员卡的上方。为了使"曲线组"超出画板的内容能得到更好的安置，可以选择【视图】|【隐藏画板】命令，暂时隐藏画板，如图 6-108 所示。

07 使用【矩形工具】 配合【Shift】键绘制一个颜色为 CMYK（0，100，100，0）的红色正方形红色，接着复制出 4 个相同的对象，并单击【垂直居中对齐】按钮 与【水平分布间距】按钮 。根据表 6-13 所示更改各矩形对象的填充颜色，如图 6-109 所示。

图6-108　加入曲线组素材

表6-13　各色块的颜色填充属性

正方形（从左至右）	颜色属性（CMYK）	正方形（从左至右）	颜色属性（CMYK）
2	0，50，100，0	4	85，50，0，0
3	0，100，0，0	5	75，0，100，0

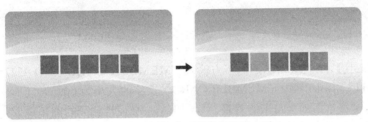

图6-109　绘制5个不同颜色的正方形

08 选择第一个正方形色块，然后选择【变形工具】 并调整笔刷的大小，往左拖动色块，使其变形。接着使用同样方法对其余4个色块进行变形处理，如图6-110所示。

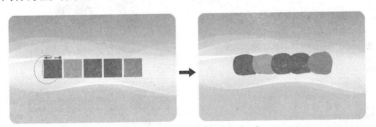

图6-110　对5个色块进行变形

09 在按住【Shift】键的同时选择5个色块，并在其上方单击右键选择【编组】选项，接着选择【效果】|【模糊】|【径向模糊】命令，在打开的【径向模糊】对话框中设置如图6-111所示的效果属性。

10 使用【选择工具】 选择添加效果后的色块对象，然后对其进行放大与旋转处理，如图6-112所示。

图6-111　编组色块并添加径向模糊效果

图6-112　调整色块的大小与角度

11 使用【文字工具】 T 在色块的上方输入"光扬伴我游"等文字,接着将其旋转处理,使其角度与色块一致,如图 6-113 所示。

12 打开"白色标志 .ai"素材文件,使用【选择工具】 ▶ 将其拖至练习文件中,缩小并移至名片的左上方,如图 6-114 所示。

图6-113 输入并旋转文字

图6-114 加入公司标志

13 使用【文字工具】 T 在会员卡的右下方输入"MEMBER CARD NO.95275"等文字,文字属性设置如图 6-115 所示,其中"MEMBER CARD"文字的大小为 6pt。

14 按住【Alt】键往下拖动会员卡的背景,复制出另一个属性相同的圆角矩形,并对齐于【画板2】使其与之重叠,作为名片的背面,如图 6-116 所示。

图6-115 输入会员卡号码

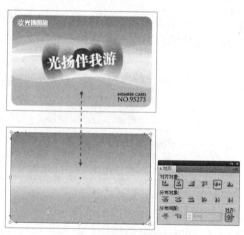

图6-116 复制出会员卡的背面

15 使用【文字工具】 T 在背景中拖出一个文本框,输入"使用说明"与"服务电话"等多项文字内容,其文字属性设置如图 6-117 所示。

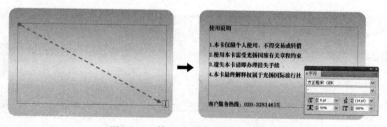

图6-117 输入会员卡背面文字内容

16 使用【文字工具】T拖选要修改属性的文字，通过【字符】与【段落】面板进行设置，如图 6-118所示。

图6-118　修改会员卡背面的文字属性

至此，名片制作完毕，最终成果如图 6-102 所示。

6.2.6　设计营业店面

制作分析

先加入辅助图形并按店面宽度调整大小，接着添加各种标志并作美化处理，效果如图 6-119 所示。

图6-119　营业店面

制作流程

主要设计流程为"制作招牌背景"→"添加并美化标志"，具体制作流程如表6-14所示。

表6-14　设计营业店面的流程

制作目的	实现过程
制作招牌背景	先加入"辅助图形2"并根据店面的宽度调整大小 绘制一个白色矩形并变形处理 复制一个白色矩形并填充标准渐变色
添加并美化标志	加入白色标 调整标题的大小与对齐方式 为标志添加投影效果

上机实战 设计营业店面

01 先打开"..\Practice\Ch06\6.2.6.ai"练习文件，然后打开"辅助图形2.ai"素材文件，使用【选择工具】▶ 将辅助图形拖至练习文件中，缩小图形使其宽度与店面相仿，调整好位置，如图6-120所示。

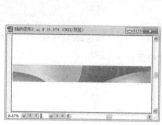

图6-120　加入辅助图形对象

02 使用【矩形工具】▢ 在辅助图形的上方绘制一个无描边的白色矩形，注意矩形必须要覆盖住辅助图形的上边缘，如图6-121所示。

03 使用【添加锚点工具】⚲ 在白色矩形的下边缘添加3个锚点，选择【直接选择工具】▷ 并在按住【Shift】键的同时选取3个新增的锚点，在【控制】面板中单击【将所选锚点转换为平滑】按钮▰，如图6-122所示。

图6-121　绘制白色矩形

图6-122　添加3个锚点并转换为平滑

04 在步骤4新增的3个锚点中单击中间的锚点，并将其往下拖动，更改白色矩形的形状。接着在按住【Shift】键的同时选取两侧的2个锚点，再往下拖动，如图6-123所示。

图6-123　分别往下拖动3个锚点

05 通过微调锚点位置与拖动控制手柄的方式，对3个锚点都进行编辑，得到如图6-124所示的结果。

06 按住【Alt】键往上拖动白色图形，复制一个副本，然后填充从CMYK（3，62，87，0）到CMYK（5，22，88，0）的渐变色，如图6-125所示。

图6-124　编辑后的白色图形对象

07 打开"白色标志.ai"素材文件，使用【选择工具】▶ 将其拖至练习文件，调整大小并水平居中对齐于画板，如图6-126所示。

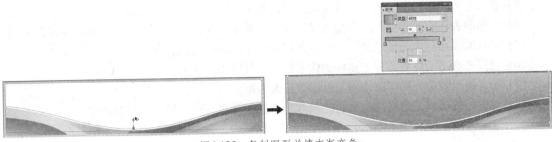

图6-125 复制图形并填充渐变色

08 选择【效果】|【风格化】|【投影】命令打开【投影】对话框，如图 6-127 所示设置投影属性，为标志添加阴影效果。

图6-126 加入标志

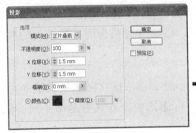

图6-127 为标志添加阴影效果

至此，营业店面设计完毕。另外，本章所介绍的 VI 手册项目也已经全部介绍完毕了，最终效果如图 6-15 所示。

6.3 学习扩展

6.3.1 经验总结

通过本例的学习，对 VI 设计有了一定的了解，下面针对本例设计的几个 VI 项目进行总结，并提出一些注意事项以供读者参考。

1. 标志设计

标志标志的特点包括功用性、识别性、显著性、多样性、艺术性、准确性、持久性等。其创意来源主要是通过全盘规划，寻找商品与企业独特新颖的造型符号，并以这种造型来传达思想。在构思标志时，必须遵循简明易认、形象直观、避免雷同以及符合大众的审美规律等原则。

标志设计要针对品牌的特性和定位。标志不仅仅是一个图形或文字的组合，它是依据企业的构成结构、行业类别、经营理念，并充分考虑标志接触的对象和应用环境，为企业制定的标准视觉符号。在设计之前，首先要对企业做全面深入的了解。

2. 信纸与信封设计

在为企业设计信纸与信封时，必须严格遵循 VI 系统所定的规则，比如主题颜色与专用字体的统一等，下面简述几点设计建议。

（1）必须考虑企业标志与企业名称等重点要素。

（2）也可以根据企业的精神或远景添加一些具有象征意义的图案作装饰。

（3）版面布局不能过于花巧，并且要最大限度地不占用过多的书写位置。

（4）署名的表现方式为信封的主要考虑因素，比如要列明公司名称、电话、地址与邮政编码。

（5）信封的风格应该与信纸统一，可以加插信纸中的某些元素。

（6）可以在合适的位置添加企业标志作装饰，但尺寸不宜过大。

（7）最好提供收信人的邮政编码与贴邮票处等方框。

（8）注意邮政法规，严格遵守信封的尺寸、重量、署名与空间划分等相关规定。

3. 名片设计

在为企业成员设计名片时，首先要突出企业标志与名称。此外，还要重点考虑姓名与职务的摆放位置，必须醒目显眼。另外，虽然名片没有严格的尺寸要求，但为了方便印刷，最好使用前面介绍的几个常规尺寸。

4. 会员卡设计

在设计会员卡时，必须有专属的编号，建议最好在背面提供一块区域给持卡人签名，以证明使用身份。另外，在背面应该提供一些使用的原则与细节，以便各会员合理行使该有的权利。

5. 店面设计

由于各营业店面的大小尺寸不一，所以在制订文档大小时必须依据实际丈量数值而定。另外，除了遵循风格统一的原则外，招牌的设计必须简约大方，标志或者企业名称是必不可少的设计元素。有需要时可以添加联系电话等内容。

6.3.2 创意延伸

一名优秀的设计师应该有无穷无尽的好点子，只要稍作发挥即有无限的新创意。例如本章为"光扬国旅"设计的部分 VI 项目，只需把设计理念转变一下，即有焕然一新的不同效果，如 VI 项目中的"公务事务系统"即可延伸出如图 6-128 所示的效果。

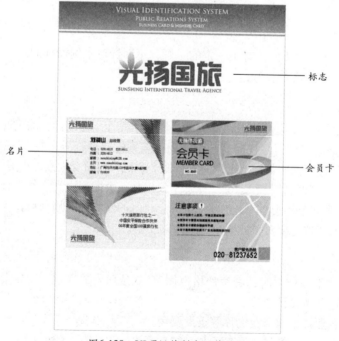

图6-128 VI项目的创意延伸效果

本创意延伸的标准色选用翠绿色。对于手册底稿，也可以改用全新的翠绿色调。而标志则沿用简约风格，以文字组合为主，但是把"光"字的寓意形象地以三个椭圆组合成的"火苗"巧妙地展现出来，黄色搭配绿色也有清新的感觉。另外，名片的辅助图形主要以七彩的纹理色块构成，同样不失企业的宗旨——给客户带来愉悦之感。会员卡的背景沿用绿色调的标准色，再配合抽象的颜色条，给客户输送轻松、惬意的快乐。大家也可以发挥创意，进行更多的设计，或许有意外收获，但设计的前提是不能违背企业的基本理念。

6.3.3 作品欣赏

由于房地产开发企业几乎涵盖了所有常见的 VI 项目，比如常用事务用品、包装、标志、制服、销售店面、展示场等多个项目领域。所以设计一套优秀的 VI 系统，对于企业的楼盘的销售有着举足轻重的作用，可以较好地对商品进行广告宣传。下面以万科金色嘉园房地产 VI 设计作品为例，通过对 VI 基础元素与各项目的设计，让大家了解大型 VI 设计的方向。

1. 基础元素设计

"金色嘉园"为万科旗下一个高新区规模最大、配套最完善的现代化生活小区，其广告口号为"阳光居所，健康生活"。

（1）标志与标准字

企业标志主要以图案与标准字组合构成，如图 6-129 所示。其中图案以图腾语言寓意"如日中天"的面貌，金色的太阳表示开发商雄厚的经济实力，强劲的能量在历史上划出石破天惊的轨迹，而欢快的人形舞蹈喻意未来居住的美好时代即将来临。另外，更添加了太阳、月亮、星星、花朵等美好事物来描述居于此间的人们之乐观的生活态度。

（2）标准色

金色嘉园的标准色以黄色为主色系，设计者将该色喻为"嘉园阳光"，如图 6-130 所示。为了控制色彩的误差，保证该标准色在任何情况下最大可能地保持统一性，设计师特意提供了三套色彩标准系统，以应对不同条件下色彩标准转换带来的问题。

图6-129 金色嘉园标志设计   图6-130 金色嘉园VI标准色

（3）辅助图形

金色嘉园的辅助图形主要由两个线条轮廓流畅的色块组成，如图 6-131 所示。它们主要用于强化金色嘉园视觉形象的冲击，配合标准字体造型特征创新设计而成，是 VI 形象的主要表现元素之一。

2. VI项目设计

下面为大家展示金色嘉园 VI 手册中的部分设计项目，以供大家观摩、参考。如图 6-132～图 6-135 所示。

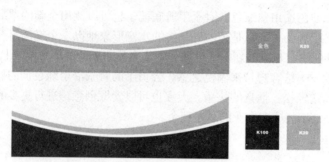

图6-131　金色嘉园VI辅助图形

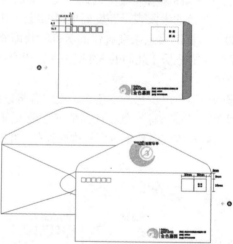

图6-132　事务用品

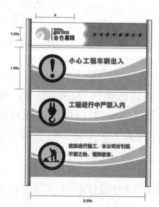

图6-133　标帜

图6-134　包装

图6-135　制服

6.4　本章小结

本章先介绍了 VI 系统的构成要素、设计原则、操作流程等基础知识。然后以"光扬国际旅游有限公司"的 VI 系统为例先设计出标准字、标准色、标志、辅助图形等基础元素，然后通过设计通信用品、名片、会员卡与店面等实例介绍了 VI 手册部分项目的设计方法。

6.5　上机实训

实训要求：根据会员卡的风格，设计出旅游资讯光碟的盘面与封套效果。其中封套的尺寸为边长 130mm 的正方形，光盘为直径 120mm 的圆形，最终结果如图 6-136 所示。

制作提示：制作流程如图 6-137 所示。

（1）创建一个横向的 A4 新文档。绘制一个边长为 130mm 的灰色正方形作为封套的底色。

（2）复制一个相同的正方形粘贴在原位置的上方，为其填充标准色。

（3）在封套的上边缘绘制一个直径为 30mm 的圆形，对齐后将圆形对象减去封套正面，得到封套的缺口。

（4）打开"6.6.5_ok.vi"会员卡的成果文件，将正面的设计元素放到封套正面上并适当放大处理。

（5）完成封套的制作后，在其右侧绘制一个直径为 120mm 的圆形对象，取消填充颜色，并填充淡灰的描边颜色。

（6）绘制一个直径为 118mm 左右的圆形对象，填充与封套相同的渐变标准色，作为光盘的盘面。

图6-136　旅游资讯光碟的盘面与封套效果

（7）在圆心处绘制一个小圆减去盘面的部分，得到一个空心的圆环形状。

（8）使用上一步骤的方法，继续绘制一个直径为 34mm 的圆环，并填充黑白渐变，描边为灰色。这样就完成了盘面的绘制。

（9）将封套正面的设计元素和LOGO加到盘面并调整位置即可。

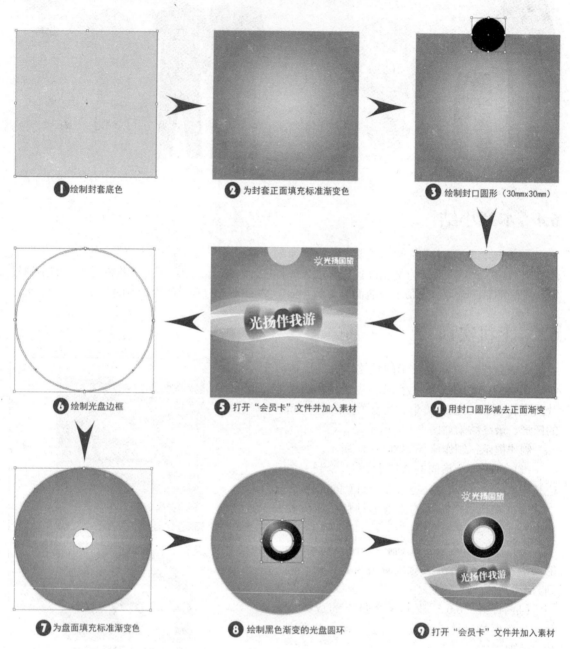

图6-137　旅游资讯光碟盘面与封套效果的设计流程

第7章 海报设计——文化海报设计

➡️ 本章先介绍海报的作用、类别、设计注意事项和步骤等基础知识，然后通过"校园演唱会宣传海报"案例介绍文化海报的设计方法，其中包括设计海报背景、制作3D闪烁装饰文字与制作标题等小主题。

7.1 海报设计的基础知识

7.1.1 海报的概述

海报（Poster）也可以称为招贴，它是以张贴形式散发于公共场所的一种广告，多用于电影、戏剧、比赛、文艺演出等活动。海报具有较典型的平面设计形式特性，比如包含各种视觉设计的基本要素。它的表现手法与设计理念，是众多广告媒介中较为典型的一种。如图7-1所示。

图7-1　各种形式的海报

7.1.2 海报的类别

根据海报的宣传内容、宣传目的和宣传对象，海报大致可以划分为商业类、文化类、影视类和公益类宣传海报等四大类别。

1．商业类海报

商业海报是众多海报类别中较为常见的一种，它是指宣传商品或服务的商业广告性海报，以盈利为目的。设计此类海报时，必须要了解受众的喜好，针对性地展示出商品的格调与优点。如图 7-2 所示。

图7-2　雷诺LOGAN汽车海报

2. 文化类海报

文化类海报泛指各种社会活动、展览宣传海报，比如博物馆展出宣传、演唱会的宣传，甚至是游园晚会的宣传，都可以文化类海报的形式进行信息的散播。此类海报的设计不受任何形式的约束，设计者可以根据海报的主题增添一些艺术创新的元素。如图 7-3 所示。

图7-3　演唱会宣传海报

3. 影视类海报

影视类海报是介于商业海报与文化海报之间的一种海报，它首先要对影视作品进行宣传，以保持商业利益。另外，影视类海报又类似于戏剧文化海报，具有宣传信息的功能。如图 7-4 所示。

图7-4　皮克斯2008动画片《WALL·E》海报

4. 公益类海报

公益海报不以盈利为目的，用于宣扬政府或者团体的特定思想，比如环保、防火、禁烟、禁毒、保护弱势群体等，目的在于弘扬社会公德、行为操守、政治主张、弘扬爱心、无私奉献与共同进步等积极进取等主张。如图 7-5 所示。

禁烟海报——

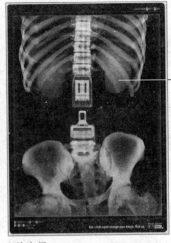
——请系好安全带

图7-5 公益海报

7.1.3 海报设计的原则

在设计海报时要注意以下几个原则：

（1）为了表现出画面的视觉冲击力，设计者可以通过图像和色彩来实现，如图 7-6 所示。

（2）海报又称作"瞬间的街头艺术"，与受众或许只有一眼之缘，所以表现的内容不可过多。

（3）内容要尽量简洁，形象和色彩要简单明了，文字内容要精炼，抓住主要诉求点即可，如图 7-7 所示。

图7-6 以图像和色彩表现视觉冲击力

图7-7 内容要精炼

（4）海报具有"远视强"的特点，为了便于观赏者快速了解内容，建议以图片为主，文案为辅，如图 7-8 所示。

图7-8　以图片为主文案为辅

（5）避免使用不利于阅读的字体做主标题，务求以醒目清晰的标题吸引观赏者。

7.1.4　海报设计的步骤

海报的设计是一种充满科学和逻辑的过程，设计要根据需求进行整体策划，明确目标，把握主题，然后收集素材资料进行编排设计。以下为海报设计的常用步骤。

（1）设计海报的动机。

（2）调查目标受众。

（3）了解受众的接受方式。

（4）观察与宣传目标同类型的海报情况。

（5）为海报制作策略达到预期目的。

（6）发掘创意点。

（7）使用何种表现手法。

（8）怎么样与产品结合。

7.2　校园演唱会宣传海报设计

7.2.1　设计概述

本海报作品是为某地区高校联盟开展的一场校园演唱会而专门设计的宣传海报，最终成果如图 7-9 所示。下面针对本海报作品的出色点进行介绍。

1. 理想元素

海报的主题为"你的我的"乌托邦校园演唱会，其中"你的我的"主要表现一种共同参与的活动精神，而作品中的"领唱者"（立体标题上方）与下方的"观众"，在整个作品中形成互动，表现了"你的我的"主题精神。"乌托邦"是指理想国的意思，活动内容主要是精选一些富含理想主义的歌曲，再由热爱和平情绪极其高涨的青少年歌手演绎。所以设计者大胆加入了"Utopia"几个较大的 3D 立体文字放置于画面最显眼之处，寓意了美好、和平与自由。

图7-9　校园演唱会宣传海报设计

2. 立体效果

本作品的最大特色莫过于其中动用了大量的立体元素，给人的第一感觉就是"活"，各种设计元素表面凌乱，但都经常设计者的精心安排，使其有条不紊地各司其职。"Utopia"几个具大立体字无疑是最抢眼之处，设计者通过竖向的透视排列，从大到小把"乌托邦"英文字垂直编排，让理想精神跃然于纸上。另外，白字红框的海报标题，通过混合变换后，感觉从背景的观众人群里横空而出，不仅呼应了标题，更增加了版面的活力。

3. 色彩运用

本海报的宣传对象主要是在校的青年学生群体，所以选择了冷酷的紫、黑、白三色搭配。其中背景底色使用网格工具进行柔和的渐变处理，不仅使作品整体显得和谐，更能突显海报中的主要设计元素。而"Utopia"文体文字侧面的渐变色与主色调一致，并按照光线照的方向进行填充。另外文字正面的闪烁效果，具有较强的视觉冲击效果。

4. 设计方案

"你的我的乌托邦"校园演唱会，具体设计方案如表 7-1 所示。

表 7-1　具体设计方案

尺　　寸	竖排，297mm×420mm
用　　纸	PP 合成纸，适用于高级套色印刷
风格类型	理想、流行、唯美、个性
创 意 点	① 通过"麦克风"、"音符"与"Utopia"等设计元素彰显主题 ② 通过立体文字活路板面并增强视觉冲击 ③ 紫、白、黑的配色使作品显得个性、时尚
配色方案	#FFFFFF　#CDC6D3　#F3D974　#A9BFE7　#D4466E　#AD1E56　#601840　#000000
作品位置	..\Ch07\creation\ 校园演唱会宣传海报设计 .ai ..\Ch07\creation\ 校园演唱会宣传海报设计 .jpg

5. 设计流程

本海报作品主要由"制作海报背景并加入素材"→"制作 3D 闪烁装饰文字"→"制作海报标题并美化版面"等几大部分组成，详细设计流程如图 7-10 所示。

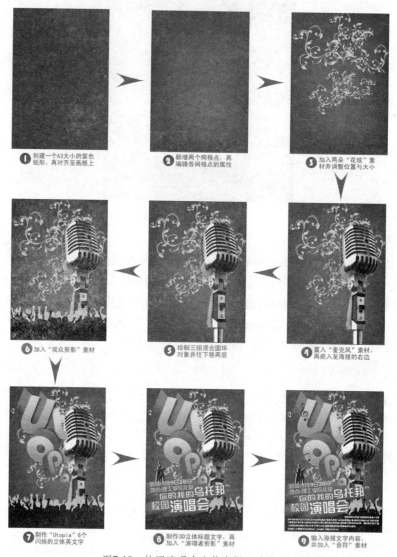

① 创建一个A3大小的紫色矩形，再对齐至画板上
② 新增两个网格点，再编辑各网格点的属性
③ 加入两朵"花纹"素材并调整位置与大小

⑥ 加入"观众剪影"素材
⑤ 绘制三组混合圆环对象并往下移两层
④ 置入"麦克风"素材，再嵌入至海报的右边

⑦ 制作"Utopia" 6个闪烁的立体英文字
⑧ 制作3D立体标题文字，再加入"演唱者剪影"素材
⑨ 输入海报文字内容，并加入"音符"素材

图7-10 校园演唱会宣传海报设计流程

6. 功能分析

- ■【矩形工具】、＼【直线段工具】与●【多边形工具】：绘制标志与 VI 项目的基本组成部分。
- ●【添加锚点工具】、▶【直接选择工具】：调整与编辑图形的形状。
- ■【渐变工具】：为 VI 项目的各图形填充标准渐变颜色。
- ▦【矩形网格工具】：绘制标志下方的网格对象。
- 【路径编辑器】面板：对信纸的页眉、页脚与标志等元素进行扩展与合并处理。
- 【对齐】面板：对底稿标题、邮政编码输入框、收信人地址输入栏等内容进行对齐与分布。
- 【建立剪切蒙版】与【建立不透明蒙版】命令：制作信纸、信封的页脚与名片等特殊效果。

- 【变形工具】：对会员卡背景中的半透明矩形与多个正方形进行变形处理。
- 【纹理】效果：用于填充名片背景。
- 【径向模糊】效果：对会员卡上的色块进行模糊处理。
- 【投影】效果：为店面的招牌标志添加阴影效果。

7.2.2 制作海报背景并加入素材

制作分析

　　先创建一个 A3 大小的竖向文档，然后创建一个相同大小的矩形并填充背景色，绘制圆环并加入素材作装饰，效果如图 7-11 所示。

图7-11　制作海报背景并加入素材

制作流程

　　主要设计流程为"填充背景底色"→"加入'花纹'与'麦克风'素材"→"绘制圆环装饰对象"→"加入'观众剪影'并创建剪切蒙版"，具体制作流程如表 7-2 所示。

表 7-2　制作海报背景并加入素材的制作流程

制作目的	实现过程
填充背景底色	创建一个 A3 大小的矩形并对齐于画板 创建并编辑网格点 填充多种网格颜色作为海报背景色
加入"花纹"与"麦克风"素材	加入"花纹"素材并填充颜色 置入"麦克风"素材并嵌入至海报的右下方 复制一个"花纹"副本对象并调整位置与大小
绘制圆环装饰对象	绘制两个圆环对象 创建混合圆形并建立不透明蒙版 复制并调整圆环组

制作目的	实现过程
加入"观众剪影"并创建剪切蒙版	加入"观众剪影"素材 复制一层黑色的观众剪影 创建矩形对象并对齐于画板 创建剪切蒙版隐藏画板以外的部分

上机实战　制作海报背景并加入素材

01 按下【Ctrl+N】快捷键打开【新建文档】对话框，创建一个 A3 大小的竖向文档，并设置四周的出血为 3mm，单击【确定】按钮，如图 7-12 所示。

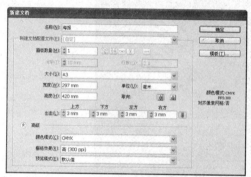

图7-12　创建新文件

> **提示** 一般张贴在校园里的海报大多为 A1 或 A0 尺寸，其中 A1 尺寸约为 810mm×580mm；A0 尺寸约为 1160mm×810mm。另外，海报的大小不能一概而论，设计者必须充分考虑现场空间、光线、色调以及海报内容的繁简，所以在考察粘贴现场时应随身携带尺子，量出真实的数据才是最可靠的。
> 为了提升软体的运行速度以便于读者学习，本例把海报尺寸设置为 297mm× 420mm 的 A3 竖向尺寸。

02 使用【矩形工具】█单击画板，在打开的【矩形】对话框中设置宽度与高度的大小与画板尺寸相同。然后在【对齐】面板中分别单击【水平居中对齐】█按钮与【垂直居中对齐】按钮█，使矩形与画板重叠，如图 7-13 所示。

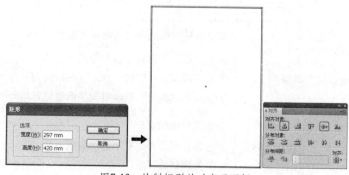

图7-13　绘制矩形并对齐于画板

03 在【颜色】面板中设置填充颜色，作为海报的背景底色，并取消描边，如图 7-14 所示。

04 使用【网格工具】 [图标] 在矩形的左上方单击，添加一个网格参考点，接着在【颜色】面板中设置填充颜色，如图 7-15 所示。

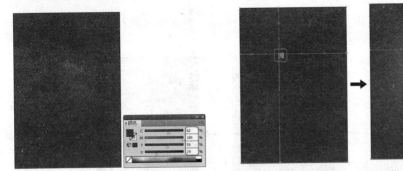

图7-14　为矩形填充颜色　　　　　　　　　图7-15　添加网格参考点并填充颜色

05 使用步骤4的方法在矩形的左下方单击添加第二个网格参考点，并更改填充颜色的属性，如图 7-16 所示。

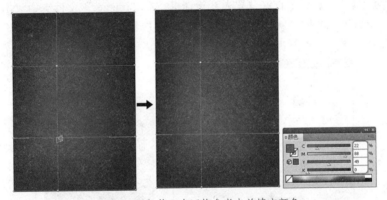

图7-16　添加第二个网格参考点并填充颜色

06 使用【网格工具】 [图标] 往左下方拖动左上方的参考点，改变参考点的位置。接着拖动中上方参考点的控制手柄，调整网格的形状。然后使用移动参考点与调整控制手柄的方法，对网格的整体进行编辑处理，如图 7-17 所示。

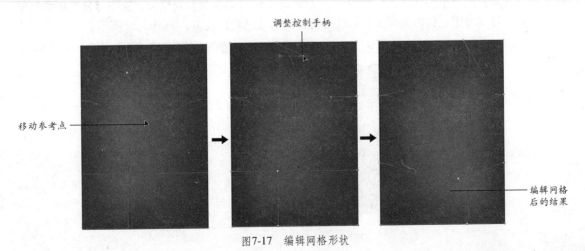

图7-17　编辑网格形状

提示 在步骤6中使用【网格工具】🔳拖动对象边缘参考点的过程中，必须按住
【Shift】键以便沿水平或者垂直的方向移动，保存矩形对象的完整性。

07 打开"花纹 .ai"素材文件，使用【选择工具】▶将"花纹"对象拖至练习文件中，再调整位置与大小，重新设置填充颜色，如图 7-18 所示。

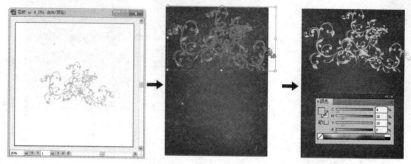

图7-18 加入"花纹"素材

08 选择【文件】|【置入】命令打开【置入】对话框，在"images"文件夹中双击"麦克风 .psd"素材文件，将"麦克风"素材对象转入练习文件中，按住【Shift】键等比例放大"麦克风"对象，如图 7-19 所示。

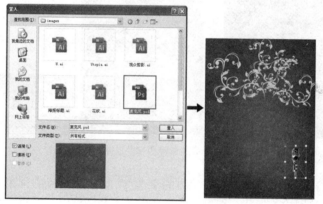

图7-19 导入"麦克风"素材

09 在【选项】栏中单击【嵌入】按钮打开【Photoshop 导入选项】对话框，选择【显示预览】复选框，再选择【将图层转换为对象】单选按钮，单击【确定】按钮，如图 7-20 所示。

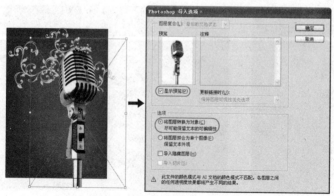

图7-20 嵌入"麦克风"对象

10 使用【椭圆工具】○配合【Shift】键绘制出圆形对象，取消填充后设置填充颜色，再设置描边颜色为CMYK（4，18，18，0），粗细为0.75pt。接着按住【Alt】键拖动复制出一个相同的圆环对象，并按住【Shift】键将其等比例缩小，如图7-21所示。

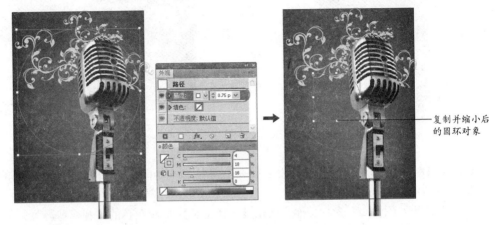

图7-21　绘制两个圆环对象

> **提示**　在缩小圆形对象前，建议先选择【编辑】|【首选项】|【常规】命令，在打开的【常规】设置界面中，确认取消选择【缩放描边和效果】复选框，否则圆形对象会对缩放比较并调整描边的粗细。

11 双击【混合工具】按钮，在打开的【混合选项】对话框中单击【对齐到页面】按钮，然后设置间距为【指定的步数】、数值为15，单击【确定】按钮，如图7-22所示。

12 当指标变成后单击大圆形，确定混合的起始对象；接着指标会变成，此时再单击小圆形，确定混合的结束对象，如图7-23所示。

图7-22　设置混合选项

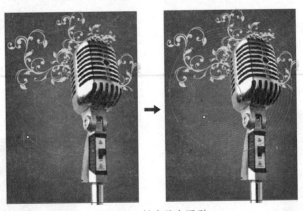

图7-23　创建混合圆形

13 按住【Alt】键复制出两个圆环组，然后分别进行缩小、移动与旋转处理，效果如图7-24所示。

14 按住【Shift】键选择"花纹"与"麦克风"对象，在其上单击右键，选择【排列】|【置于顶层】选项，调整对象的排列位置，如图7-25所示。

图7-24　复制并调整圆环组

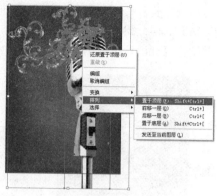

图7-25　调整对象的排列顺序

15 按住【Alt】键拖动"花纹"对象复制一个副本，将其缩小并旋转，并移至画面的中间位置，如图 7-26 所示。

16 打开"观众剪影 .ai"素材文件，使用【选择工具】 将灰色的"观众剪影"对象拖至练习文件的下方，并调整大小与位置，如图 7-27 所示。

图7-26　复制"花纹"副本

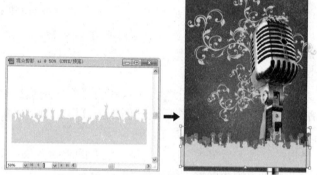

图7-27　加入"观众剪影"素材

17 接住【Alt】键拖动"观众剪影"复制一个副本对象，然后更改填充颜色为【黑色】，放大并调整至如图 7-28 所示的位置。

18 使用【矩形工具】 创建一个 A3 大小的矩形对象，然后通过【颜色】面板设置填充颜色为【黑色】，如图 7-29 所示。

图7-28　复制一层黑色的观众剪影

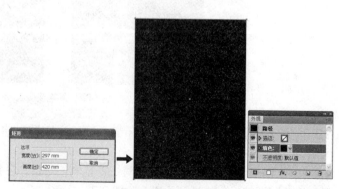

图7-29　绘制黑色矩形

19 通过【对齐】面板将黑色矩形与画板重叠对齐，准备用于创建剪切蒙版，如图 7-30 所示。

20 按下【Ctrl+A】快捷键全选对象，在被选取对象上单击右键，选择【建立剪切蒙版】选项，将上一步骤建立的矩形以外的区域隐藏，如图 7-31 所示。

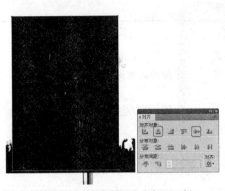

图7-30　将矩形对象并对齐于画板

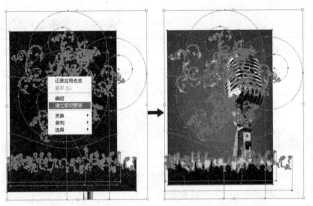

图7-31　隐藏画板以外的部分

> **提示** 在实际打印时，画板以外的区域将不会被打印出来，在步骤18～步骤20隐藏画板以外的区域的目的是为了让读者更好地查看操作效果。

至此，制作海报背景与加入海报素材的操作完成了，最终效果如图 7-11 所示。

7.2.3　制作3D闪烁装饰文字

制作分析

本实例主要制作"Utopia"6个立体英文字，并进行填充与美化，最后垂直堆叠成"乌托邦"的英文字，效果如图 7-32 所示。

图7-32　制作海报的立体文字

■■ 制作流程 ■■

主要设计流程为"制作立体字母"→"扩展合并侧面"→"填充并美化立体字母"→"制作其他立体字母",具体制作流程如表7-3所示。

表7-3　制作3D装饰文字的流程

制作目的	实现过程	制作目的	实现过程
制作立体字母	输入"U"文字并设置外观 为"U"字添加凸出和斜角效果	填充并美化立体字母	为"U"正面添加点状化效果 添加投影效果
扩展合并侧面	执行扩展外观处理 合并"U"字的左侧面 调整对象的排列顺序	制作其他立体字母	使用上述方法制作出"topia"五个立体文字
填充并美化立体字母	为"U"字的侧面、正面、顶端与描边填充颜色		将6个立体文字编组再移至海报的左上方

🐛 上机实战　制作3D装饰文字

01 打开"..\Practice\Ch07\7.2.3.ai"练习文件,选择【视图】|【隐藏画板】命令,暂时将画板隐藏起来。使用【文字工具】 T 在画板以外的区域输入大写的"U"字(Utopia的首个字母),然后设置填充为【白色】,描边为【黑色】,粗细为1pt,结果如图7-33所示。

02 使用【选择工具】 ▶ 单击选择"U"字,选择【效果】|【3D】|【凸出和斜角】命令,在打开的【30 凸出和斜角选项】对话框中选择【预览】复选框,按照预览效果设置3D属性,如图7-34所示,单击【确定】按钮。

图7-33　输入"U"字　　　　图7-34　为"U"字添加凸出和斜角效果

03 选择【对象】|【扩展外观】命令,将添加3D效果后的"U"拆分为多个独立的组成部分。接着在扩展外观后的"U"对象上单击右键,并选择【取消编组】命令,最后再执行一次【取消编组】命令,将"U"对象拆分成多个组成部件,如图7-35所示。

04 使用【编组选择工具】 ▶ 将组成"U"左(内、外)侧面的所有对象选取。在选取过程中可以通过逐个单击的方法排除。也可以在【图层】面板中如图7-36所示展示"图层1"下的"编组",再进行选取。

05 在【路径查找器】面板中单击【与形状区域相加】按钮 ▣,此时侧面会自动置于灰色正面的上方,使"U"字的左侧面组合为一个面,如图7-37所示。

图7-35 扩展外观并取消编组

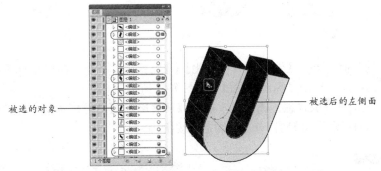

图7-36 选取组成"U"字左侧面的对象

06 由于相加后的侧面遮住了灰色的正面，可以通过【图层】面板，将"U"相加后的黑色侧面对象拖至灰色正面的下方，调整对象的排列顺序，如图 7-38 所示。

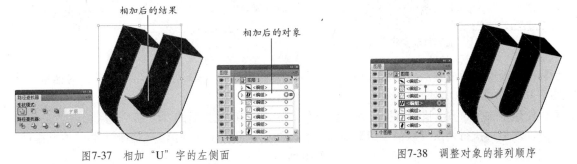

图7-37 相加"U"字的左侧面　　　　　　　　　　　图7-38 调整对象的排列顺序

07 使用【选择工具】单击左侧面，然后通过【渐变】面板填充多色渐变，如图 7-39 所示。

08 按住【Shift】键选择"U"字上方的两个顶面，修改填充颜色，如图 7-40 所示。

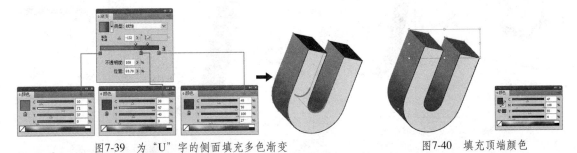

图7-39 为"U"字的侧面填充多色渐变　　　　　　图7-40 填充顶端颜色

09 选择正面，如图 7-41 所示填充浅蓝到深蓝色的渐变。

10 选择正面的边框对象，填充浅蓝色，如图 7-42 所示。

11 由于接下来添加的【点状化】效果，在 CMYK 模式下的效果欠佳，所以先选择【文件】|【文档颜色模式】|【RGB 颜色】命令，将文档的颜色模式转为 RGB 模式。

图7-41　为正面填充渐变颜色　　　　　　　　图7-42　填充正面描边颜色

12 选择"U"的正面，选择【效果】|【像素化】|【点状化】命令，在打开的【点状化】对话框中输入单元格大小为5，单击【确定】按钮，如图7-43所示。

13 保持正面对象的被选取状态，选择【效果】|【风格化】|【投影】命令，在打开的【投影】对话框中设置如图7-44所示的属性，单击【确定】按钮。

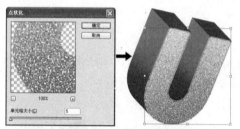

图7-43　为"U"正面添加点状化效果

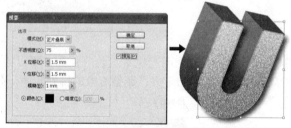

图7-44　添加投影效果

14 使用前面相同的方法，先输入小写的"t"字，然后打开【3D凸出和斜角选项】对话框，如图7-45所示设置3D属性。

15 使用步骤3的方法执行【扩展外观】命令，将添加3D效果后的"t"拆分为多个独立的组成部分，然后再执行两次【取消编组】命令。在【图层】面板中展开第一个编组，将"剪贴路径"拖至【删除所选图层】按钮　📁　上，如图7-46所示。

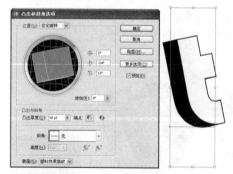

图7-45　输入"t"并添加3D效果

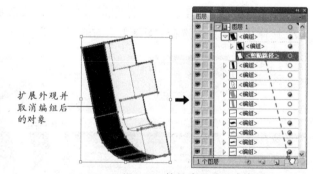

扩展外观并取消编组后的对象

图7-46　扩展外观并取消编组

16 使用【直接选择工具】　选择组成"t"字左侧面的所有对象，在【路径查找器】中将选中的对象合并成一个对象，如图7-47所示。

17 为左侧面与正面填充渐变颜色，描边正面的边框，并为正面添加【点状化】效果，如图7-48所示。

选择组成"t"字
左侧面的所有对
象后的结果

相加后的
路径对象

图7-47 合并"t"字的左侧面

18 选择左侧面，然后选择【效果】|【风格化】|【投影】命令，在打开的【投影】对话框中设置如图 7-49 所示的投影属性，单击【确定】按钮。

图7-48 填充并美化"t"字

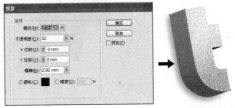

图7-49 为"t"字添加投影效果

19 使用步骤 14～步骤 18 的方法，先输入"o"字，然后添加 3D 效果，合并侧面后填充并美化立体文字，如图 7-50 所示。

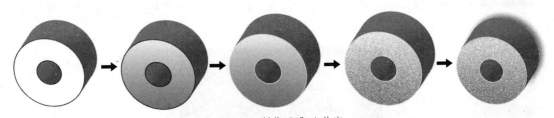

图7-50 制作"o"立体字

20 先对"U"、"t"、"o"三个立体文字进行独立编组，然后通过【图层】面板进行排列顺序调整，接着移动相互位置，如图 7-51 所示。

21 通过前面介绍的方法，再制作出"p""i""a"三个立体文字，然后调整大小与位置，组合成"Utoia"乌托邦的英文，结果如图 7-52 所示。

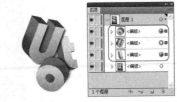

图7-51 调整立体文字的排列顺序与位置

> **提示** 在掌握了本小节的操作后，可以打开"..\Practice\Ch07\images\Utopia.ai"素材文件，并将"Utopia"立体文字拖至练习文件中，以便进行后续的练习。
> 另外，在制作"t、o、p、i、a"几个立体字母时，也可以打开此素材文件，以便查看相关的颜色属性。

22 按住【Shift】键选择 6 个立体文字，单击右键并选择【编组】选项，将其拖至海报上，并调整位置与大小，结果如图 7-53 所示。

至此，立体文字制作完毕，最终效果如图 7-32 所示。

图7-52 再次制作"p""i""a"三个立体文字

图7-53 将立体文字移至海报

7.2.4 制作海报标题并美化版面

制作分析

先输入海报标题文字,经过字体、字号、行距与基准偏移等字符处理后,再添加立体混合效果,最后输入海报文字内容与装饰音符,效果如图 7-54 所示。

图7-54 加入海报标题与文字内容后的结果

制作流程

主要设计流程为"编辑标题文字"→"制作立体混合效果"→"加入文字内容与装饰物",具体制作过程如表 7-4 所示。

表7-4 制作海报标题并美化版面的流程

制作目的	实现过程
编辑标题文字	输入标题文字并设置外观 更改符号与数字的字体 更改文字的大小、行距、水平缩放与基准偏移
制作立体混合效果	修改文字描边粗细并旋转处理 复制文字副本并变色处理 制作立体标题并调整大小与位置 加入并编辑"演唱者"素材
加入文字内容与装饰物	输入海报的详细内容并修改主题文字的字体 调整"主办单位"的大小并添加下划线 加入"音符"装饰对象

上机实战 制作海报标题并美化版面

01 打开"..\Practice\Ch07\7.2.4.ai"练习文件,使用【文字工具】T在画板以外的空白处单击,输入"时间"、"地点"与"标题"等文字内容,在输入过程中可以通过按【Enter】键换行。接着设置文字的填充颜色为【白色】,边框为如图7-55所示的红色,粗细为2pt。

图7-55 输入"时间"、"地点"与"标题"等文字内容

提示 在步骤1中输入":"时,必须切换至英文输入法,否则输入的冒号会占据两个字符的位置。

02 由于符号与数字的字体笔画偏细,可以使用【文字工具】T拖选":5",在【字符】面板中更改字体为"Arial Black"。接着使用同样方法,依序拖选"9"、"20"与另一个":",并更改字体,如图7-56所示。

图7-56 更改符号与数字的字体

03 参照表7-5的属性,通过【字符】面板设置文字的大小。

表7-5 更改文字大小

	操作步骤	结 果
1	拖选"你的我的"文字内容 在【字符】面板中更字体大小为 60pt	

续表

	操作步骤	结　果
2	拖选"乌托邦'"文字内容 在【字符】面板中更字体大小为90pt	时间:5月9日20时 地点:理工学院"乌托邦" 校园演唱会
3	拖选"校园"文字内容 在【字符】面板中更字体大小为80pt	时间:5月9日20时 地点:理工学院"乌托邦" 校园演唱会
4	拖选"演唱会"文字内容 在【字符】面板中更字体大小为115pt	时间:5月9日20时 地点:理工学院唱会邦 校园演唱会

04 拖选"你的我的乌托邦"文字内容，在【字符】面板中设置行距为75pt；接着拖选"校园演唱会"文字内容，设置行距为83pt，如图7-57所示。

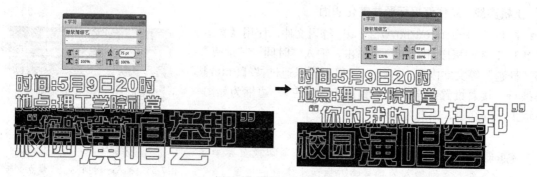

图7-57　调整文字行距

05 拖选"你的我的"文字内容，在【字符】面板中设置水平缩放为125%，使其宽度与"地点"一行文字的宽度一致，如图7-58所示。

图7-58　调整文字的水平缩放

06 在【字符】面板中单击▤按钮并选择【显示选项】选项，展开该面板的其他选项，拖选"乌托邦"文字内容，设置基线偏移为17Pt，使其基线往上移至对齐于"你的我的"文字。然后拖选"演唱会"文字内容，调整其线偏移为–18pt，如图7-59所示。

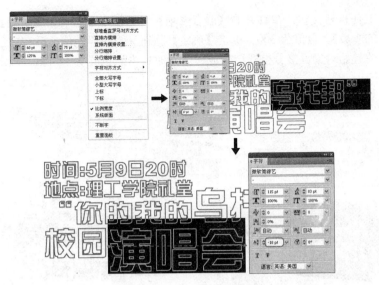

图7-59　调整文字的基线偏移

> 提示　掌握了调整文字的操作方法后，可以打开 "..\Practice\Ch07\images\ 海报标题 .ai" 素材文件，并将其拖至练习文件中，以便进行后续的练习。

07 拖选 "你的我的乌托邦"校园演唱会" 文字内容，在【控制】面板中修改描边粗细为 3pt，按下【Esc】键切换至【选择工具】　并选择整个文字对象，然后在【变换】面板中设置旋转角度为 5 度，按下【Enter】键确定旋转，如图 7-60 所示。

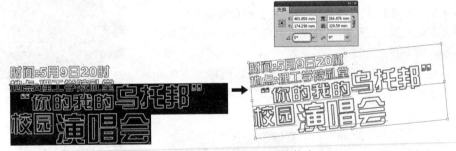

图7-60　修改文字描边粗细并旋转处理

08 按住【Alt】键往左下方拖动，复制出文字副本对象，然后选择处于下方的文字对象，更改填充与描边的颜色均为【黑色】，如图 7-61 所示。

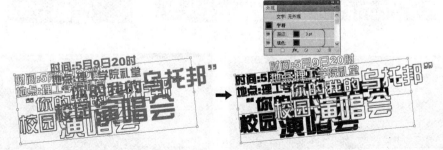

图7-61　复制文字副本并变色处理

09 双击【混合工具】 按钮，在打开的【混合选项】对话框中单击【对齐页面】按钮 ，设置间距为【指定的步数】，数值为300，单击【确定】按钮。当指标变成 后在白色红边的文字上单击，确定混合的起始对象；接着指标会变成 ，此时单击黑色的文字对象，确定混合的结束对象，如图 7-62 所示。

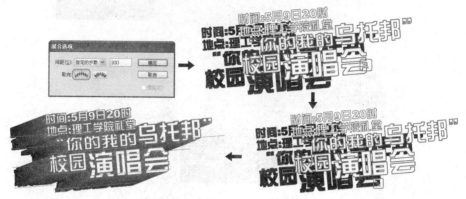

图7-62　制作立体文字标题

10 使用【选择工具】 将制作好的立体标题移至海报的左下方，并适当调整大小，如图 7-63 所示。

11 打开"演唱者 .ai"素材文件，使用【选择工具】 将其拖至练习文件中，调整大小后移至标题文字的左上方；接着复制一个副本，为下方的对象填充【白色】并调整相互位置，使其产生立体感；然后将两个"演唱者"对象编组，并按下【Ctrl+[】快捷键后移一层，如图 7-64 所示。

12 使用【文字工具】 在海报下方的黑色观众剪影上拖动出一个矩形文本输入框，然后输入并设置如图 7-65 所示的海报相关文字内容，其中颜色设置为【白色】。

13 分别拖选"你的我的乌托邦"与"唱响乌托邦"文字内容，并更改字体为【方正粗宋 _GBK】，以突出海报的主题文字，如图 7-66 所示。

图7-63　调整立体标题的大小与位置

图7-64　加入并编辑"演唱者"素材

图7-65　输入海报的详细内容　　　　　图7-66　更改主题文字的字体

14 拖选"主办单位：……"整行文字，在【字符】面板中调整字体大小为14pt，再单击【下划线】按钮 T，为主办单位文字内容添加下划线，如图7-67所示。

图7-67 调整"主办单位"的大小并添加下划线

15 打开"音符.ai"素材文件，使用【选择工具】 将6个音符对象添加至海报上，并调整相互位置，按下【Shift】键选中所有音符对象并将其编组，如图7-68所示。

图7-68 加入"音符"装饰对象

16 由于标题文字超出了海报的打印范围，先单击选中编组的海报对象，然后在其上面单击右键并选择【释放剪切蒙版】选项，将前面创建的剪切蒙版暂时释放。接着展开"图层1"，将矩形剪切路径往上拖至所有对象的最上方，如图7-69所示。

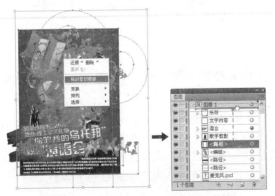

图7-69 释放剪切蒙版并上调剪切路径

17 按下【Ctrl+A】快捷键全选对象，然后在被选取对象上单击右键，选择【建立剪切蒙版】选项，将矩形剪切路径以外的所有对象重新遮盖住，如图7-70所示。

图7-70 重新隐藏画板以外的区域

至此，演唱会宣传海报已经设计完毕，最终效果如图7-9所示。

7.3 学习扩展

7.3.1 经验总结

通过本例的学习，对海报设计有了一定的了解，宣传海报是应用最早和最广泛的宣传品，它展示面积大，视觉冲击力强，最能突出企业的口号和用意。所以在设计前必须先掌握一些必需的设计要领，下面对宣传海报的设计作总结，并提出一些注意事项以供读者参考。

1. 尺寸

作为单面印刷的海报一般不小于8开（420×285mm），最大为全开（980×700mm）。非标准的尺寸可能会造成纸张的浪费，所以在设计时需格外小心。

2. 设计规格

设计工作最重要的部分是对客户的公司、产品或营销的模式通过设计表达、传递相关信息。只有让受众有清晰的认识，才算达到准确的传递信息的效果。通常可分为优秀、良、普通三个设计规格。

3. 主题

必须将产品特色及目前消费者关注的焦点作为主题，无论是哪种大小面积的平面广告，都可以夸张主题呈现动态美感来配置，所以在配置主题时，应该考虑到以下几点：

（1）使用的色纸应尽量能够突出字体效果，色彩不要太杂。

（2）使用容易看明白的字体，避免出现龙飞凤舞，不易看懂。

（3）尽量以既定的视觉效果图案色彩、文体为制作题材。

（4）突显价格数字要有个性及令顾客感到高雅悦目的字体。

4. 技法

设计技法的选用，对于作品的效果也起着举足轻重的影响，可以考虑以下几点：

（1）以诉求产品名称、价格、风味、组合内容及活动期限为主。

（2）采用通俗易懂的文字、图案等容易看懂的表现法。

（3）采取大范围的作法，以响应本地区大型项目活动，能给予顾客同步重视的感觉，并能激发对本店或产品的共鸣感为主。

7.3.2 创意延伸

不要以为只有商品才能通过海报作为宣传媒介，海报的应用非常广泛，不管是一种服务或者一个概念，都可以通过海报的招贴功能将其发扬光大。如图 7-71 所示为一幅校园网站论坛宣传海报，主题为"六中人的论坛"。

首先，本作品以蓝色系作为主色调，背景通过规矩的斜纹衬托极富层次感的蓝色渐变而成。装饰物件以虚幻的曲线组、星星与花纹图案为主，至于海报的主体直接沿用了本案例中闪烁的 3D 立体文字，通过"IXY.info"几个英文域名为制作素材，通过立体形态与自然合理的侧面渐变填充，给人一种亲切、浪漫的感觉，很好地表现了该宣传主题的精神。

至于标题文方面，设计者通过作品的左下方绘制一个扇形底色，再使用主色调输入主、副标题与网址，既简约又大方地将主题表现出来。该作品风格色彩唯美、版面活跃，大家不妨模仿制作一翻。

图7-71 校园网站论坛宣传海报

7.3.3 作品欣赏

下面介绍 3 种优秀的宣传海报作品，以便大家设计时借鉴与参考。

1."百加得"饮料海报

"百加得"是一种饮料产品，商家为该产品设计了别出心裁的宣传海报，如图 7-72 所示，左边一幅是一瓶"百加得"砸在水面上，激起了很多水浪后逐渐变成了人的形状，并激情地舞蹈着，接着有更多的人形水浪也加入舞蹈行列，最后水浪融合在一起化成了一瓶"百加得"。

图7-72 "百加得"饮料商业海报

右边一幅为"百加得"混合橙汁饮料，为了突出鲜橙品，设计师特意将果汁编组成一棵橙树，并悬挂着一个个晶莹通透的露珠，寓意橙果悬挂在树上，在作品的右下方还有商品的瓶子，给人鲜美以及透心凉的感觉，这是一款极富创意的优秀商业海报。

2.金科地产"长江岸上的院馆"系列宣传海报

如图 7-73 所示的四幅作品是金科地产"长江岸上的院馆"房产项目的系列宣传海报。该系列作品采用了最常见的直立型版面类型，将广告主体放于版面正中，而且主、副标题统一置中，给人安定感，这种稳定的编排方式非常符合房地产界所倡导的人居精神。

图7-73 金科地产"长江岸上的院馆"系列宣传海报

由于项目的主要卖点是"长江岸上"，其设计元素当然离不开水，而设计者也理所当然地选取了浪漫、唯美的设计风格，主要表现于以下方面。

（1）通过蓝色调从作品中心径向往四周渐变成黑色，营造出一种月色下的浪漫氛围。

（2）别出心裁的"天使"标志设计，通过白色的填充色放置于黑色背景上，特别醒目。

（3）以穿着优雅的女性作为人物主体素材，并在其肩膀上添加了天使的翅膀，摆出远眺、游湖、散步等姿势，处处渗透着惬意。

最后，在作品的下方以深蓝色的矩形条作背景，添加了项目介绍、地点、联系电话与所在地理位置图示等海报必要元素。

本系列的房地产海报作品无论是版本编排、本色与意境方面都非常出色，很好地体现了客户的需求。

3.“环境投资”宣传海报

如图 7-74 所示的两幅作品为比利时最大的能源供应商设计的公益宣传海报，该作品选用了美好的生态环境图片素材，再以特效的手法在树林中添加蝴蝶翩翩起舞，以及给无垠田野上空的云朵添加树干的抽象手法，以简约的处理带出无限的创意，巧妙地给大众传达了环保意识。

图7-74　能源开发商：环境投资公益海报

7.4　本章小结

本章先介绍了海报的概述、类别、设计原则、设计步骤等基础知识。然后通过为某地区高校联盟设计一幅校演唱会的宣传海报，介绍了文化海报的设计构想、流程与详细过程。

7.5　上机实训

实训要求：打开“7.4.ai”练习文件，然后参考 7.2.3 小节中步骤 1 ~ 步骤 13 的方法，将音符制作成 3D 闪烁文字效果，最终效果如图 7-75 所示。

图7-75　3D音符效果

制作提示：制作流程如图 7-76 所示。

（1）选择【效果】|【3D】|【凸出和斜角】命令后设置【X】、【Y】和【Y】轴的环绕角度分别为 10、20 和 10 度，【凸出厚度】为 60pt。

（2）为各个面填充颜色，必须考虑到光线的方向，并统一色系。

（3）添加【点状化】效果的【单元格大小】为 4。

（4）添加【投影】效果的 X、Y 位移分别为 10mm，颜色为 #2D2822 的黄色。

图7-76　3D音符效果的设计流程

第8章 DM折页——展览会折页设计

> 本章先介绍 DM 的作用、形式、优点、必要条件、设计技巧与使用时机等基础知识，然后通过"展览会 DM 折页"案例介绍 DM 宣传册的设计方法，其中包括折页封面与封底、文字与标题、报名表格、图文混排与图表等小主题。

8.1 DM的基础知识

8.1.1 DM概述

DM 是英文"Direct mail"的缩写，中文翻译为"快讯商品广告"，常见的 DM 广告由 8 开或 16 开广告纸正反面彩色印刷而成，通常采取邮寄、定点派发、选择性派送到消费者住处等多种方式广为宣传，是超市最重要的促销方式之一，如图 8-1 所示。美国直邮及直销协会（DM/MA）对 DM 的定义如下："对广告主所选定的对象，将印好的印刷品，用邮寄的方法传达广告主所要传达的信息的一种手段。"

超市价目表DM广告   商品DM宣传单

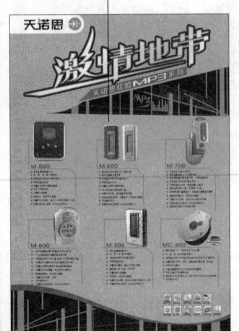

图8-1 常见的DM平面作品

DM 除了邮寄外还可以通过其他媒介进行散播，比如电视、电子邮件、传真、电话、杂志，或者柜台散发、直销网络、专人送达、来函索取等。此外，DM 可以通过筛选，将广告信息直接传达至目标受众，而一般媒介并无区别受众的性质，笼统地将广告信息传送给所有的消费者。这是 DM 与其他媒介的最大区别，也是 DM 广告的最大优点。所以 DM 广告特别适合于商场、超市、商业连锁、餐饮连锁、各种专卖店、电视购物、网上购物、电话购物、电子商务、无店铺销售等各类实体卖场和网上购物中心，也非常适合于其他行业相关产品的市场推广。

8.1.2　DM形式

DM 可以通过多种媒介进行传播，包括以下载体，具体形式如图 8-2 所示。

信件	日历	请柬
海报	挂历	销售手册
图表	明信片	公司指南
产品目录	宣传册	立体卡片
折页	折价券	小包装实物
名片	家庭杂志	
订货单	传单	

图8-2　以宣传单开式散发的DM广告

8.1.3　DM优点

DM 不仅适合众多行业进行产品推广，还可以通过绝大部分的广告载体进行传播，它具有以下优点：

（1）DM 有别于其他传统广告媒体，它可以通过筛选目标消费对象，有的放矢，避免浪费广告成本。

（2）由于目标对象都是对推广产品有需求的客户，因此广告的接受者很容易产生优越感与归属感，使之更加关注广告产品。

（3）采用一对一的直接发送模式，将信息传递过程中的客观挥发降至最少，使广告效果达到最大化。

（4）可以避免同类产品的正面竞争，有利于中小企业与大企业的直接交锋，潜心发展壮大企业。

（5）灵活性较强，企业可以挑选广告的时间与区域，从而适应变幻莫测的市场变化。

（6）广告内容没有篇幅限制，甚至可以使用画册等广告载体详细介绍产品，让受众对产品进行全方位的了解。

（7）广告形式多元化，内容自主，针对受众的喜好进行内容编排。

（8）广告对象的反馈信息直接、及时，有利于买卖双方双向沟通。

（9）可调控性较大，广告商可以因对制宜地随行就市。

（10）脱离中间商的权益制约，直接返利于买卖双方。

（11）广告效果客观可测，广告商可以根据广告效益调控广告计划与广告成本。

8.1.4　DM设计的必要条件

前面列举了 DM 广告的众多优点，但要发挥最佳效果，必须注意以下 3 个必要条件：

1. 保证产品质量

DM 广告的宣传产品必须质量过硬，或者与广告的描述相符。如果推广的产品与传递的信息相去甚远，或者是假冒伪劣产品，那样必将受到消费者的唾弃。

2. 严格筛选目标客户

要认真进行市场调查，通过各种途径获得相对准确的目标客户群，因为针对性是 DM 广告的最大特色。要是对不上口来，再棒的产品在没有该项需求的客户面前，对方也是无动于衷，这无异于对牛弹琴，最终发挥不了 DM 本身的优点。

3. 挑选合适的广告载体

DM 广告不仅有多项表现形式，还有多种传递方式，在设计时要选择一种较为合适的方式来传递产品的信息，所谓"攻心为上"就是这个道理。比如超市里的价目表可以放置于收费柜台前，有需要的客户可以自行索取，要是派人在大街上见人就发，这样就会浪费广告成本了。总之，巧妙的广告诉求会使 DM 有事半功倍的效果。

8.1.5　DM设计技巧

一份优秀的 DM 作品并非盲目造就的，设计者在设计前必须充分考虑到其优点，这样可以提升其广告效益。精品 DM 与垃圾 DM 往往是一步之隔，要想自己设计的 DM 成为精品，就必须借助一些有效的广告技巧来提高你的 DM 价值。可以参考以下几点 DM 设计技巧：

（1）设计者不仅要熟悉产品的功能与特性，还要了解目标对象的习性和规律，做到知己知彼。

（2）艺术性与装饰性是一幅平面作品的灵魂，DM 也不例外，新颖的创意、精美的画面表现会让人爱不释手，使目标客户易于接受，甚至争相传阅。

（3）DM 并无设计形式的限制，自由度较大，设计者可以量体裁衣、出奇制胜。

（4）DM 内容如果是以画面为主的彩页类，要选择铜版纸，其尺寸不能少于 B5；如果是以文字信息为主的，就选择新闻用纸，其规格最好是报纸的一个整版大小。

（5）可以充分考虑其折叠方式，比如可以借鉴中国传统的折纸艺术。但必须注意实际重量，要求便于邮寄，最重要是让接受邮寄者方便拆阅。

（6）好的标题会使作品事半功倍，为 DM 起个让人耳目一新的标题，可以引发读者往下阅读的好奇心。所以 DM 主题要朗朗上口，并能概括中心内容。

（7）在配图方面可以多选择与所传递信息有强烈关联的图像素材或者图案，或者使用色彩的魅力刺激受众的记忆。

（8）好的DM可以纵深拓展，形成系列，以积累广告资源。

（9）如果DM广告选择随报纸投递的形式，应根据目标消费者的接受习惯，选择合适的报纸类型。比如目标广告对象为男性，可以选择新闻与财经类报刊，如图8-3所示。

图8-3　随报附送的DM广告

8.1.6　DM的使用时机

如今的广告形式繁多，到底在什么情况下才应该选择DM作为广告商品的形式呢？下面总结了11条DM广告的适用场合，广告主可以根据自身的情况进行判断：

（1）邮寄物是受人欢迎和有实际用途的。

（2）广告信息过于复杂，详细以至于使用其他媒介无法有效传达。

（3）其他媒介为达到某一特定的市场必须付出较DM广告更高的代价。

（4）广告信息是极为个人化或需要保密的。

（5）广告主的市场策略所要求广告的形式或色彩是其他广告所无法实现的。

（6）某一个特定的区域需要被覆盖，而该区域的划分要求尽可能的准确。

（7）广告的投放要求按照某种特定的时间或频率。

（8）广告中含有折价券。

（9）需要进行可控制的研究（如某个市场有效性的测试，测试新产品的价格，包装及用户等）。

（10）需要进行可控制的邮寄（信件只寄给某种收入个人或拥有某种牌子汽车及游艇的主人等）。

（11）需要邮寄订货单（产品直接到达目标对象，而无需经过零售，分销或其他媒介）。

8.2　展览会DM折页设计

8.2.1　设计概述

本例的DM折页是为"澳门国际摩托车展览会"设计的邮寄宣传作品，可以插附于相关书籍期刊，或者投递于各俱乐部会员的邮箱。该折页的结构为正反三折页，最终效果如图8-4和图8-5所示。由于正、反两面是在两个面积相等的平面上创作的，为了便于教学，本例将分开来讲解，并且将红白色的一面称为DM外页，将图文编排一面称为DM内页。另外每一面均由三个小侧页组成，在操作过程的介绍中会以左、中、右侧折页的名称来描述。

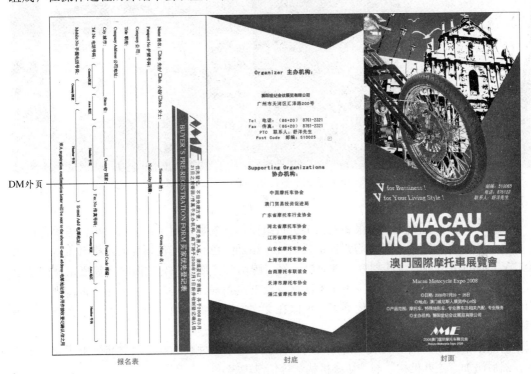

DM外页

报名表　　　　　　　　　封底　　　　　　　　　封面

DM内页

左侧折页　　　　　　　　中间折页　　　　　　　　右侧折页

图8-4 "澳门国际摩托车展览会"DM折页平面效果

立体效果

图8-5 "澳门国际摩托车展览会"DM折页立体效果

1. DM外页

外页主要由封面、封底与一个报名表三个折页组成，首先配色用了红、白、灰、黑等几种的色调，给人简约大方的感觉。封面的背景主要由一个添加红色到深红色渐变的网格对象构成，通过一个"V"形的路径对象将其划分一道缺口，将"牌坊"、"路灯"与"海鸥"等极富澳门特色的建筑与人文景物嵌插其中，当然少不了本次展览会的主角——摩托车，版面划分极富视觉冲力击。由于本次展览会的性质为国际化盛事，所以在文字方面涵盖了简体中文、繁体中文与英文等多种语言文字。

至于封底则沿用了封面的版面风格与色调，在上下两个不规则的红色块之间腾出了大面积的空白处，然后添加"主办机构"与"协办机构"等信息内容。

而左侧折页的表格更专门设计了一个尖锐的表格版头效果，寓意摩托车的外形与速度。然后在上面添加表格的标题与相关注意事项。其余区域均用于参展的报名者填写个人资料之用。

2. DM内页

内页的划分与外页一致，每个折页的大小为100mm×210mm，为了响应主题，专门挑选一幅摩托赛车的图像作为背景，而为了呼应外页的配色风格，特意把下方的图像颜色调为深红色。然后把上方的图像添加半调图案效果，再盖上一个同样大小的白色矩形，产生若隐若现的水印效果，这也是本作品的一大特色，能很好地吸引摩托车发烧友。

本作品内页的图文区域划分更是做了精确部署，三个折页的图文内容与边缘的距离基本相等。另外，整齐活跃的图文混排给观赏者介绍了本次展览会的展馆外观、现场情况与热销车型的展出情景，促使观赏者产生马上参与的冲动。

另外，结构清晰、色彩明快的展览区平面图能让参展者了解展区的分布，而立体的饼状图形则给观赏者传达了目前摩托车销售市场的地区情况。

3. 设计方案

"澳门国际摩托车展览会"DM折页的具体设计方案如表8-1所示。

4. 设计流程

（1）展览会DM外页的设计流程

由于本例的DM作品为三折页结构，所以在设计前必须根据折痕创建2条垂直参考线，将整个版面划分为 3 个相等的区域，接着根据如图 8-6 所示的设计流程图进行设计操作。

表 8-1 具体设计方案

尺 寸	三折页，300mm×210mm（单个折页大小为 100mm×210mm）
用 纸	PP 合成纸，适用于高级套色印刷
风格类型	前位、简约
创 意 点	① 外页的版面极富视觉冲击 ① 表格与图文混排简洁清晰 ③ 内页背景水印很好衬托主题 ④ 内页平面图与饼形图让人一目了然
配色方案	#FFFFFF #E6E4E2 #000000 #C9291C #852123
作品位置	..\Ch08\creation\DM 外页 .ai ..\Ch08\creation\DM 外页 .jpg ..\Ch08\creation\DM 内页 .ai ..\Ch08\creation\DM 内页 .jpg ..\Ch08\creation\DM 折页立体效果 .jpg

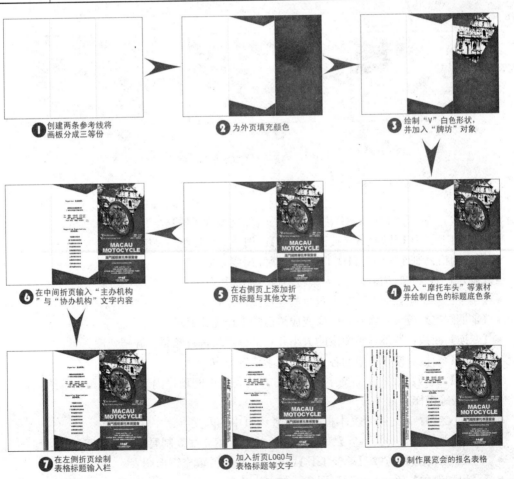

① 创建两条参考线将画板分成三等份

② 为外页填充颜色

③ 绘制"V"白色形状，并加入"牌坊"对象

④ 加入"摩托车头"等素材并绘制白色的标题底色条

⑤ 在右侧页上添加折页标题与其他文字

⑥ 在中间折页输入"主办机构"与"协办机构"文字内容

⑦ 在左侧折页绘制表格标题输入栏

⑧ 加入折页LOGO与表格标题等文字

⑨ 制作展览会的报名表格

图8-6 展览会DM外页设计流程

（2）展览会 DM 内页的设计流程

完成外页的设计后，可以创建一个与外页尺寸与分辨率等属性相同的新文件，再根据如图
8-7 所示的流程图进行设计操作。

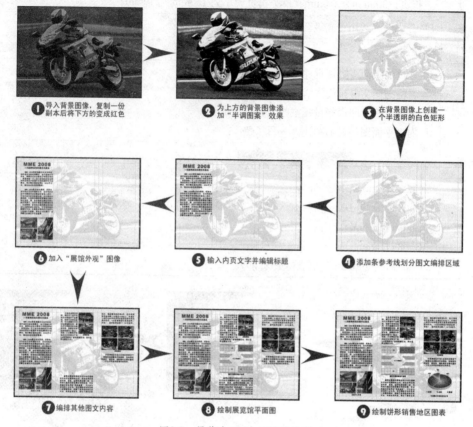

图8-7　展览会DM内页设计流程

5.功能分析

- 参考线：等分外页并且划分内页的版心（图文编排区域）。
- □【矩形工具】与 ▶【直接选择工具】：划分外页版面与表格标题栏。
- 渐变网格：制作封面与封底的红色到深红渐变效果。
- 【嵌入】与【实时描摹】：导入素材图像并制作黑白艺术效果。
- 【调整色彩平衡】命令：将内页背景变成红色。
- 【半调图案】效果：将背景图像变成黑白的半调图案效果。
- 【变换】面板：调整导入图像的大小并对部分图像进行倾斜、旋转处理。
- 【对齐】面板：使作品中的各个设计元素整齐分布。
- 【字符】面板：设置作品文字的属性，并为表格中的项目内容设置行距、基线偏移与添加
  下划线等操作。
- 【串接文字】：通过多个文本框串接 DM 内页中的内文。
- ▦【矩形网格工具】、🪞【镜像工具】：绘制、填充并复制展览馆平面图。
- ◑【饼形工具】与 ▨【渐变工具】：创建、设置并填充饼形图表。
- 【凸出和斜角】效果：为饼形图表添加立体效果。

8.2.2 设计折页封面与封底

制作分析

　　折页的封面与封底是指将成品折叠后的正面与背面，可以参考如图8-5所示的立体效果。先创建一个300mm×210mm大小的折页文件，再将其分为三个相等的小折页，然后在中间和右侧的折页上设计折页的封面与封底，效果如图8-8所示。

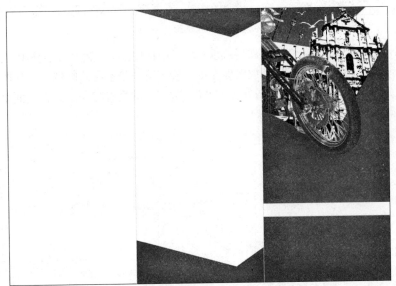

图8-8　设计折页封面与封底

制作流程

　　主要设计流程为"划分版面"→"填充封面颜色"→"加入封面素材"→"设计封底版面"，具体操作过程如表8-2所示。

表8-2　设计折页封面与封底的流程

制作目的	实现过程	制作目的	实现过程
划分版面	创建新文件并建立裁剪区域 创建两条垂直参考线划分版面 放大显示比例对齐参考线于标尺刻度	加入封面素材	置入"牌坊"素材文件并垂直翻转 为"牌坊"对象进行阈值设置 隐藏"牌坊"的多余区域 加入其他素材并创建标题底色横条
填充封面颜色	创建单折页大小红色矩形 添加5行4列的渐变网格 编辑网格点的颜色与位置 绘制"V"形对象	设计封底版面	复制、换色并对齐矩形 编辑矩形的形状 在对象上添加网格点并更改颜色

上机实战　设计折页封面与封底

01 按下【Ctrl+N】快捷键，在打开的【新建文档】对话框中输入名称为"外页"，自定义宽度为300mm，高度为210mm，四周出血位各为3mm，单击【确定】按钮，创建一个三折页大小的新文件，如图8-9所示。

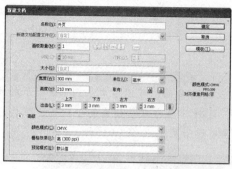

图8-9 创建新文件

02 按下【Ctrl+R】快捷键显示标尺，然后从垂直标尺中按住鼠标左键并往右拖出一条垂直参考线，当拖至水平标尺的"100"刻度处时释放鼠标左键，确定第一条参考线的位置，如图 8-10 所示。

03 使用步骤 2 的方法创建出另外一条处于"200"刻度处的垂直参考线，把版面平均划分为三个面积相等的竖向区域，如图 8-11 所示。

图8-10 创建第一条参考线　　　　图8-11 创建第二条垂直参考线划分版面

> **提示** 如果在较大的视图显示比例中添加参考线，会大大增强准确度，但在实际设计中通常使用 100% 左右的显示比例。其实 Illustrator CS5 中，参考线是作为一个对象存在的，所以通过【变换】面板可以方便准确地设置参考线的位置，只要从标尺拖动出参考线至大致的刻度，并保持其被选取状态即可自定义其坐标值。如果是水平参考线可以在【Y】数值框中输入准确数值，反之，垂直参考线可以在【X】数值框中输入准确数值，如图 8-12 所示。
>
> 要特别注意的是，当创建参考线后，程序会自动将其锁定，此时只要选择【视图】|【参考线】命令，在展开的子菜单中查看【锁定参考线】一项是否勾选了，若是处于勾选状态，只要再次选择即可取消锁定。

垂直参考线即可在【X】　　数值框中输入准确数值

水平参考线可以在【Y】数值框中输入准确数值

图8-12 在【X】与【Y】数值框中可以准备定位参考线

04 使用【矩形工具】单击画板，在打开的【矩形】对话框中输入宽度为100m，高度为210mm，单击【确定】按钮，创建一个单折页大小的矩形对象。接着取消描边颜色，并填充深红色，如图 8-13 所示。

05 选择新建的矩形对象，在【对齐】面板中选择【对齐画板】方式，单击【水平右对齐】按钮与【垂直居中对齐】按钮，使矩形与画板右侧的折页部分重叠，如图 8-14 所示。

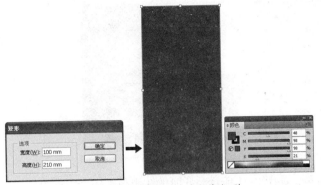

图8-13 创建单折页大小红色矩形

图8-14 对齐矩形至右侧折页

06 选择【对象】|【创建渐变网格】命令,在打开的对话框中输入行数为5、列数为4,再单击【确定】按钮,如图 8-15 所示。

07 选择【直接选择工具】,然后按住【Shift】键单击选择如图 8-16(左)所示的"回"形选框内的 11 个网格点,接着在【颜色】面板中更改颜色属性,如图 8-16(右)所示。

08 使用【直接选择工具】通过移动网格点与调整控制手柄的方法,如图 8-17 所示对网格中的各个点进行编辑。

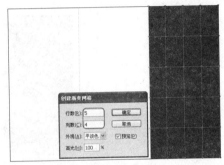

图8-15 添加5行4列的渐变网格

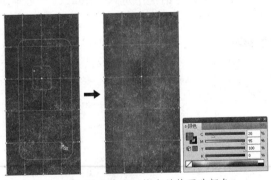

图8-16 选中多个网格点并静更改颜色

图8-17 编辑网格点

> **提示** 在编辑矩形网格的点时,拖动矩形边缘上的网格点,必须按住【Shift】键沿水平或者垂直方向进行拖动,否则将会破坏矩形的形状。

09 使用【钢笔工具】绘制一个"V"形的不规则白色对象,并取消描边颜色,该对象的宽度必须宽于矩形的宽度,如图 8-18 所示。

10 由于"V"形下方的阴影效果不够明显,下面来加强其阴影效果。在【图层】面板中展开"图层 1",暂时取消"路径"对象的显示状态,隐藏步骤 9 绘制的"V"形对象。接着选择【直接选择工具】调整各个参考点的位置,在按住【Shift】键的同时选择如图 8-19 所示的两个网格点,准备更改其颜色。

11 在【颜色】面板中更改颜色,使其与矩形的底色一致,如图 8-20 所示。

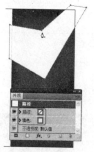

图8-18 绘制"V"形对象

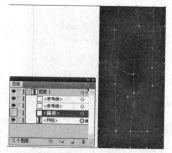

图8-19 隐藏"V"形对象并选择要换色的网格点

12 通过【图层】面板重新显示"V"形路径，如图 8-21 所示。此时的阴影效果较之前更明显了，如果觉得效果还不够满意，可以再次重复上述步骤，或者多添加网格点，并填充较暗的红色。

图8-20 更改网格点的颜色

图8-21 重新显示"V"形路径对象

13 选择【文件】|【置入】命令，在打开的【置入】对话框中进入"images"文件，然后双击"大三巴牌坊 .psd"素材文件，将其置入程序中，如图 8-22 所示。

图8-22 置入"牌坊"素材文件

14 选择置入的对象，然后双击【镜像工具】按钮，在打开的【镜像】对话框中选择【垂直】单选按钮，再单击【确定】按钮，将"牌坊"对象垂直翻转过来，如图 8-23 所示。

15 在【控制】面板中单击【嵌入】按钮，在打开的【Photoshop 导入选项】对话框中选择【将图像转换为对象】单选按钮，单击【确定】按钮，如图 8-24 所示等比例调整对象的大小与位置。

图8-23 垂直镜像"牌坊"对象

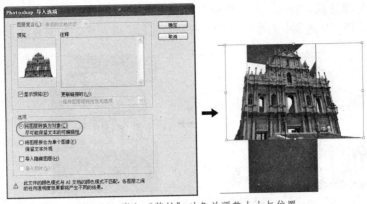

图8-24 嵌入"牌坊"对象并调整大小与位置

16 选择【钢笔工具】 ![pen]，沿白色"V"形对象的下边缘创建路径，接着沿"牌坊"对象的边缘添加锚点，创建一个"牌坊"外围路径，如图8-25所示。

图8-25 创建"牌坊"外围路径

> **提示** 在步骤16的操作中，之所以沿"V"形对象创建路径，是因为后续要把该对象下方的"牌坊"区域隐藏。

17 为步骤16创建的路径填充白色并取消描边，接着在【透明度】面板中设置【不透明度】为35%，降低其透明度，以便操作，如图8-26所示。

18 选择"牌坊"对象，在【控制】面板中单击【实时描摹】按钮，设置阈值为100、最小区域为3px，按下【Enter】键确认属性设置，将对象变成只有黑白两色的艺术效果，如图8-27所示。

图8-26 填充路径并设置不透明度

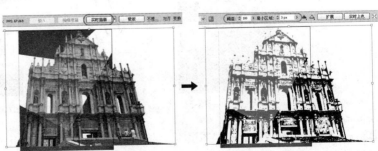

图8-27 为"牌坊"对象进行阈值设置

19 按住【Shift】键选择"牌坊"与"半透明"对象，在被选取对象上方单击右键，选择【建立剪切蒙版】命令，将"半透明"对象以外的"牌坊"区域隐藏起来，如图 8-28 所示。

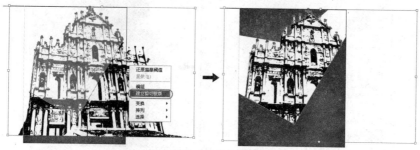

图8-28 隐藏"牌坊"的多余区域

20 选择【效果】|【风格化】|【投影】命令，在打开的【投影】对话框中设置投影属性，如图 8-29 所示，增强"牌坊"对象的立体感。

21 选择【文件】|【打开】命令，在打开的对话框中选择查找范围为"images"文件夹，然后双击"路灯 .psd"素材文件，在打开的【Photoshop 导入选项】对话框中选择【将图像转换为对象】单选按钮，单击【确定】按钮，如图 8-30 所示。

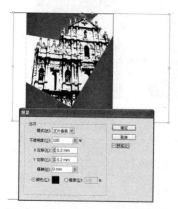
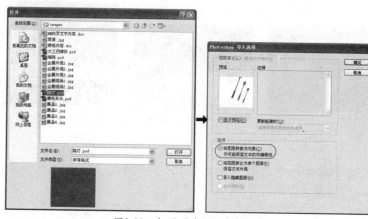

图8-29 为"牌坊"添加投影效果　　　　　图8-30 打开"路灯"素材文件

22 使用【选择工具】 将"路灯"对象拖至"牌坊"的左上方，并适当调整大小，如图 8-31 所示。

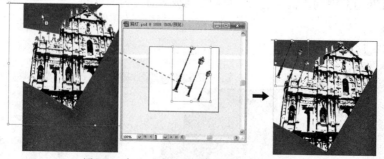

图8-31 加入"路灯"素材并调整大小与位置

23 在【图层】面板中展开"图层 1"，然后将"路灯 图像"拖至"V"形路径对象的下方，如图 8-32 所示。

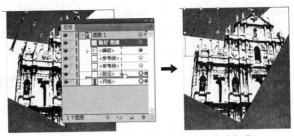

图8-32 调整 "V" 形路径对象的排列顺序

24 使用步骤 21 ～步骤 23 的方法，打开 "海鸥 .psd" 与 "摩托车头 .psd" 两个素材文件，并分别将其加入作品，如图 8-33 所示。

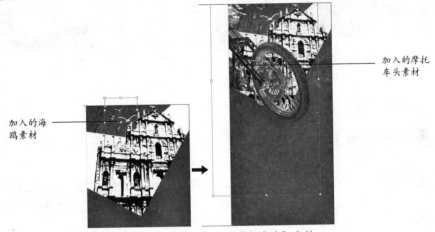

加入的摩托车头素材

加入的海鸥素材

图8-33 加入 "海鸥" 与 "摩托车头" 素材

25 使用【矩形工具】□单击画板，创建一个 100mm×10mm 的矩形，接着填充白色并取消描边，然后在【变换】面板中设置【X】为 250mm、【Y】为 55mm，将其对齐于右侧的折页，用于后续作为输入标题的底色，如图 8-34 所示。

26 按住【Alt】键拖动步骤 25 创建的白色矩形，将其复制至中折页的上方，更改颜色为CMYK（48，98，98，21），与背景色相同。接着通过【对齐】面板，将其置中对齐于中折页的顶端，如图 8-35 所示。

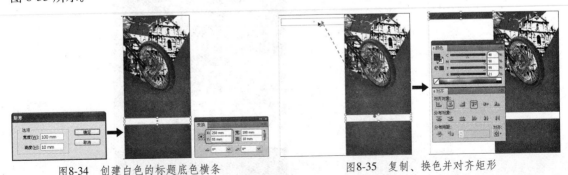

图8-34 创建白色的标题底色横条   图8-35 复制、换色并对齐矩形

27 使用【直接选择工具】▷单击矩形左下角的节点将其选中，然后拖至右下方，如图 8-36 所示。

28 使用【网格工具】⊞在编辑后的对象上添加两个网格点，调整位

图8-36 更改矩形的形状

置并更改填充颜色为CMYK（20、95、100、0）的红色，使色块产生立体感，如图8-37所示。

29 使用步骤27～步骤28的方法在中间折页的下方再创建一个不规则的色块，使其形状与该折页上方的色块相呼应，如图8-38所示。

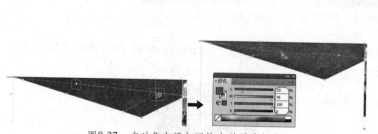

图8-37　在对象上添加网格点并更改颜色

图8-38　在中折页的下方创建
另一个图形

至此，DM外页版面与背景的设计完成了，最终效果如图8-8所示。

8.2.3　添加封面文字并制作标志

制作分析

在封面与封底上输入标题与其他的文字内容，其中有一个重要操作就是将"MME"文字变形为本次展览会的标志，效果如图8-39所示。

图8-39　添加封面文字并制作标志

制作流程

主要设计流程为"输入中文标题"→"输入并编辑其他文字"→"制作展览会标志",具体操作过程如表8-3所示。

表8-3 添加封面文字并制作标志的流程

制作目的	实现过程
输入中文标题	输入白色矩形上输入中文标题 将中文标题与底色块对齐 将标题与底编组并水平居中对齐于封面
输入并编辑其他文字	输入DM小标题与展会的基本信息 添加项目符号 编辑文字的字体、大小与对齐方式 对部分文字进行倾斜处理
制作展览会标志	将"MME"文字对象转换为路径轮廓 编辑路径形状并重新调整间距 向两侧拉宽标志

上机实战 添加封面文字并制作标志

01 打开"..\Practice\Ch08\8.2.3.ai"练习文件,在右折页的白色矩形上方输入"澳门国际摩托车展览会"中文标题,然后在【变换】面板中设置【X】为250mm、【Y】为55mm,将中文标题对齐于白色矩形的正中,如图8-40所示。

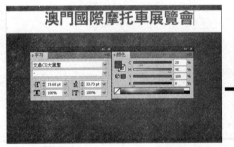

图8-40 输入折页中文标题并对齐

02 在中文标题的上方输入"MACAU MOTOCYCLE"英文标题,在输入过程中可以按下【Enter】键进行换行,如图8-41所示。

03 使用【文字工具】 T 在中文标题的下方拖出一个文本输入框,然后输入展览会的小标题与"日期"、"地点"、"产品范围"、"主办机构"等内容。接着拖选"Macau Motocycle Expo 2008"小标题,修改文字属性,如图8-42所示。

04 使用【文字工具】 T 拖选文本框中的所有内容,在【段落】面板中单击【居中对齐】按钮 ,如图8-43所示。

图8-41 输入折页英文标题

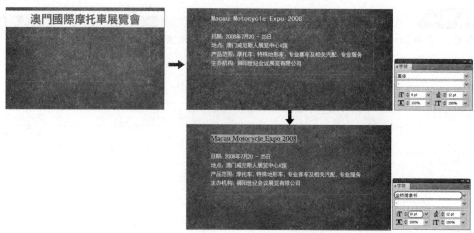

图8-42　输入DM小标题与展会的基本信息

05 选择【窗口】|【符号库】|【地图】命令，打开【地图】面板，如图 8-44 所示。

06 在【地图】面板中找到"◎"（城市）符号，并将其拖至文本框中，然后在符号对象上方单击右键，在打开的快捷菜单中选择【断开符号链接】命令，如图 8-45 所示。

图8-43　居中对齐小标题与项目内容

图8-44　打开【地图】符号面板

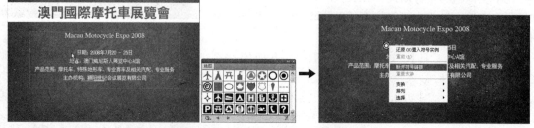

图8-45　加入符号并断开其链接

07 在【选项】栏中取消填充颜色，再设置描边为【白色】，粗细为 1pt。接着适当调整符号的大小，将其复制到各项小标题的左侧作为项目符号，如图 8-46 所示。

图8-46　制作项目符号

08 使用【文字工具】T在右折页中输入"联系方式"与"宣传口号"等文字内容，各文字的属性设置如图 8-47 所示。左上方"V"字的大小设置为 20pt。

图8-47　输入右折页的其他文字内容

09 选择"V for Bussiness !"与"V for Your Living Style !"文字对象，在【变换】面板中输入倾斜数值为 -15，再按下【Enter】键确认变换。接着使用同样的方法设置"邮编"、"电话"、"联系人"与"MME"多个文字对象的倾斜值为 15，如图 8-48 所示。

图8-48　倾斜文字

10 选择"MME"文字对象并在其上方单击右键，选择【创建轮廓】命令，或者直接按下【Shift+Ctrl+O】快捷键，将此文字对象转换为路径轮廓，如图 8-49 所示。

11 使用【直接选择工具】单击左边的"M"字将其选取，按住【Shift】键选择其右侧的多个锚点，再按下【Delete】键删除选中的锚点，如图 8-50 所示。

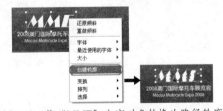

图8-49　将"MME"文字对象转换为路径轮廓

需要选取的多个锚点

删除锚点后的结果

图8-50　删除左边"M"字的多个锚点

12 按住【Shift】键将删除锚点后剩余的部分水平往右拖动，接着单击选择右上方的锚点，往左上方稍微移动，使其切口的角度与右侧“M”字的倾斜度一致，如图 8-51 所示。

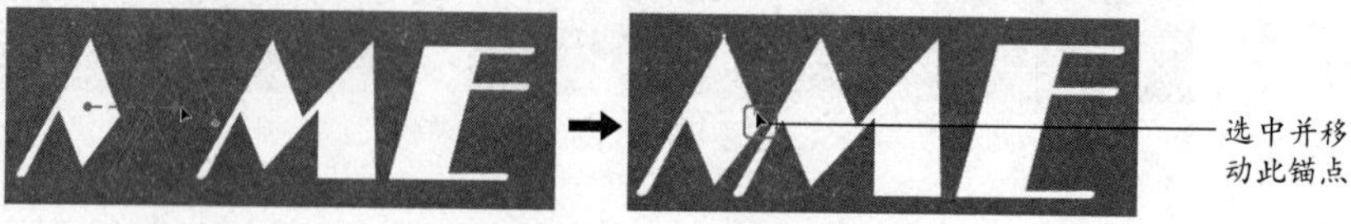

图8-51 调整左侧“M”字的剩余部分

13 单击选择右侧“M”字右下方的锚点，然后按住【Shift】键水平往左微调，制作出一道切口，并与其右边“E”字的倾斜度一致，如图 8-52 所示。

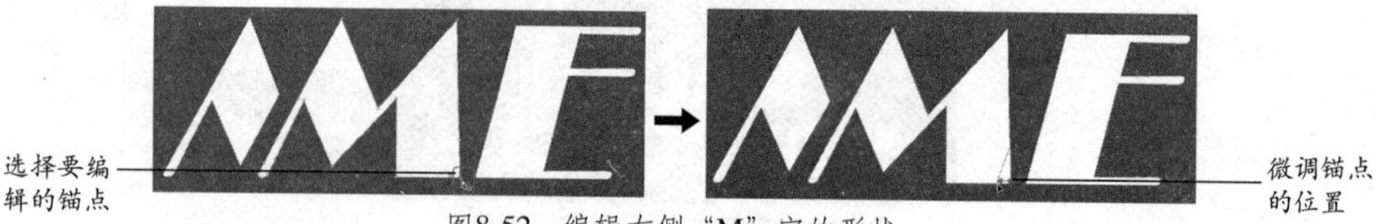

图8-52 编辑右侧“M”字的形状

14 使用【直接选择工具】调整三个对象的相对位置，注意在移动时必须按住【Shift】键，以保持其垂直居中对齐。接着使用【选择工具】单击选择“MME”对象，按住【Alt】键往右拖动对象的右侧边缘，向左右两侧拉宽对象，如图 8-53 所示。以此作为本次展览会的标志。

15 使用【文字工具】在中折面中的白色区域中输入“主办机构”与“协办机构”的相关内容，并水平居中对齐于中折页，如图 8-54 所示。文字属性的设置可以参考“..\Practice\Ch08\8.2.3_ok.ai”成果文件。

至此，添加DM外页文字的操作制作完毕，最终效果如图 8-39 所示。

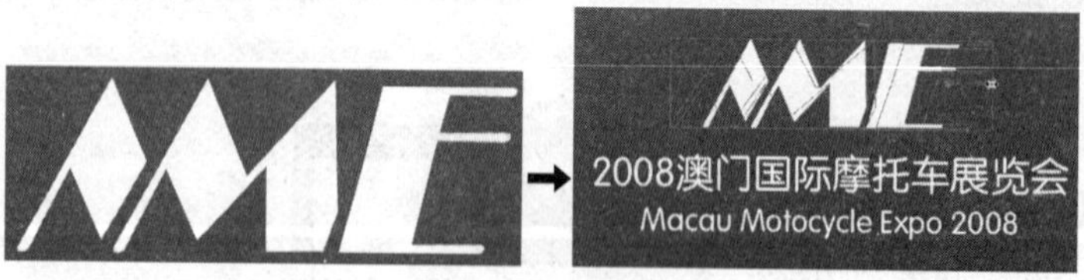

图8-53 向两侧拉宽标志

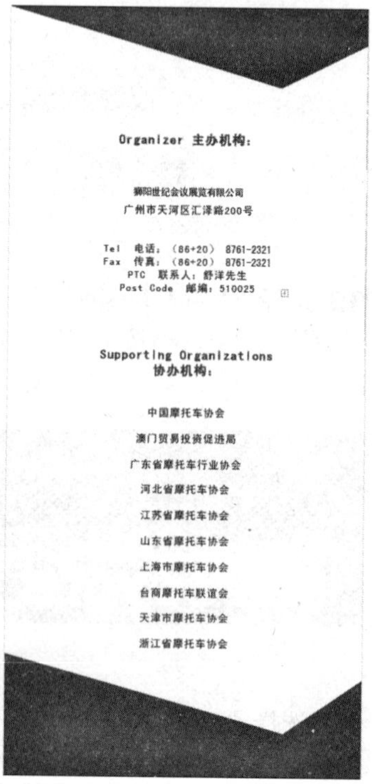

图8-54 输入“主办机构”与“协办机构”的相关内容

8.2.4 制作折页报名表格

制作分析

本DM专门设计了一个报名表格附于封底的左侧，当收件者阅读本折页内容并打算参与时，可以将此报名表寄到组委会处，该报名表的效果如图 8-55 所示。

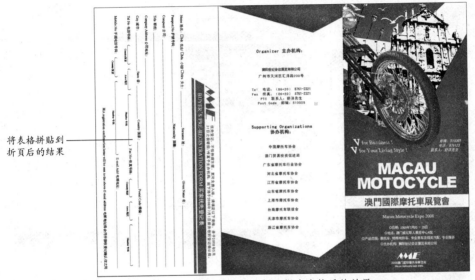

将表格拼贴到
折页后的结果

图8-55　制作折页报名表格后的效果

制作流程

　　主要设计流程为"绘制表格标题栏"→"加入标志与表格标题"→"创建与编辑表格"，具体
制作流程如表8-4所示。

表8-4　制作折页报名表格的流程

制作目的	实现过程	制作目的	实现过程
绘制表格 标题栏	制作表格标题底色块 编辑标题底色的形状 绘制白色分隔线段	创建与编 辑表格	复制、粘贴表格内容 在表格项目之间输入多个空格 为空格添加下划线
加入标志 与表格标题	复制标志至标题栏的左上方 更改标志的颜色为红色 输入表格标题与注意事项		调整表格文字的大小、行距与基线 偏移 旋转表格并对齐到面板的左侧

上机实战　制作折页报名表格

01 打开"..\Practice\Ch08\8.2.4.ai"练习文件，使用【矩形工具】■单击画板，创建一个
210mm×100mm的矩形对象，接着填充白色并设置描边颜色为黑色，粗细为1pt，如图8-56所

示，创建一个横向单折页大小的矩形，作为表格的背景，将其移至右侧折页的右下方。

图8-56　制作表格背景

02 使用【矩形工具】▣创建一个153mm×10mm的矩形对象，填充颜色后对齐于表格背景的右上方，如图8-57所示，以此作为表格标题的底色。

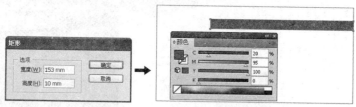

图8-57　制作表格标题底色块

03 使用【直接选择工具】▶单击红色块左上角的锚点，然后按住【Shift】键将其水平往右微调，如图8-58所示。

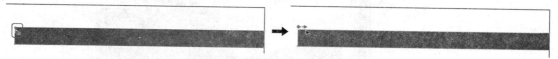

图8-58　编辑标题底色的形状

04 选择【直线段工具】＼，按住【Shift】键在红色块的下半部水平拖出一条直线对象，接着通过【控制】面板取消其填充颜色，并设置描边颜色为白色，粗细为3pt，如图8-59所示，把红色块分隔成两个区域。

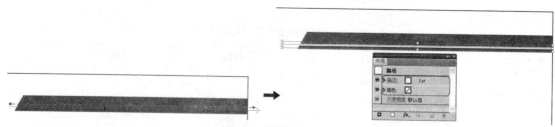

图8-59　绘制白色直线段

05 将右侧折面中的"MME"标志复制到红色块的上方，由于前面创建的白色背景矩形位于其上方，如果直接复制将会遮盖住复制的对象。下面先选择白色矩形，并在其上方单击右键，选择【排列】|【置于底层】命令，然后按住【Alt】键将标志拖动并复制到红色块的左上方，如图8-60所示。

06 由于复制过来的标志为白色，可以通过【颜色】面板更改其颜色，使之与红色块一致，如图8-61所示。

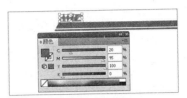

图8-60 复制标志

07 使用【文字工具】⊤先在标志的右边创建一个文本框，然后输入该表格的使用方法，其中文字属性的设置如图 8-62 所示。

08 使用【文字工具】⊤在红色块上输入表格的中英文标题，其中两种文字的属性不尽一致，各自的属性设置如图 8-63 所示。

图8-61 更改标志的颜色为红色

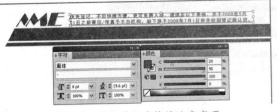

图8-62 输入使用表格的注意事项

英文字符属性　　　　中文字符属性

图8-63 输入表格标题

09 打开"表格内容.doc"素材文件，按下【Ctrl+A】快捷键全选内容，接着按下【Ctrl+C】快捷键将表格内容暂时复制到剪贴板中，如图 8-64 所示，并关闭该文档。

图8-64 复制表格内容

10 使用【文字工具】⊤在白色矩形上创建一个文本框，然后按下【Ctrl+V】快捷键将步骤 9 复制的内容粘贴至文本框内，如图 8-65 所示。

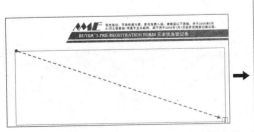

图8-65 粘贴表格内容

11 将输入光标定位在各个表格项目之间，然后多次按下【Space】键（空格键），依据文本框的宽度适当添加间距，如图 8-66 所示的红色框中均为空格。由于输入空格后无法确认识别，可以通过拖选或者全选的方法，来确认空格的划分情况。

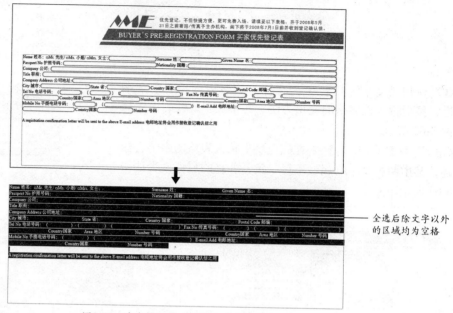

图8-66　在表格项目之间输入多个空格

12 在【字符】面板中单击 按钮并选择【显示选项】命令，展开更多的字符设置项目。接着拖选项目文字之间的空格，单击【下划线】按钮，为空格添加下划线，作为输入文字的横线。使用同样方法为表格中其余的空格添加下划线，如图 8-67 所示。为了让项目中间留有少量空隙，在拖选空间时尽量不要贴紧项目文字。

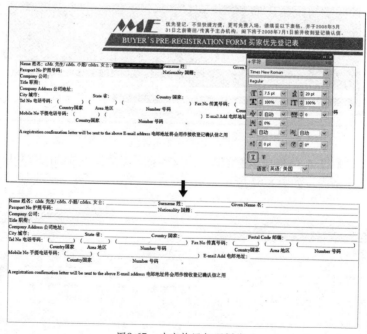

图8-67　为空格添加下划线

13 拖选"姓名:"右方的"□"符号,更改其大小为 13pt。接着以同样方法设置另外两个"□",使之与文字大小相仿,由于增大了文字,所以该行右侧的横线超出了文本框,可以拖选超出的部分并按下【Delete】键将其删除,如图 8-68 所示。

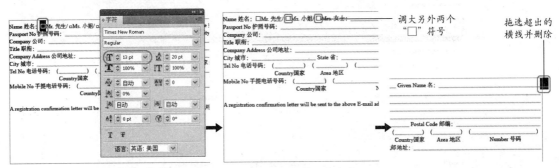

图8-68　调整"□"符号的大小

14 拖选文本框的所有内容,设置行距为 20pt,如图 8-69 所示。由于增大了行距,以致有一部分内容被隐藏了而无法完全显示,接下来会进行相关处理。

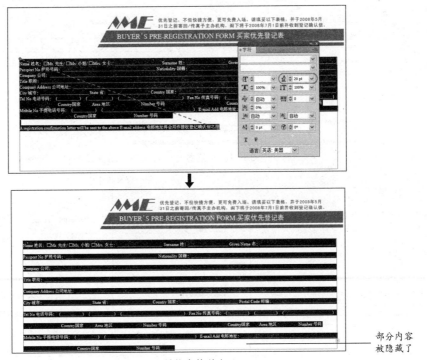

图8-69　调整表格的行距

15 拖选"Country 国家……Number 号码"一行文字,在【字符】面板修改其大小、行距与基线偏移等属性,如图 8-70 所示。

16 使用步骤 15 的方法,对"手提电话号码"下方的一行文字进行属性设置,效果如图 8-71 所示。此时文本框的全部内容已经重新显示出来了。

17 将光标定位于最后一行文字之首,打开万能五笔的【特殊符号键盘】面板,在【符号】板块下输入"※"符号(也可以自行绘制图案代替)。接着拖选最后一行文字,在【段落】面板中单击【右对齐】按钮，如图 8-72 所示。

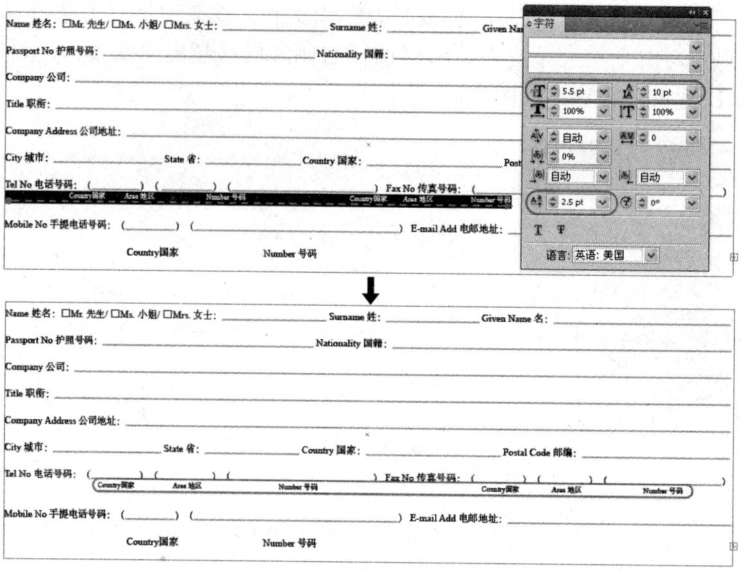

图8-70　修改部分文字的大小、行距与基线偏移

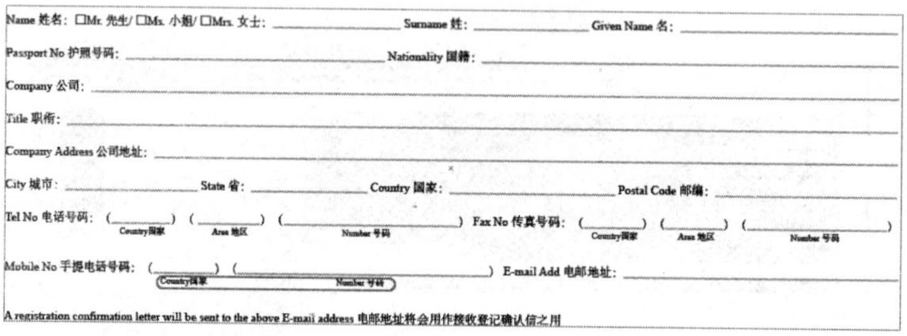

图8-71　设置另外一行文字的属性

图8-72　调整最后一行文字的对齐方式

> **提示**　如果使用的是"万能五笔2010版",可以按下【Ctrl+?】快捷键打开如图8-45所示的【特殊符号软键盘】面板,此快捷键可能不适用于其他的输入法。此时,可以自行绘制一些外观简约的图形符号,作为作品的项目符号。

18 使用【选择工具】 单击文本框的外框将其选取,然后根据背景微调位置,如图8-73所示。

19 拖选整个表格并按下【Ctrl+G】快捷键将其编组,在【变换】面板中输入旋转角度为-90度,再按下【Enter】键确认旋转。最后通过【控制】面板将处理好的表格对齐于画板的左侧页区域上,如图8-74所示。

优先登记，不但快捷方便，更可免费入场。请填妥以下表格，并于2008年5月31日之前寄回/传真予主办机构，阁下将于2008年7月1日前并收到登记确认信。

BUYER'S PRE-REGISTRATION FORM 买家优先登记表

Name 姓名：□Mr. 先生/ □Ms. 小姐/ □Mrs. 女士： Surname 姓： Given Name 名：

Passport No 护照号码： Nationality 国籍：

Company 公司：

Title 职衔：

Company Address 公司地址：

City 城市： State 省： Country 国家： Postal Code 邮编：

Tel No 电话号码：(Country国家) (Area 地区) (Number 号码) Fax No 传真号码：(Country国家) (Area 地区) (Number 号码)

Mobile No 手提电话号码：(Country国家) (Number 号码) E-mail Add 电邮地址：

※A registration confirmation letter will be sent to the above E-mail address 电邮地址将会用作接收登记确认信之用

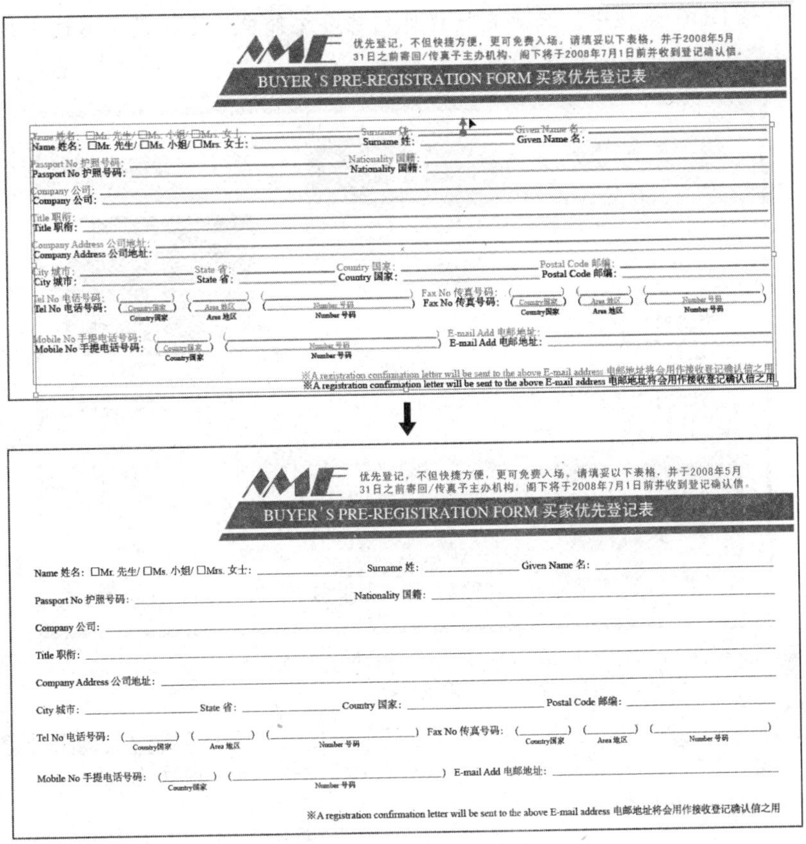

图8-73 制作完毕后的表格

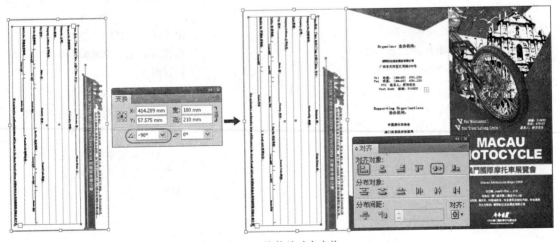

图8-74 旋转并对齐表格

至此，DM外页的报名表格与外页设计完毕，最后效果如图8-55所示。

8.2.5 内页图文混排

制作分析

为了使版面更有条理，在加入图文前先创建参考线将版心划分好。另外，本例将内页中的文字内容存放于一份 DOC 文档中，只要直接拷贝到练习文件中便可，最后通过串接文字的方式，通过多个文本框将内编排出来，效果如图 8-75 所示。

图8-75　内页图文混排后的效果

制作流程

　　主要设计流程为"制作内页背景"→"划分版心"→"加入内文与图片"→"串接段落文字"，具体制作流程如表 8-5 所示。

表8-5　内页图文混排的流程

制作目的	实现过程	制作目的	实现过程
制作内页背景	置入并编辑内页背景图片 复制背景图像并缩小 将下方的背景图像的颜色变红 为上方背景图像添加【半调图案】效果 填充内页半透明白色背景	加入内文与图片	使用参考线划分版心 设置内页文字的基本属性 设置内文标题属性 调整文本框大小显示更多文字 导入"会展外观1"素材图像并编辑大小
划分版心	创建"内页图文编排"新图层 使用参考线划分版心	串接段落文字	通过创建新文本框的方式串接文本 调整文本框的高度与位置 串接其他文字 调整段落的缩进量与对齐方式

上机实战　内页图文混排

01 按下【Ctrl+N】快捷键打开【新建文档】对话框，输入名称为"DM 内页"，宽度为 300mm，高度为 210mm，单击【确定】按钮，创建一个与外页尺寸相同的新文档，如图 8-76 所示。

02 选择【文件】|【置入】命令将"背景.jpg"素材文件导入文档，在【变换】面板中调整图片的大小为 300mm×210mm（与画板同样大小），通过【对齐】面板将其水平、垂直居中对齐于画板中，如图 8-77 所示。

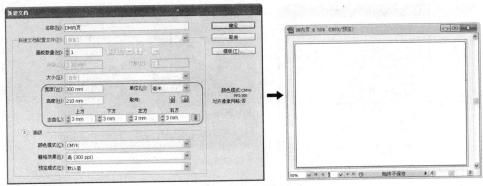

图8-76　创建内页新文件

图8-77　置入并编辑内页背景图片

03 在【选项】栏中单击【嵌入】按钮，按下【Ctrl+C】快捷键复制背景图片，再按下【Ctrl+F】快捷键或者选择【编辑】|【贴在前面】命令，在原图像的上方复制另一个副本图像，在【变换】面板中修改【宽】为295mm，【高】为205mm，将复制的图像四周往内缩小2.5mm，对齐于画板正中，如图8-78所示。

图8-78　复制背景图像并缩小(复制出来的图景图片)

04 使用【选择工具】 单击下方的背景图像，然后选择【编辑】|【编辑颜色】|【调整色彩平衡】命令，在打开的【调整颜色】对话框中选择【预览】复选框，如图8-79所示调整颜色，使背景图像变红，与外页的颜色风格一致，最后单击【确定】按钮。

图8-79　将背景图像的颜色变红

05 选择上方的背景图像，再选择【效果】|【素描】|【半调图案】命令，在打开的对话框中如图8-80所示设置效果属性，单击【确定】按钮。

图8-80　设置【半调图案】效果属性

06 使用【矩形工具】□创建一个295mm×205mm大小的矩形对象，通过【对齐】面板将其水平、垂直居中对齐于画板，重叠于步骤5设置好的背景图像上，然后通过【控制】面板取消描边颜色并填充白色，并设置不透明度为92%，如图8-81所示。至此，内页的背景就制作完毕了。

图8-81　填充内页半透明白色背景

07 在【图层】面板中双击"图层1"，在打开的【图层选项】对话框中更改名称为"内页背景"，并选择【锁定】复选框，再单击【确定】按钮，如图8-82所示。

08 单击【创建新图层】按钮 ，再双击新建的"图层2"，在打开的【图层选项】对话框中输入名称为"内页图文编排"，然后单击【确定】按钮，如图8-83所示。

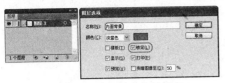

图8-82　更改图层名称并锁定　　　　　　　图8-83　创建"内页图文编排"新图层

09 按下【Ctrl+R】快捷键显示标尺，然后在100mm与200mm刻度处创建两条垂直参考线，将内页等分为三个小折页。接着如表8-6所示添加另外2条水平参考线与6条垂直参考线，如图8-84所示，其中红色虚线框为内页的版心。

表8-6　版心的参考线列表

水平参考线 (mm)	12	198				
垂直参考线 (mm)	12	90	110	190	210	288

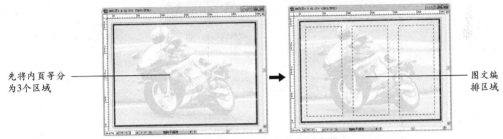

先将内页等分为3个区域　　　　　　　　　　图文编排区域

图8-84　使用参考线划分版心

> **提示** 步骤9创建参考线的目的在于使三个折页的图文编排区之间，或者四周均留有10mm左右的空隙。之所以出现刻度为12mm的水平与垂直参考线，是由于步骤3将背景图像的宽度与高度均缩小了5mm，也就是说其四边各往内缩进了2mm左右，所以在划分版心四周的4条参考线时多预留2mm，加上既定的10mm，也就是12mm的宽度了。

10 打开"DM内页文字内容.doc"素材文件，按下【Ctrl+A】与【Ctrl+C】快捷键全选并复制内容。接着返回Illustrator CS5应用程序，选择【视图】|【对齐点】命令，使后续创建的对象自动贴紧于参考线。使用【文字工具】 在左侧内页的上方沿参考线拖出一个文本框，再按下【Ctrl+V】快捷键粘贴复制的内页文字，如图8-85所示。

> **提示** 本例内页的文字内容都已经在"DM内页文字内容.doc"素材文件中预先输入好，此篇文字内容主要分为"一个主标题"、"一个副标题"与"五个自然段文字"。在制作长文档时也可以使用此方法，先通过文本编辑软件进行字体设置与段落等简单处理。

11 按下【Ctrl+A】快捷键全选内容，在【字符】面板中设置文字的字体、大小、行距与字符间距。接着在【段落】面板中单击【左对齐】按钮 ，设置【首行左缩进】为28pt，使每段文字的首个字符向左缩进两个中文字的距离，如图8-86所示。

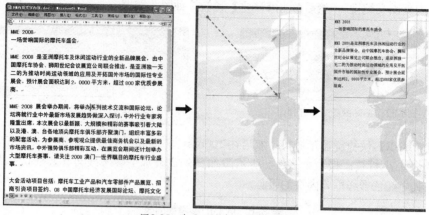

图8-85 加入DM内页文字内容

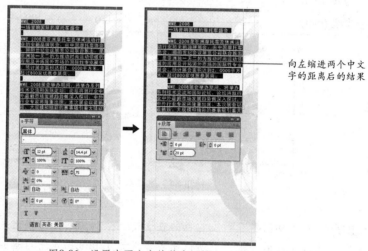

图8-86 设置内页文字的基本属性

12 使用【文字工具】 T 拖选"MME 2008"文字内容，在【字符】面板中更改字体、大小与行距，并通过【段落】面板单击【居中对齐】按钮 ，设置【首行左缩进】为0pt，最后在【颜色】面板填充颜色，如图8-87所示。

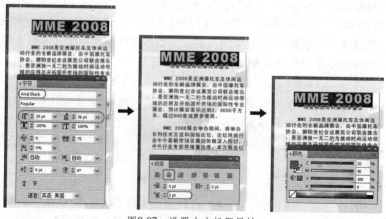

图8-87 设置内文标题属性

13 拖选"一场……盛会"副标题，在【字符】面板中更改大小与行距，然后在【段落】面板将其居中对齐并取消左首行缩进，如图 8-88 所示。

14 使用【选择工具】 单击选择文本框，往下拖动其下边框，使之显示更多文字，直至全部显示第二段文字时为止，如图 8-89 所示。

图8-88 设置副标题属性　　　　图8-89 调整文本框大小显示更多文字

15 选择【文件】|【置入】命令，将"会展外观1.jpg"素材图像导入至练习文件中，然后通过【变换】面板调整其大小为 40mm×25mm，移至第二段文字的左下方，如图 8-90 所示，最后嵌入到文件中。

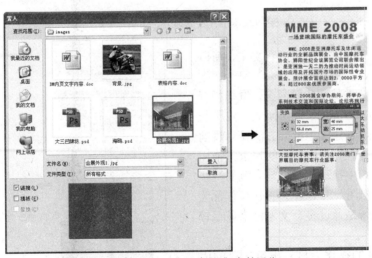

图8-90 导入"会展外观1"素材图像

16 使用步骤 15 的方法，依序将"会展外观 2.jpg"与"会展外观 3.jpg"素材图像导入至练习文件中，再调整好相互的大小与位置。在编辑大小时，注意要尽量填满左内侧页的剩余面积。最后在图片的下方输入"会展中心外观"文字内容，作为这三幅图片的图题，如图 8-91 所示。

17 使用步骤 15 的方法置入"会展现场 1.jpg"与"会展现场 2.jpg"两幅素材图像，调整大小为 36mm×24mm，接着水平居中对齐两幅图像并移至中内折页的右上方处。最后在其下方输入"会展现场"图层，如图 8-92 所示。其中图题的文字属性与图 8-91 所示一致。

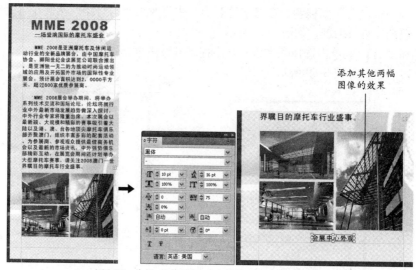

添加其他两幅
图像的效果

图8-91 加入另外两幅"会展外观"图像与图题

对齐所选对象

图8-92 添加"会展现场"图像与图题

18 由于文本框无法完全显示所有文字,所以在文本框的右下方会出现一个"⊞"符号,选择【选择工具】▶并移至此符号上,鼠标指针会变成"▶"状态,单击即会切换成"┅┅"状态,表示可以通过创建文本框的方法显示目前被隐藏的文字内容。在中内折页的左上方拖出一个新文本框,其中拖动的高度与右侧的两幅图像保持一致,如图8-93所示。上述操作称为"串接文本",也就是通过多个文本框来显示较长的段落文字内容。

19 完成步骤18的操作后显示出第三段的内容,但并没有完全显示,为了实现较好的文本绕图效果,把该段文字分为两个文本框来显示,使用步骤18的方法,通过参考线在"会展现场"的下方再拖出一个与版心区域的宽度一致的文本框,以便把此段文字完全显示出来,如图8-94所示。

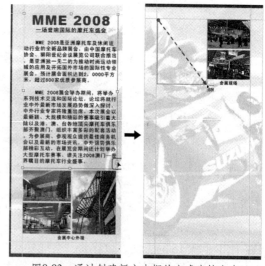

图8-93 通过创建新文本框的方式串接文本

20 缩小步骤19创建的文本框的高度,使其仅显示第三段文字剩余的内容即可。接着按住【Shift】键往上拖动该文本框,以便保持该段正常的行距,如图8-95所示。

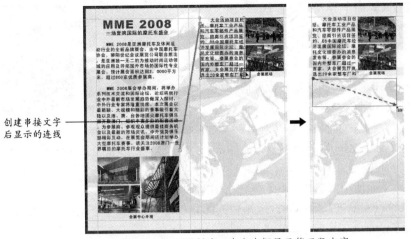

图8-94 再创建一个文本框显示第三段内容

创建串接文字
后显示的连线

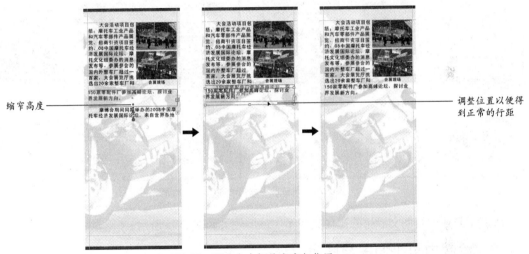

缩窄高度

调整位置以便得
到正常的行距

图8-95 调整文本框的高度与位置

21 使用步骤18的方法，在中间与右侧折页上创建三个文本框，把余下的两段文字全部显示出来，如图8-96所示，其中的空白之处后续用于加入图像与图表之用。

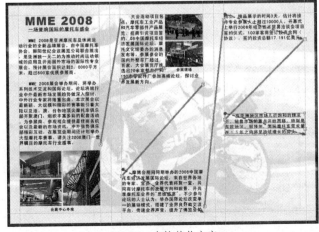

图8-96 串接其他文字

22 选择【文件】|【置入】命令导入"展品1.jpg"图像素材，通过【变换】面板调整大小为38mm×27mm，并移至第4与第5段文字之间的空白处。接着使用同样的方法导入"展品2.jpg"、"展品3.jpg"与"展品4.jpg"三幅图像素材，调整相互位置后输入图题为"热销展品"，如图8-97所示。

23 由于前面设置首行左缩进的时候，是针对第一、二两段文字而言，英文与中文的缩进量不一样，所以第二段至第五段文字的缩进量不太准确，已超过了两个中文字的距离。下面使用【选择工具】并按住【Shift】键选择第二段至第五段文字，在【段落】面板中调整【首行左缩进】为26pt。选择右折页上方的文本框，单击【全部两端对齐】按钮，使这部分的文字分布更加均匀，如图8-98所示。

图8-97 加入"热销展品"图像素材

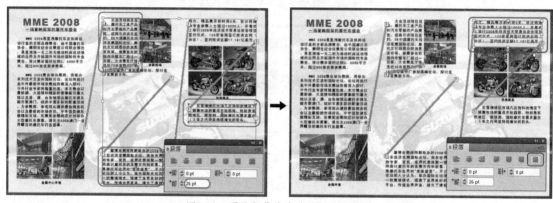

图8-98 调整段落的缩进量与对齐方式

至此，DM内页图文混排的操作完成了，最后效果如图8-75所示。

8.2.6 绘制内页平面图与图表

制作分析

本实例将在上一实例腾出的两个区域中添加展馆平面图与立体的饼形销售图形，效果如图8-99所示。

图8-99 绘制内页平面图与图表

制作流程

主要设计流程为"绘制展览馆平面图"→"绘制饼形图表"→"编辑与美化饼形图表",具体制作流程如表8-7所示。

表8-7 绘制内页平面图与图表的流程

制作目的	实现过程	制作目的	实现过程
绘制展览馆平面图	创建平面图底色 绘制、编辑并填充 A 区对象 绘制中心长廊展区 对齐并复制其他展区	绘制饼形图表	输入饼状图形的参数
		编辑与美化饼形图表	为三个饼区填充渐变颜色 调整饼形的描边颜色与结构 为饼图添加【凸出与斜角】效果 绘制饼图色标与文字标签
绘制饼形图表	设置并绘制饼状图形		

上机实战 绘制内页平面图与图表

01 打开 "..\Practice\Ch08\8.2.6.ai" 练习文件,然后使用【矩形工具】■创建一个 80mm × 65mm 的矩形,通过【变换】面板调整其位置,取消填充颜色,并设置描边为黑色的 1pt 粗细,如图 8-100 所示,以此作为展馆平面图的底色。

02 使用【矩形网格工具】■单击画板,在打开的【矩形网格工具选项】对话框中设置如图 8-101 所示的属性,单击【确定】按钮,创建出 2 行 5 列的网格对象。然后使用【直接选择工具】 ▶单击第 4 条垂直分隔线,并按下【Delete】键将其删除。

图8-100 创建展馆平面底色

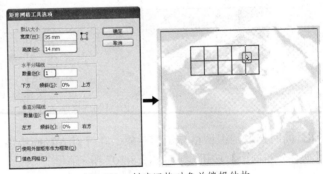

图8-101 创建网格对象并编辑结构

03 使用【直接选择工具】▶选择水平分隔线,然后单击右侧的锚点,按住【Shift】键将其水平往左拖至第 3 条垂直分隔线之上,如图 8-102 所示。

04 使用【选择工具】▶选择编辑结构后的网格对象,然后调整其填充与描边等外观效果,以此作为展馆中的不同单元展区,如图 8-103 所示。

05 使用【矩形工具】■创建一个 28mm × 7mm 的矩形对象,设置好外观属性。接着使用【椭圆工具】●在其右下角创建一个 15mm × 15mm 的圆形,并设置外观属性,如图 8-104 所示。

06 使用【选择工具】▶同时选取矩形与圆形对象,在【路径查找器】面板中单击【与形状区域相减】按钮□,如图 8-105 所示。

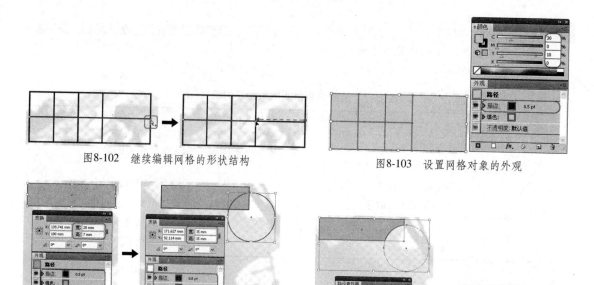

图8-102 继续编辑网格的形状结构　　　　　　　　图8-103 设置网格对象的外观

图8-104 创建矩形与圆形　　　　　　　　　　　图8-105 将圆形减去矩形

07 使用【选择工具】◆同时选取编辑后的网格对象与矩形对象，然后双击【镜像工具】◆按钮，在打开的【镜像】对话框中选择【水平】单选按钮，再单击【复制】按钮，并将两个网格对象移至平面图背景的两个内角处，如图 8-106 所示，准备进行对齐与分布处理。

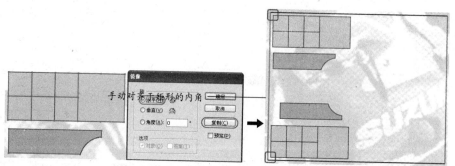

图8-106 镜像复制网格与矩形对象

08 同时选取两组网格与矩形对象，在【对齐】面板中单击【水平左对齐】按钮 ⬚，然后单击【垂直分布间距】按钮 ⬚，如图 8-107 所示。

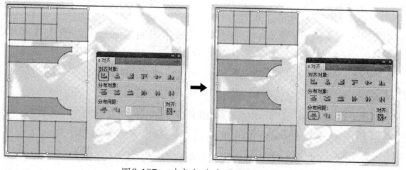

图8-107 对齐与分布平面图元素

09 保持步骤8对象的被选取状态，双击【镜像工具】按钮 ，在打开的【镜像】对话框中选择【垂直】单选按钮，再单击【复制】按钮。使用【选择工具】 将复制出来的对象水平移至平面图的右侧，如图8-108所示。

10 分别更改单元展区的填充颜色，然后在不同展区上输入说明文字，并在平面图的下方输入图题，如图8-109所示。至此，展馆平面图绘制完毕。

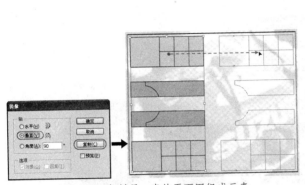

图8-108　复制另一半的平面图组成元素

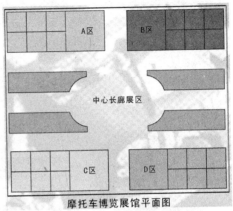

图8-109　输入展馆平面图文字与图题

11 双击【柱形图工具】按钮 ，在打开的【图表类型】对话框中单击【饼图】类型按钮 ，然后在【选项】区中设置位置为【比例】并单击【确定】按钮。接着在右侧折页的下方空白处拖出一个矩形区域，绘制饼状图对象，如图8-110所示。

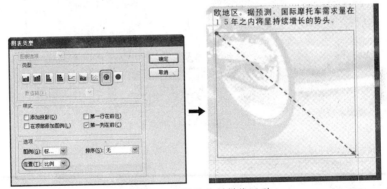

图8-110　设置并绘制饼状图形

12 在打开的数值输入框中单击左上角的单元格，然后在输入栏中输入60，再按下向右方向键选择第一行第二列的单元格并输入30，使用同样方法在第一行第三列的单元格输入10，单击【应用】按钮 ，确认输入的数值，再单击【关闭】按钮 关闭此输入框。此时得到如图8-111所示的饼状图形，程序会根据用户输入的数值为百分比划分饼图。

13 使用【直接选择工具】 单击10%的饼区，通过【渐变】面板设置好渐变颜色属性，然后使用【渐变工具】 从圆心至圆周拖动，填充线性渐变颜色，如图8-112所示。

14 使用步骤13的方法选择30%的饼区，如图8-113所示设置并填充浅蓝至深蓝的线性渐变颜色。

15 选择60%的饼区，更改渐变类型为【径向】，如图8-114所示设置并填充浅绿至深绿的径向渐变颜色。

图8-111　输入饼状图形的参数

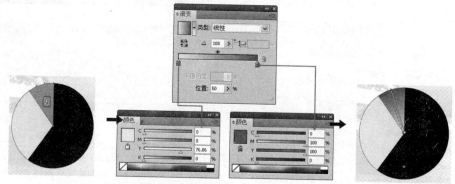

图8-112　为10%的饼区填充渐变颜色

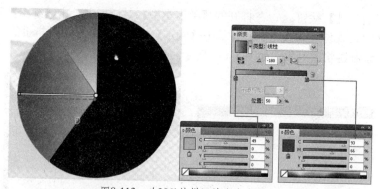

图8-113　为30%的饼区填充渐变颜色

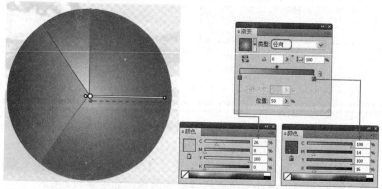

图8-114　为60%的饼区填充径向渐变颜色

16 使用【选择工具】 ▲单击饼图对象，设置描边颜色为白色，粗细为2pt，结果如图8-115所示。

17 使用【直接选择工具】 ▲单击10%饼区，然后按住【Shift】键垂直往上移动，造成凸出的效果，如图8-116所示。

图8-115 更改饼图的描边颜色与粗细

图8-116 调整饼图的形状结构

18 使用【选择工具】单击饼图对象，选择【效果】|【3D】|【凸出与斜角】命令，在打开的【3D 凸出与斜角选项】对话框中设置如图 8-117 所示的立体属性，单击【确定】按钮。在设置过程中，也可以拖动立方体来手动调整立体效果。

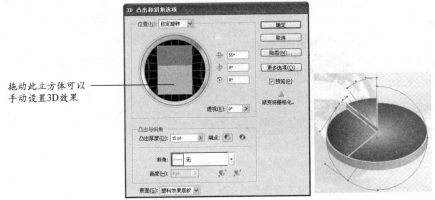

图8-117 为饼图添加【凸出与斜角】效果

19 使用【矩形工具】在饼图的左下方创建一个 3mm×3mm 的矩形对象，填充与 10% 饼区相同的渐变颜色，设置角度为 45 度，描边为白色，粗细为 0.5pt。接着在矩形的右边输入"欧洲"二字，如图 8-118 所示，用于代表饼图中的 10% 饼区。

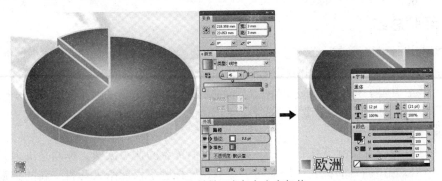

图8-118 绘制饼图色标与文字标签

20 使用步骤 19 的方法制作出"北美"与"亚洲"两组色标，然后分别将代表饼的三组色标编组。并通过【对齐】面板进行对齐与分布处理，如图 8-119 所示。

21 使用【直线段工具】配合【Shift】键绘制一条垂直线段，接着使用【文字工具】在线段的顶端输入该饼区的百分比数值，如图 8-120 所示。

图8-119 添加其他两组色标并编辑处理

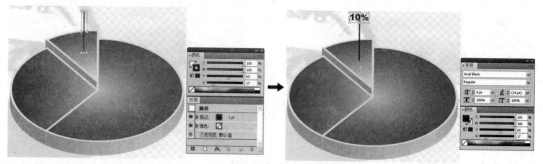

图8-120　输入饼区的百分比

22 使用步骤 21 的方法为其他两个饼区添加百分比，并为此饼图添加图题，如图 8-121 所示。

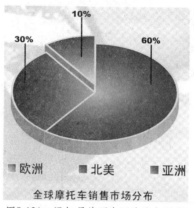

图8-121　添加另外两个百分比与图题

　　至此，"澳门国际摩托车展览会"的 DM 折页设计已经完毕了，最终效果如图 8-99 所示。

8.3　学习扩展

8.3.1　经验总结

　　在筹划与设计 DM 广告时必须遵守某些原则与注意事项，以保证通过 DM 广告进行宣传后，得到预期的收益。例如古井贡在非典期间以幽默的表现手法宣传防治非典知识，就深受广大消费者的喜爱，甚至引起了消费者的争相传阅。下面总结 4 点注意事项以供各位设计者参考：

　　（1）DM 广告的创意与设计要新颖别致、制作精美，内容编排要让人不舍得丢弃，确保其有吸引力和保存价值。

　　（2）主题口号一定要响亮有号召力，要能抓住消费者的购买欲望。标题是决定大众阅读内容的前提，所以想出新奇的标题已经成功了一半。好标题不仅能给人耳目一新的感觉，而且还会产生较强的诱惑力，引发读者的好奇心，吸引他们不由自主地看下去，使 DM 广告的广告效果最大化。

　　（3）DM 广告的纸张、规格的选取大有讲究。一般画面的应该选择铜版纸；而文字信息类的应选新闻纸。当选择新闻纸时，最好是选择整个版面的面积大小，至少也要半个版面；至于彩页类的一般不能小于 B5 纸大小，切忌不能太小。还要注意不能夹带一些二折、三折大小的页面，避免读者拿取 DM 广告时容易将它们抖掉。

　　（4）如果要随报纸夹带投递 DM 广告时，要根据消费者的习惯而选择合适的报纸类型。

8.3.2　创意延伸

折页式的DM广告设计的特点是可以节省大量的空间，方便投递和邮寄，而且折页DM的设计有更丰富的想象空间，同时能够突出更高的档次，所以很多商家都采用折页式的设计方式，以便吸引更多的顾客。

除了折页式DM本身的优势外，整体的效果设计对于作品的成功也非常重要，设计者必须紧贴主题和对象来设计。如图8-122所示的折页封面是通过本章案例创意延伸出来的另一个作品。

图8-122　"第一届澳门国际两轮摩托车展览会"DM折页封面

该作品主题为"第一届澳门国际两轮摩托车展览会"，尺寸为200mm×210mm的双折页大小，在配色方面沿用了"黑、白、红"三种主色彩，通过白色的底色，以及黑白相间的色块，加上红色搭配的效果，将摩托车的时尚、冷酷气质展露无遗。版面布局方面通过多个有条不紊的倾斜元素组成，形成疾驰的速度感。至于主题素材的选择，除了有澳门地区标志性建筑物"大三巴牌坊"外，当然少不了主题展品——摩托车了。其效果均采用了"实时描摹"，来营造一种黑白的艺术效果。此外，设计者恰当地在作品中添加了喷溅的墨汁效果，将其置于摩托车对象的后面，把速度感推向了顶峰。

至于折页的封底，设计者沿用了本章案例的报名表，但将标题栏的颜色重新设置为深色，然后把标志也替换掉了，简易的操作即可带来焕然一新的效果，大家也不妨发挥创意亲自动手，或者有意想不到的收获！

8.3.3　作品欣赏

下面介绍几种优秀的DM作品，以供大家设计时借鉴与参考。

1. "百亿顺驰"房地产DM宣传册

近年来，房地产商都很热衷于以折页形式的 DM 宣传册作为商品宣传推广的媒介，通过高质量的纸质与印刷，能给购房者带来较好的印象，是消费者乐于接受的一种宣传广告形式。

如图 8-123 是"百亿顺驰"房地产开发商设计的一款楼盘 DM 宣传册，它适合于直接投递、加插于报刊或者在街头路边人手派发，应用形式多元化。本作品的版式为多折页式，整体配色艳丽浓重，以浅灰色的底色产生强烈对比，设计者比较偏好蓝、绿两种色调的运用，并且搭配均匀。

图8-123 "百亿顺驰"房地产DM宣传册作品

另外，本作品以 3D 立体效果来强调主题，首先在封面上将"顺驰"两个立体字添加石材质地，并倾斜放置于大桥的下方，寓意企业的实力犹如桥墩般雄厚。其次，折页中的"湖泊"、"山坡"与"棋盘"等插图均展现着立体的姿态，看来设计者是别具匠心地通常 3D 元素来比喻人居空间的宽敞与舒服。对于一款房地产折页而言，当然少不了现场实景与配套设施等重要指标，这些在作品中都能体现。

2. 国内酒店DM折页设计

如图 8-124 所示是国内酒店折页作品，它们的出色点不仅在于构图与平面设计上，更精彩的是其尺寸的规格、选纸与印刷等方面的工艺。有些直接用绳子系成一个中国结，极富民族特色，给人新鲜、温馨的感觉。

3.直接邮寄的DM作品

任何 DM 作品最终都是通过派发、传送、投递、邮寄等形式传至目标受众，为了便于投递，如图 8-125 所示的这些 DM 作品的背面直接就是个信封，只要经过简易的折叠，再拿标签一贴就可以直接投递了。当受众收到 DM 广告后，只要撕开标签就可以翻开作品的正面进行欣赏了。

图8-124 国内酒店DM折页设计

图8-125 可以直接邮寄的DM作品

8.4 本章小结

本章先介绍了DM的概述、形式、优点、必要条件、设计技巧和使用时机等基础知识。然后通过"澳门国际摩托车展览会"的DM折页为例，介绍了DM广告的设计构想、流程与详细操作过程。

8.5 上机实训

实训要求：先创建一个横向的A4新文件，再参考8.2.6小节中步骤11～步骤22的方法，为某餐厅制作一个午餐类别销售比例的饼图，最终效果如图8-126所示。

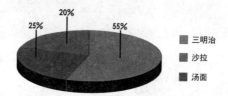

图8-126 午餐类别销售比例的饼图

制作提示：制作流程如图8-127所示。

（1）选择【效果】|【3D】|【凸出和斜角】命令后设置【X】、【Y】和【Y】轴的环绕角度分别为70、0和0度，【凸出厚度】为20pt。

（2）设置"三明治"的颜色为"#2EA7E0"、"沙拉"的颜色为"#009A3E"、"汤面"的颜色为"#E60012"。另外各饼区的描边颜色为黑色，粗细为0.5pt。

（3）设置比例标示的直线粗细为2pt；比例数字的字体为"汉真广标"；饼区标示的字体为"黑体"。

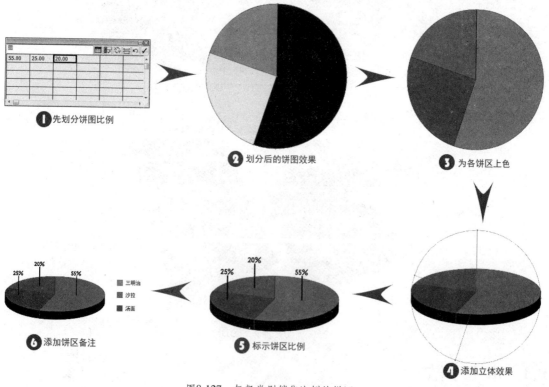

图8-127 午餐类别销售比例的饼图

第9章 POP广告——家电广告设计

⮞ 本章先介绍 POP 广告的概念、功能、分类与设计原则等基础知识，然后通过"家电 POP 广告"案例介绍 POP 广告的设计方法，其中包括广告背景、风雪效果、设计标志、设计水晶字与 POP 字体等小主题。

9.1 POP广告的基础知识

9.1.1 POP广告的概念

POP 是英文 pointof purchase advertising 的缩写，翻译为中文就是"购买点广告"，简称 POP 广告，是众多广告形式的一种。它是一切购物场所内外所做的现场广告的总称，包括百货公司、购物中心、商场、超市、便利店等。优秀的 POP 广告，能激发顾客的随机购买欲望，也就是购买动机，也能有效地促使计划性购买的顾客果断决策，实现即时即地的购买，如图 9-1 所示。POP 广告对消费者、零售商、厂家都有重要的促销作用。

POP 广告的概念有广义的和狭义的两种：

1. 广义的POP广告概念

广义的 POP 广告是指凡是在商业空间、购买场所、零售商店的周围、内部以及在商品陈设的地方所设置的广告物，都属于 POP 广告。如商店的牌匾，店面的装满和橱窗，店外悬挂的充气广告、条幅，商店内部的装饰、陈设、招贴广告、服务指示，店内发放的广告刊物，进行的广告表演，以及广播、录像电子广告牌广告等。

图9-1 "牵手2008.恒安邀请世界" POP广告

2. 狭义的POP广告概念

狭义的 POP 广告仅指在购买场所和零售店内部设置的展销专柜以及在商品周围悬挂、摆放与陈设的可以促进商品销售的广告媒体。

9.1.2 POP广告的功能

1. 推广新产品

绝大部分的 POP 广告是为了推广新产品的上市，当企业推出新产品后，通过在销售场所增设 POP 广告进行新货促销活动，这是一种较为常见的营销模式，可以大大刺激消费者的购买欲望。

2. 唤起消费者的购买意识

一般消费者在进入各大卖场购物前，已经对该企业或者商品有一定认识，或者已经通过其他媒介接触过该产品的广告信息。但当其步入商场时，或许已经把接触过的广告内容忘记了，这时 POP 广告的现场指引，可以唤起消费这部分的潜在意识，使之重新想起该商品，从而促成购买行动。

3. 节省人力资源

"无声的售货员"和"最忠实的推销员"是对 POP 广告的赞誉。自选超市是最常见到 POP 广告的场所，消费者在琳琅满目的商品面前无从下手时，一旁的 POP 广告可以不厌其烦地向消费者提供商品信息，增强其购买的决心。

4. 创造销售气氛

POP 广告具有色彩艳丽、图案美观、造型奇特、形式幽默生动等特点，可以增强卖场的销售气氛，引起消费者的注意，增强其购买动机。

5. 提升企业形象

POP 广告除了充当"售货员"和"推销员"的角色外，还可以是企业的宣传大使。目前国内一些企业非常注重自身的形象宣传，通过 POP 广告可以在销售环境中起到树立、提升、强化企业形象的作用。

9.1.3　POP广告的分类

从 POP 广告的概念可以看出其种类繁多，分类方法也各不相同。可以按时间性分为长期、中期与短期，也可以按使用材质的不同分为金属材料、木料、木材、塑料、纺织面料、人工仿皮、真皮和各种纸材等。从使用功能上可以将 POP 广告分为以下 4 类。

1. 悬挂式POP广告

悬挂式的 POP 广告主要挂在卖场的上方空间，不仅能促成消费者的购买行为，还能起到装饰场地的作用，如图 9-2 所示。

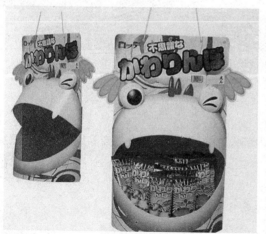

图9-2　悬挂式POP广告

2. 商品的价目卡、展示卡式POP广告

此类形式的POP广告一般架设在商品专柜的旁边，在其中罗列了产品的价格与详细信息，起到指示与说明的作用，以便消费者清晰地了解商品的作用、性能与价格，如图9-3所示。

3. 与商品结合式POP广告

此类POP广告一般放在货架、橱窗和柜台上，通过与商品结合的形式，可以突出商品的功能，从而激发消费者产生购买的欲望，如图9-4所示。

图9-3　展示卡式POP广告　　　　　图9-4　与商品结合式POP广告

4. 大型台架式POP广告

此类POP广告根据广告主题的不同，放置在卖场的入口或者专柜的旁边，主要以X展架、易拉宝和灯箱的形式展现，具备较大的展示画面，广告效果也非常不错，但是成本相对高一些，如图9-5所示。

图9-5　大型台架式POP广告

9.1.4　POP广告设计原则

不管POP广告使用哪种设计形式，都要求独特新颖，首先要吸引消费者的注意，使其产生想购买的冲动，最终促成购买行为。在设计时可以参考以下几个原则。

1. 造型简练、设计醒目

要求外观简练、造型独特、风格新颖、幽默风趣、色彩和谐，使推广的对象在繁多的商品中脱颖而出，引起消费者的注意。

2. 重视陈列设计

POP广告除了主推产品外，还担当着宣传企业经营文化的重负，所以在设计时要结合企业自身的形象，比如把LOGO标徽合理加插到POP广告中，对于塑造良好的企业形象非常有帮助。

3. 强调现场广告效果

根据卖场的档次、知名度、经营特色、服务状况和消费客购物的习惯，针对性地设计与目标客户口味相吻的作品，可以更好地打动消费者，增强POP广告的价值。

9.2　家电POP广告

9.2.1　设计概述

本作品为商场家电区设计的一款终端POP广告，商品对象是"SROWAS"新一代"冷静王"空调，最终成品将放置在"易拉宝"上进行展示，如图9-6所示。

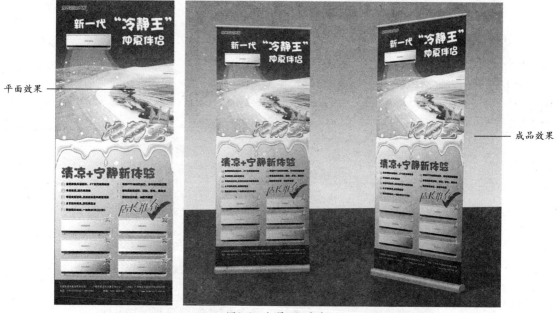

图9-6　空调POP广告

1. 广告创意点

本例的推广对象是空调，为了突出"冷"与"静"的两个卖点，设计者为其冠以"冷静王"的专称。在设计中首要主对"冷"这一卖点，选用"草地"与"雪地"两幅图片进行对比，在炎热的草原上，空调吹到的地方立即冰天雪地，夸张地指出了商品"冷"的一大特色。

2. 版面与配色

本作品分为四个区域，从上到下依序为"版头、广告展示区、商品简介区、版脚"，在设计时将版头的颜色定义成与素材图片的顶端一致，将"版头"与"广告展示区"拼合成一个连贯的视觉假象，由于版面较长，这种设计让整个版面给人更加舒服的感觉。

为了把"冷"的卖点进一点渲染，设计者不但制作了漫天雪花，并且将"广告展示区"与"商品简介区"以一层"结冰"效果粘连着，不仅响应、强化了主题，更使两个版块的过渡更加自然、和谐。

由于"商品简介区"的位置较长，设计者将同系列的多个机型展示出来，不但填补了版面空缺，更相得益彰地为受众提供更多的广告信息。

在配色方面，则针对"冷"与"静"两个特色选用了蓝、白两种冷色调。白色的广告标题放置于深蓝色的背景上，显示格外突出。

3. 广告文字

首先是商品的标志，设计者将其制作成突出的银白色金属效果。而"冷静王"水晶字则以晶莹剔透的外观赢得了观赏者的视线，再配合"王"字头上的小王冠烘托主题。

广告标题、广告语与简介文字都选用了接近 POP 风格的粗圆字型，使消费者更易阅读。而"店长推介"四个字更具有浓烈的 POP 味道。

> **提示** 所谓"易拉宝"是指公司里做活动的一种广告宣传品，底部有一个卷筒，内有弹簧，会将整张布面卷回卷筒内。在打开的时候，再把布面拉出来，用一根棍子在后面支撑住，故称其为易拉宝，如图 9-6 的"成品效果"所示。
>
> 豪华型易拉宝采用塑钢材料为主体，粘贴式铝合金横梁，支撑杆为铁合金材质，采用三节皮筋连接，精致、质量稳定。适合各种展销、展览、促销等使用。它的体积小容易安装，30 秒立即展示一幅完美画面，轻巧便携，可以更换画面，成本低，适合各种展览销售会场、展览广告、巡回展示、会议活动等。

4. 设计方案

具体设计方案如表 9-1 所示。

表 9-1 具体设计方案

尺　寸	竖向：80cm×200cm
用　纸	胶版纸：主要供平版（胶印）印刷机或其他印刷机印刷较高级彩色印刷品时使用，如彩色画报、画册、宣传画、易拉宝、X 展架及一些高级书籍封面、插图等。
风格类型	商业、简约、大方
创意点	① 空调吹出的冷风将草地变成雪地 ② 漫天的雪花与结冰效果 ③ 水晶字与 POP 文字的设计 ④ 王冠符号的巧妙运用
配色方案	#FFFFFF　#D3D6DB　#6ECAF3　#92A8D1　#2F7EC1　#194492　#E40112
作品位置	..\Ch09\creation\ 空调 POP 广告设计 .ai ..\Ch09\creation\ 空调 POP 广告设计 .jpg

5. 设计流程

本例的 POP 广告设计流程分为广告背景、风雪效果、设计标志、添加广告文字、制作水晶字与POP文字等几大部分,详细的设计流程如图9-7所示。

图9-7　POP广告设计流程

6. 功能分析

- 【建立剪切蒙版】命令:将"草地"与"雪地"融合起来。
- 【建立不透明蒙版】命令:制作空调的"吹风"效果。
- 【钢笔工具】:绘制"吹风"、"结冰"、"POP文字"等对象。
- 【直接选择工具】:编辑各种形状与字体。
- 【混合工具】:制作水晶字与项目符号。
- 【渐变】面板:为"标志"与"水晶字"等作品组成元素填充多色渐变。
- 【高斯模糊】与【羽化】效果:制作"雪花"特效。
- 【颗粒】效果:填充"商品简介区"底色。

● 【符号库】面板：添加"星星"、"对勾"与"王冠"等对象。

9.2.2 制作广告背景

制作分析

先创建一个 80mm × 200mm 的新文件，然后加入"草地"与"雪地"图像素材，再进行版面编辑，效果如图 9-8 所示。

制作流程

主要设计流程为"置入素材"→"合并素材"→"绘制'商品简介区'"，具体制作流程如表9-2 所示。

图9-8　POP广告背景

表9-2　制作广告背景的流程

制作目的	实现过程
置入素材	创建背景底色并对齐 置入并编辑"雪地"图像素材 置入并编辑"草地"图像素材
合并素材	创建用于遮盖"草地"的蒙版对象 为"草地"创建剪切蒙版 编辑"蒙版对象"的形状
绘制"商品简介区"	创建"商品简介区"矩形对象 填充渐变颜色 为商品简介区域背景添加颗粒效果

上机实战　制作广告背景

01 按下【Ctrl+N】快捷键，在打开的【新建文档】对话框中输入名称为"POP 背景"，再自定义宽度为 80mm，高度为 200mm，出血为 3mm，单击【确定】按钮创建一个新文件，如图 9-9 所示。

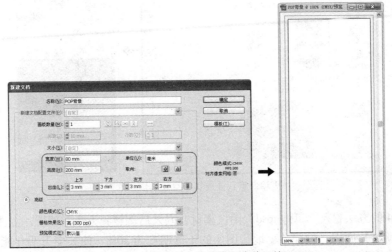

图9-9　创建新文件并建立裁剪区域

提示 易拉宝的实际大小为 80cm × 200cm，由于大尺寸会造成文件容量较大，从而影响软件的运行速度，为避免此问题，本例将文件的尺寸降低了 10 倍，设置成 80mm × 200mm。

---

02 使用【矩形工具】□创建一个与画板相同大小的 80mm × 200mm 的矩形，通过【对齐】面板将其与画板重叠，再取消描边颜色并填充黑色，作为 POP 广告的背景底色，如图 9-10 所示。

03 在【图层】面板中双击"图层1"，在弹出的【图层选项】面板中更名为"POP 背景"，并暂时将步骤 2 创建的矩形路径锁定，如图 9-11 所示。

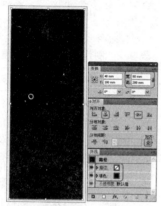

图9-10　创建矩形并对齐　　　　　　　图9-11　更改图层名称并锁定底色

04 选择【文件】|【置入】命令打开【置入】对话框，在"..\Ch09\images"文件夹中双击"雪地 .jpg"图像文件，将其导入练习文件中。通过【变换】面板调整图像文件的大小与位置，如图 9-12 所示，在【控制】面板中单击【嵌入】按钮。

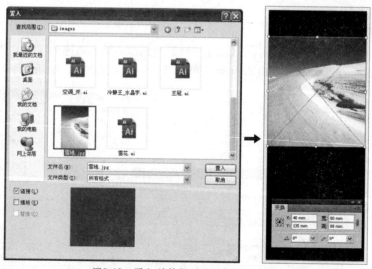

图9-12　置入并编辑"雪地"图像素材

05 使用步骤 4 的方法置入"草地 .psd"图像素材，嵌入后调整其大小与位置，如图 9-13 所示。

06 打开【透明度】面板，设置"草地"图像的不透明度为 30%，使其变透明并能查看后面"雪地"的形状，准备创建剪切蒙版图形，如图 9-14 所示。

图9-13 置入并编辑"草地"图像素材

图9-14 设置"草地"图像的不透明度

07 使用【缩放工具】🔍放大显示"草地"区域，然后在【控制】面板中取消填充颜色，并设置描边为黑色，粗细为1pt。使用【钢笔工具】✍在"草地"与"雪地"之间创建一个分隔形状作为"草地"的蒙版对象。在创建过程中可以配合【直接选择工具】▶作调整。接着把"草地"图层的不透明度调回100%，如图9-15所示。

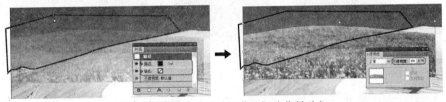

图9-15 创建用于遮盖"草地"的蒙版对象

08 按住【Shift】键单击"草地"与蒙版对象，在选中的对象上单击右键，选择【建立剪切蒙版】命令，把蒙版对象以外的"草地"区域遮盖住，使"草地"呈现于"雪地"之后，产生远景的效果，如图9-16所示。

蒙版对象以外的草地区域被遮住了

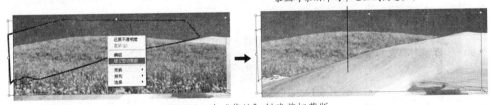

图9-16 为"草地"创建剪切蒙版

09 创建剪切蒙版后，由于"雪地"边缘与"草地"之间残留一些蓝色调，影响了衔接的效果。可以使用【直接选择工具】▶单击蒙版对象（可以通过【图层】面板选择），然后通过拖动锚点与调整控制手柄的形式编辑其形状，使"草地"与"雪地"有更完美的合并效果，如图9-17所示。

蓝色调　　不够和谐的地方　　拖动锚点

选择锚点

编辑形状后的合并效果

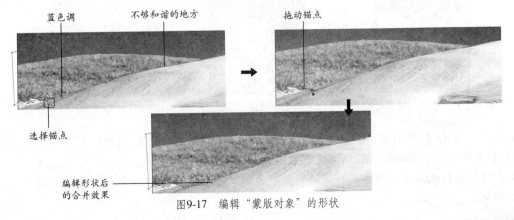

图9-17 编辑"蒙版对象"的形状

10 在【图层】面板中取消黑色底色的锁定状态，并将其选中，使用【吸管工具】 在"雪地"图像素材天空顶部的位置单击，吸取天空顶部位置的颜色，作为底色的填充颜色，如图 9-18 所示。

图9-18 更改底色的颜色

11 在【图层】面板中展开"POP 背景"图层，分别将对象更名为"草地"、"雪地"和"背景"，并将其锁定，如图 9-19 所示。

12 使用【矩形工具】 创建一个 80mm × 88mm 的矩形，并移至【X】为 40mm、【Y】为 60.5mm 的位置上，如图 9-20 所示。

13 通过【渐变】面板为步骤 12 创建的矩形填充白色到 CMYK（0，0，0，50）的灰色，角度为 -45 度，如图 9-21 所示。

图9-19 更名并锁定对象

图9-20 创建矩形对象

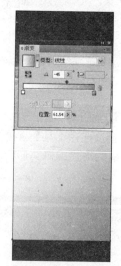
图9-21 填充渐变颜色

14 选中步骤 13 创建的填充的矩形对象，再选择【效果】|【纹理】|【颗粒】命令，在打开的【颗粒】对话框中设置如图 9-22 所示的效果属性，以此作为商品简介区域的背景。

15 在【图层】面板中将商品简介区域对象更名为"银色斑点渐变"，最后锁定所有对象，如图 9-23 所示。

图9-22 为商品简介区域背景添加颗粒效果

图9-23 更名并锁定对象

至此，制作广告背景的操作完成了，最终效果如图9-8所示。

9.2.3 制作风雪效果

制作分析

先加入广告主体——"空调"，然后依序添加"吹风"、"结冰"与"雪花"效果，效果如图9-24所示。

制作流程

主要设计流程为"制作'吹风'效果"→"制作'结冰'效果"→"制作'雪花'原始效果"，具体制作流程如表9-3所示。

图9-24 制作风雪效果

表9-3 制作风雪效果的流程

制作目的	实现过程
制作"吹风"效果	加入并编辑"空调"对象 绘制并填充"吹风"形状 为形状设置不透明度与模糊效果 与不透明蒙版对象建立不透明度蒙版 复制并编辑"吹风"副本
制作"结冰"效果	绘制"结冰"阴影层 制"结冰"白色层 绘制"结冰"中间调形状 绘制"结冰"高光形状
制作"雪花"原始效果	绘制"雪花"原始效果 对"雪花"设置不透明度与模糊效果 复制并分布"雪花" 羽化"雪花"效果

上机实战 制作风雪效果

01 打开 "..\Practice\Ch09\9.2.3.ai" 练习文件，再通过【图层】面板中创建 "素材与风雪效果" 新图层，如图 9-25 所示。

02 在 "..\Ch09\images" 文件夹中打开 "空调_开.ai" 素材文件，使用【选择工具】将 "空调" 对象拖至练习文件中，通过【变换】面板调整其大小与位置，如图 9-26 所示。

图9-25 创建 "素材与风雪效果" 新图层

03 使用【钢笔工具】配合【直接选择工具】在 "空调" 下面绘制出如图 9-27 所示的形状对象，取消描边并填充白色到浅灰色的渐变，以此作为空调吹出来的冷风效果。

图9-26 加入并编辑 "空调" 对象

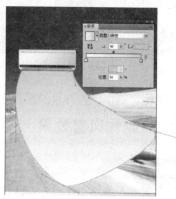

图9-27 绘制并填充吹风效果

04 选中绘制的形状，在【透明度】面板中设置不透明度为 30%，然后选择【效果】|【模糊】|【高斯模糊】命令，在打开的【高斯模糊】对话框中设置半径为 2 像素，再单击【确定】按钮，如图 9-28 所示。

05 使用【矩形工具】创建一个中心覆盖 "吹风" 形状的矩形对象，并放置在 "吹风" 形状的上面。然后通过【渐变】面板填充从白色到黑色的渐变效果，以此作为不透明蒙版对象，如图 9-29 所示。

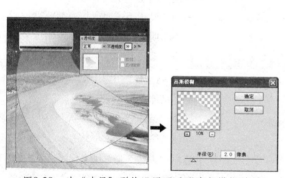

图9-28 为 "吹风" 形状设置不透明度与模糊效果

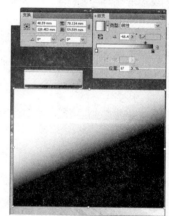

图9-29 创建并填充不透明蒙版对象

06 按住【Shift】键选中 "吹风" 与蒙版对象，在【透明度】面板中单击按钮，再选择【建立不透明蒙版】命令，如图 9-30 所示。

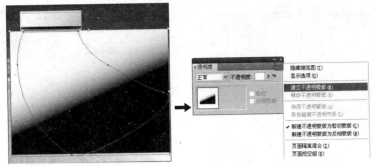

图9-30 建立不透明度蒙版

07 选中建立不透明蒙版后的"吹风"对象,依序选择【编辑】|【复制】与【编辑】|【贴在前面】命令,复制一份"吹风"副本,然后使用【直接选择工具】 对各个锚点进行调整,编辑成如图 9-31 所示的结果。

图9-31 复制并编辑"吹风"副本

08 选中复制并编辑后的"吹风"副本对象,由于原来的"吹风"对象添加了【高斯模糊】效果,可以打开【外观】面板再单击【高斯模糊】选项,将其拖至【删除所选项目】按钮 上删除该效果,如图 9-32 所示。

09 在【图层】面板中展开"素材与风雪效果"图层,为两个"吹风"效果命名并锁定,如图 9-33 所示。

图9-32 删除【高斯模糊】效果

图9-33 为两个"吹风"效果命名并锁定

10 使用【钢笔工具】 配合【直接选择工具】 在"雪地"与"商品简介区"之间绘制出如图 9-34 所示的"结冰"形状,然后分别填充颜色、设置不透明度与更名,以此作为"结冻"的背景阴影。

11 使用步骤 7 的方法,先在上方复制一份"结冰背景"的副本,使用【直接选择工具】 依序调整各锚点,使其形状往内缩小,然后更改颜色为【白色】,不透明度为100%,并更名为"结冰_白色",如图 9-35 所示。

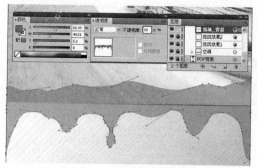

图9-34　绘制"结冰"阴影

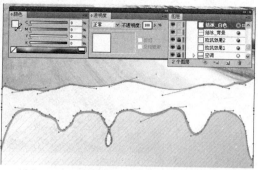

图9-35　绘制"结冰"主色层

12 使用【钢笔工具】 配合【直接选择工具】 在"结冰"上方绘制出如图9-36所示的中间调颜色，然后设置填充颜色、不透明度与名称，使"结冰"产生立体效果。

13 使用步骤11的方法制作如图9-37所示的"结冰"高光效果，进一步增强其立体效果。

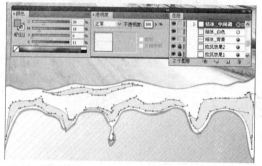

图9-36　绘制"结冰"中间调形状

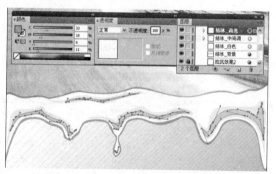

图9-37　绘制"结冰"高光形状

14 至此"结冰"效果绘制完毕了，按住【Shift】键在【图层】面板中选中组成"结冰"的4个对象，按下【Ctrl+G】快捷键将其编组，再更改名称为"结冰效果"，如图9-38所示。

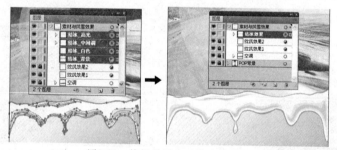

图9-38　编组并更名"结冰效果"

> **提示** 如果想了解"结冰"效果各组成部分的锚点属性，可以在"..\Ch09\images"文件夹中打开"结冰.ai"文件，再使用【直接选择工具】单击查看。

15 使用【椭圆工具】 在"空调"的下方绘制出大、中、小三种规格的白色小圆点，以此作为制作雪花的原始图形，如图9-39所示。

16 使用【选择工具】 并按住【Shift】键选中多个较小的小圆点，先设置不透明度为85%，然后添加半径为1像素的高斯模糊效果，以此作为远处的"雪花"效果，如图9-40所示。

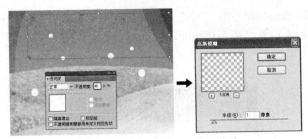

图9-39 绘制"雪花"原始效果　　　　　　图9-40 制作远处的"雪花"效果

17 使用步骤 16 的方法先选取中等大小的小圆点，设置不透明度为 90%，高斯模糊半径为 0.5 像素，以此作为中间位置的"风雪"效果，如图 9-41 所示。

18 选中最大的几个小圆点，再为其添加半径为 1 像素的高斯模糊效果，以此作为近处的"雪花"效果，如图 9-42 所示。

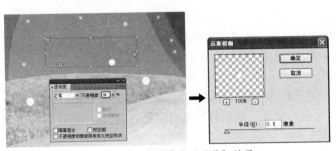

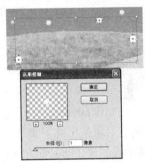

图9-41 制作中间处的"雪花"效果　　　　　　图9-42 制作近处的"雪花"效果

19 选中远、中、近处的多个"雪花"对象，按下【Ctrl+G】快捷键将其编组，在【图层】面板中将其更名为"雪花"，如图 9-43 所示。

20 按住【Alt】键往左下方拖动复制出"雪花"副本对象，然后将其等比例调大，如图 9-44 所示。

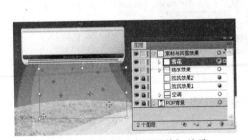

图9-43 编组并更名"雪花"效果　　　　　　图9-44 复制并放大"雪花"效果

21 使用步骤 20 的方法复制多个"雪花"效果，并根据"远小近大"的原则进行适当编辑，然后将所有"雪花"对象编组，如图 9-45 所示。

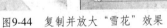

提示　完成"雪花"对象的复制后，可以使用【直接选择工具】对较为密集或者分布不太自然的单一"雪花"对象进行适当的调整，以便达到协助、和谐的散播效果。

22 选择编辑后的"雪花"对象，再选择【效果】【风格化】【羽化】命令，在打开的【羽化】对话框中设置半径为0.5mm，再单击【确定】按钮，使雪花产生朦胧的效果，如图9-46所示。

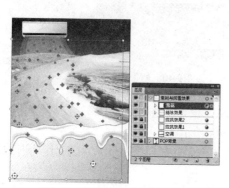

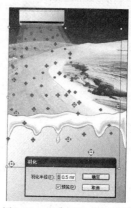

图9-45　复制其他"雪花"对象　　　　　图9-46　羽化"雪花"效果

> **提示**　如果想查看本小节中各对象的大小、位置与效果等属性，可以在"..\Ch09\images"文件夹中打开"雪花.ai"文件，再使用【直接选择工具】单击目标对象即可。

23 在"..\Ch09\images"文件夹中打开"空调_闭.ai"素材文件，使用【选择工具】将多个"空调"对象拖至练习文件中，再调整其大小与位置，最后将其编辑并更名为"空调组"，以此作为展示商品放在商品简介区域的下方，如图9-47所示。

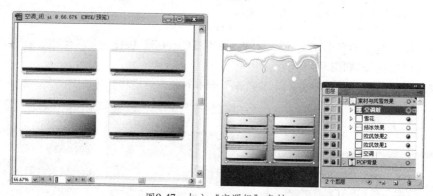

图9-47　加入"空调组"素材

至此，制作风雪效果的操作已经制作完毕了，最终效果如图9-24所示。

9.2.4　设计标志并添加广告文字

制作分析

先为商品制作银色的商标，然后加入广告标题、广告语和商品简介内容，最后为商品添加型号标签，效果如图9-48所示。

制作流程

主要设计流程为"设计商标"→"输入广告文字"→"制作项目符号"→"制作型号标签"，具体制作流程如表9-4所示。

表9-4　设计标志并添加广告文字的流程

制作目的	实现过程
设计商标	输入商标再复制副本至空调上 创建文字轮廓并取消编组 合并商标文字并填充多色渐变 为商标添加投影效果 将商标复制并对齐至展示商品上
输入广告文字	输入广告主、副标题 输入广告语与商品简介文字 创建串接文本框显示剩余简介文字
制作项目符号	添加商品简介项目符号 复制项目符号并设置混合选项 使用【混合工具】创建项目符号 复制并编辑混合效果
制作型号标签	加入"星星"符号并更改颜色属性 添加型号名称并将标签移至空调上 为其他空调商品添加型号标签

图9-48　设计标志并添加广告文字

上机实战　设计标志并添加广告文字

01 打开"..\Practice\Ch09\9.2.4.ai"练习文件，在【图层】面板中创建出"标志与广告文字"新图层，如图9-49所示。

02 使用【文字工具】 T 在广告的左上角输入白色的"SROWAS"文字内容，在【字符】面板中设置文字属性后将其倾斜20度，以此作为本空调的品牌标志，如图9-50所示。

图9-49　创建出"标志与广告文字"新图层

图9-50　输入商标

03 按住【Alt】键将商标拖动复制到"空调"的正中，在【变换】面板中等比例缩小至如图9-51所示的大小。

04 在选中的空调商标文字上单击右键，选择【创建轮廓】命令，再次单击右键，选择【取消编组】命令，将商标文字转成一般对象并打散，如图9-52所示。

图9-51　将商标添加至空调上

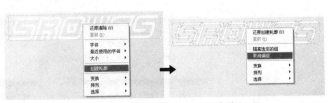

图9-52　创建文字轮廓并取消编组

> **提示** 由于无法为文字对象填充多色渐变，所以先将其转换为轮廓对象；另外，转换为轮廓对象后的文字会自动编组成一个对象，为了后续能够为整个文字填充多色渐变，在步骤4中先将其取消编组。

05 保持文字的被选取状态，在【路径查找器】面板中单击【与形状区域相加】按钮 ，将其合并成一个对象，接着通过【渐变】面板为其填充灰白相间的多色渐变，角度为 -60 度，使其呈现银白色的金属效果，如图 9-53 所示。

图9-53 合并商标文字并填充多色渐变

06 选择【效果】|【风格化】|【投影】命令打开【投影】对话框，为商标设置如图 9-54 所示的投影属性，其中颜色为 CMYK（76，70，67，32）。

图9-54 为商标添加投影效果

> **提示** 如果想了解标志的渐变填充属性，可以在 "..\Ch09\images" 文件夹中打开 "标志 .ai" 文件，再使用【直接选择工具】 单击查看。

07 将白色空调上的商标逐一复制到商品简介区中的推介商品上，并且依序对齐于各种颜色的空调商品上，如图 9-55 所示。

图9-55 将商标复制并对齐至展示商品上

08 在【图层】面板中选择所有商标对象，按下【Ctrl+G】快捷键将其编组，更名为"标志"并锁定，如图9-56所示。

09 使用【文字工具】 T 在白色空调的右上方输入"新一代'冷静王'"文字内容，并在【字符】面板设置文字属性，作为广告的主标题。接着拖选"'冷静王'"文字内容，更改大小为28pt，将该品牌名称放大显示，如图9-57所示。

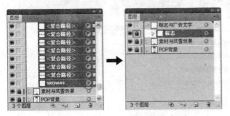
图9-56　编组、更名与锁定标志

图9-57　输入广告标题

10 使用【文字工具】 T 在主标题的下方输入"仲夏伴侣"文字内容，作为广告的副标题，如图9-58所示。

11 使用【文字工具】 T 在"结冰"效果的下方输入"清凉＋宁静新体验"文字内容，再设置字符属性与颜色，作为商品简介的标题与广告语，如图9-59所示。

图9-58　输入广告副标题

图9-59　输入广告语

12 在"..\Ch09\images"文件夹中打开"功能简介.txt"素材文件，按下【Ctrl+A】与【Ctrl+C】快捷键全选并复制内容。接着使用【文字工具】 T 在广告语的下方创建一个文本框，按下【Ctrl+V】快捷键粘贴文字内容，然后全选粘贴的内容并在【字符】面板设置文字属性，如图9-60所示。

图9-60　加入商品简介文字

13 由于一个文本框无法显示所有功能简介内容，可以使用【选择工具】 单击文本框右下方的 ⊞ 符号，当指标变成 状态后，在右边的空位处拖动出另一个文本框，创建串接文本框以显示剩余内容，如图9-61所示。

图9-61　创建串接文本框显示剩余内容

14 选择【窗口】|【符号库】|【Web 按钮和条形】命令打开【Web 按钮和条形】面板，将"星形 - 灰色"符号拖至第一条商品简介的左侧，然后在【变换】面板中先单击【约束宽度和高度比例】按钮 ，再设置【宽】为 2.5mm，按下【Enter】键后【高】会自动根据比例变成 2.72mm，以此符号作为各项商品简介的项目符号，如图 9-62 所示。

图9-62 添加商品简介项目符号

15 按住【Alt+Shift】键将加入的项目符号垂直拖动并复制至第 5 条简介上，并确定整列项目符号的起点与终点位置，如图 9-63 所示。

16 使用步骤 15 的方法复制其他 3 个项目符号，接着按住【Shift】键不放选择 5 个项目符号，在【变换】面板中设置【对齐所选对象】模式，然后单击【垂直分布间距】按钮 ，如图 9-64 所示。

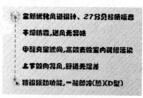

图9-63 复制项目符号

复制其他3个项目符号

垂直分布间距后的结果

图9-64 复制左侧3个项目符号并分布对齐

17 按住【Shift】键选择前 3 个项目符号，然后按住【Alt+Shift】键将其水平拖动并复制至右侧的 3 条简介上，如图 9-65 所示。

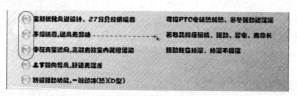

图9-65 复制右侧的项目符号

18 将所有项目符号选取，并按下【Ctrl+G】快捷键将其编组成"项目符号"，如图 9-66 所示。

图9-66 编组项目符号

19 选择【星形工具】 并单击画板，在打开的【星形】对话框中设置各选项的参数，单击【确定】按钮，绘制出一个任意颜色的星形对象。然后在【变换】面板中设置【倾斜】为20度，如图9-67所示。

图9-67 绘制星形对象并倾斜处理

20 打开【渐变】面板并选择预设的【径向渐变2】，然后选择【渐变工具】[■]在星形对象上拖动填充渐变颜色，其中起始色标为【白色】，结束色标为CMYK（0，54，100，0）的橘红色。接着在【外观】面板中设置描边颜色为【白色】，粗细为3pt。最后打开【描边】面板，再单击【使用描边内侧对齐】按钮[■]，如图9-68所示。

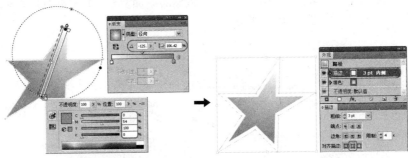

图9-68 根据商品的颜色更改"星星"的填充颜色

21 将星形对象等比例缩小，并移至"黄色"空调商品的右上角处，接着选择【效果】|【风格化】|【外发光】命令，在打开的【外发光】对话框中设置外发光属性，然后单击【确定】按钮，如图9-69所示。

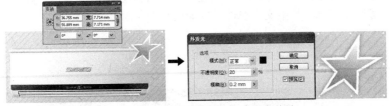

图9-69 调整星形属性并添加外发光效果

22 使用【文字工具】[T]在"星星"的上方输入"LJ 203"作为商品的型号标签，设置字符属性后在【变换】面板中倾斜20度，将星形对象与型号编组起来，如图9-70所示（在实际设计中可以根据商品的实际名称进行命名）。

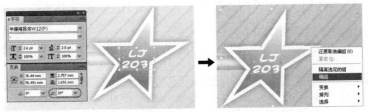

图9-70 添加型号名称

23 将橘红色的星星与型号复制一份到"绿色"空调的右上方，使用【直接选择工具】▶单击星形对象，然后选择【渐变工具】■，双击结束色标，在打开的【颜色】面板中重设结束色标的颜色为深绿色，再使用【文字工具】T双击"LJ 203"文字，更改内容为"LJ 204"，如图9-71所示。

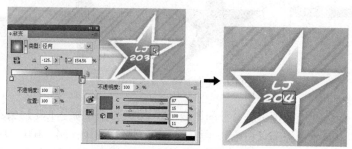

图9-71　复制并更改型号标签

24 使用步骤23的方法为其余4个不同颜色的空调商品添加型号，并根据各自的颜色更改星星的渐变填充，然后将所有"型号"编组并更名，如图9-72所示。

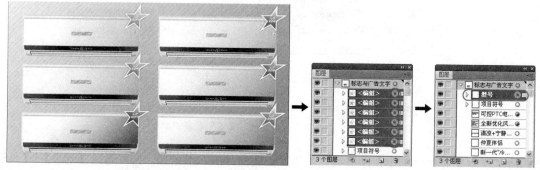

图9-72　为其他空调商品添加型号标签

25 使用【文字工具】T在广告面板最底端的蓝色区域上创建一个文本框，并输入企业名称、地址、电话与网址等联系信息，其中文字属性设置如图9-73所示。

图9-73　添加广告联系信息

　　至此，设计标志并添加广告文字的操作完成了，最后效果如图9-48所示。

9.2.5　制作水晶字与POP字体

制作分析

　　本实例主要制作"冷静王"水晶字与"店长推介"POP字型，最终得到如图9-74所示的效果。

图9-74　制作水晶字与POP字体

主要设计流程为"制作水晶字"→"添加并编辑'王冠'"→"绘制发光点"→"绘制POP字型"，具体制作流程如表9-5所示。

表9-5　制作水晶字与POP字体的流程

制作目的	实现过程	制作目的	实现过程
制作水晶字	输入"冷静王"文字内容再合并成一般对象 填充、复制文字副本并往中间缩小 为原文字填充多色渐变 创建"冷静王"混合效果	绘制发光点	创建四角星形并编辑成发光点形状 复制、编组与旋转发光点 将发光点添加至水晶字上
添加并编辑"王冠"	加入"王冠"符号对象并编辑其形状 添加"王冠"专属名称并制作封套效果 将"王冠"移至"王"字上方并编组	绘制POP字型	绘制POP字体形状并填充 加入"对勾"符号 调整"对勾"符号的大小、位置与排列顺序

上机实战　制作水晶字与POP字体

01 打开"..\Practice\Ch09\9.2.5.ai"练习文件，在【图层】面板中单击【创建新图层】按钮，在打开的【图层选项】面板中输入名称为"制作水晶字与POP字体"，设置颜色为【深绿色】，再单击【确定】按钮，如图9-75所示。

02 使用【文字工具】输入"冷静王"文字内容，设置字符属性后在【变换】面板中添加15度的倾斜效果，如图9-76所示。

03 将文字转换为轮廓，然后取消编组，再将三个文字合并扩展为一个对象，如图9-77所示。

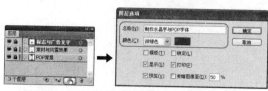

图9-75 创建"制作水晶字与POP字体"新图层 　　　图9-76 输入水晶字的内容

图9-77 将文字合并为一个对象

04 设置文字的描边为白色，粗细为1pt，再设置填充为蓝色，然后依序选择【编辑】|【复制】与【编辑】|【贴在前面】命令，在原对象的上方粘贴一个相同的文字副本，如图9-78所示。

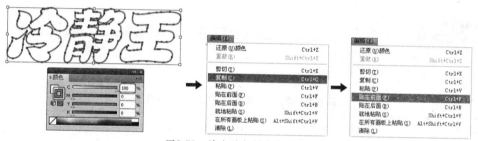

图9-78 填充并复制文字副本

05 选择【选择工具】 ▶ 并将指标移至文字的右侧边框上，按住【Alt】键往左拖动鼠标，从两端往中间缩进文字；接着使用同样方法调整文字的高度，如图9-79所示。

06 选中缩小后的"冷静王"文字，在【渐变】面板中为其填充蓝白相间的多色渐变，其中角度为-40度，如图9-80所示。

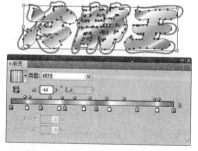

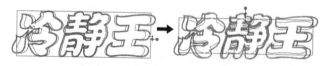

图9-79 将文字副本往中间缩小 　　　图9-80 为文字填充多色渐变

> 提示 如果想了解"冷静王"文字的渐变填充属性，可以在"..\Ch09\images"文件夹中打开"冷静王_水晶字.ai"文件，再使用【直接选择工具】单击查看。

07 双击【混合工具】按钮打开【混合选项】对话框，指定间距的步数为15，接着分别单击前后两个"冷静王"文字，创建混合效果，如图9-81所示。

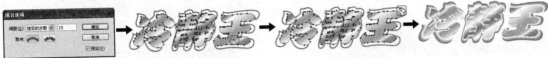

图9-81 创建"冷静王"混合效果

08 选择【窗口】|【符号库】|【庆祝】命令打开【庆祝】面板，将"王冠"符号拖至画板以外的白色区域，然后断开符号链接并取消编辑，如图9-82所示。

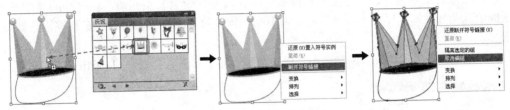

图9-82 加入"王冠"符号对象

09 使用【选择工具】单击选中"王冠"下方的绳子，按下【Delete】键删除。再单击黑色黄边的椭圆对象，在【控制】面板中取消其填色，如图9-83所示。

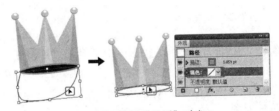

图9-83 编辑"王冠"对象

10 使用【直接选择工具】并按住【Shift】键选中椭圆对象两侧的锚点，在【控制】面板中单击【在所选锚点处剪切路径】按钮，将椭圆一分为二。使用【选择工具】单击选中剪切后的下方半圆弧，按下【Delete】键删除，如图9-84所示。

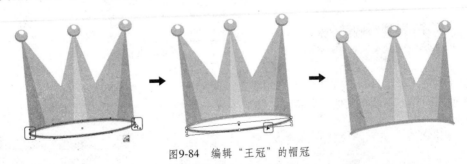

图9-84 编辑"王冠"的帽冠

11 由于剪切后的帽冠两端的部分过于明显，可以选中帽冠打开【描边】面板，单击【圆头端点】按钮，使端点变得圆滑自然，如图9-85所示。

12 使用【文字工具】在"王冠"上输入"Cold prince"（清凉小王子）文字内容，然后设置字符属性与颜色，再根据王冠摆放的角度将其旋转5度，如图9-86所示。

图9-85　修改帽冠的端点

图9-86　在"王冠"上方添加专属名称

13 选中输入的文字内容，在【控制】面板中单击【制作封套】按钮，在打开的【变形选项】对话框中选择【拱形】样式，并设置弯曲为10%，预览效果满意后单击【确定】按钮，如图9-87所示。

14 将"王冠"与名称编组，调整大小与旋转角度后移至"王"字的上方，如图9-88所示。

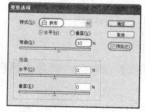

图9-87　为文字添加拱形封套效果

图9-88　将"王冠"移至"王"字上方

15 将"王冠"与"冷静王"编组，在【图层】面板中更名为"冷静王"，再将编组后的对象移至"结冰"效果的右上方，调整大小就完成水晶字的制作了，结果如图9-89所示。

16 双击【星形工具】按钮打开【星形】对话框，设置角点数为4并单击【确定】按钮，创建出如图9-90所示的四角星形对象。

图9-89　将水晶字与"王冠"编组

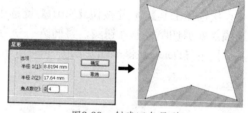

图9-90　创建四角星形

17 使用【直接选择工具】单击中上方的锚点，按住【Shift】键将其水平往下拖至对象中心附近。接着使用同样方法调整其他三个锚点，使它变成一个亮光闪烁点的形状，如图9-91所示。

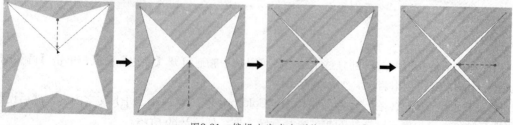

图9-91　编辑出发光点形状

18 复制一个相同的形状对象，将两个发光点编组并旋转，如图9-92所示。

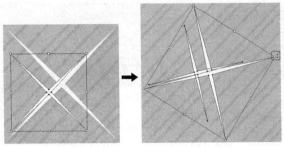

图9-92　复制、编组与旋转发光点

19 将编辑好的一组发光点移至"冷"字的左上角，接着复制出多个相同的对象，并分布在"冷静王"水晶字与"王冠"上，使其产生闪烁的效果，如图9-93所示。

图9-93　将发光点添加至水晶字上

20 使用【钢笔工具】▲配合【直接选择工具】▶在D型（绿色）空调的上方创建出如图9-94所示的锚点形状，编辑出"店长推介"四个POP字体。

> **提示** 在制作步骤20的POP文字体时，要注意各字之间的连贯性，特别要注意"店"字中的"口"字，设计者特意将其"口"字打开一个小缺口，就是为了方便后续的填色。另外，在设计POP字体时可以参考一些优秀的POP字体效果，根据其风格进行创新。

21 为POP文字填充红色，设置描边颜色为白色，粗细为0.75pt，效果如图9-95所示。

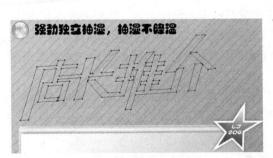

图9-94　绘制POP字体形状

图9-95　为POP文字上色

22 选择【窗口】|【符号库】|【3D符号】命令打开【3D符号】面板，将"对勾"符号拖至"店长推介"的右下方，如图9-96所示。

23 通过【变换】面板调整"对勾"符号的大小与位置，如图 9-97 所示。

图9-96　加入"对勾"符号

图9-97　调整"对勾"符号的大小与位置

24 在【图层】面板中展开"水晶字与POP字体"图层，将"对勾"对象拖至"店长推荐"路径的下方，如图 9-98 所示。

图9-98　调整"对勾"的排列顺序

至此，POP 广告已经全部设计完毕了，最终效果如图 9-74 所示。

9.3　学习扩展

9.3.1　经验总结

通过本例的学习，对 POP 广告有了一定的了解，下面通过 POP 广告设计的整体要求与本案例的设计要点进行总结。

1. POP广告设计的整体要求

在设计 POP 广告时应以商品的标志、标准色等视觉要素作为设计主体，既要表现商品特性，又要符合顾客购买的心理需求。POP 广告多数是置于琳琅满目的商品中，因此，在设计时应力求突出重点、简明扼要、便于识别，使其具有较强的视觉传达效果，特别是橱窗式 POP 广告，既要顾全商品展示的需要，也要注重外观和使用效果。

另外，也可以根据需要设计一份说明书，印在 POP 广告的背面或附在商品中，便于消费者了解商品的功能和使用方法。

2. 本例的技术要点

（1）【吸管工具】 不止可以快速吸取其他对象的颜色属性，还能快速套用渐变属性与效果属性等。如果要为一幅作品中的多个对象填充同一种颜色时，使用【吸管工具】 进行吸取可以节省大量设置颜色参数的操作。

(2) 在拼合"草地"与"雪地"的操作中，设计者使用了剪切蒙版的方法，如果对遮盖效果不满意，可以使用【直接选择工具】 对蒙版对象进行可视编辑。

(3) 制作空调的"吹风"效果时，不透明蒙版的作用功不可没，但必须注意蒙版对象的大小必须完全遮盖被蒙的"吹风"形状，另外要根据"雪山"的形状来制定渐变效果。当然这些效果很多时候并非能一次得到，都是经过不断修改得来的。

(4) 本例的一个最大的亮点莫过于"结冰"效果的制作了，其实此效果的结构仅为几个不同颜色的色块堆叠，其重点在于形状的编辑，这就有赖于不厌其烦地对多个锚点进行移动与编辑，最终达到较为和谐、圆滑的效果。

(5) 在制作"雪花"效果时必须遵循"远大近小"的原则，将多个小白点分布均匀，再通过不透明度、高斯模糊与羽化等功能加强视觉效果。

(6) 本例多次运用了【符号库】中的符号对象，比如项目符号、王冠、对勾等对象，在设计时要善用 Illustrator CS5 强大的【符号库】与【图形样式库】，或许能为您节省大量寻找素材的时间。

(7) "冷静王"水晶字的效果，无疑给人清凉舒爽的感觉，其实操作步骤并不复杂，大家只要开动脑筋并多作尝试，想必会有更好的效果。另外，"发光点"的使用更具有画龙点睛之效。

(8) 在绘制 POP 字体时可以使用【文字工具】 选择具有 POP 文字风格的字体输入文字内容后，然后通过创建轮廓、取消编组与合并等操作将其合并为一个对象，再使用【直接选择工具】 对锚点进行编辑。

9.3.2 创意延伸

本案例制作的 POP 广告的亮点在于突出了商品的卖点，以夸张的手法展示了空调的"冷"与"宁静"。当商家推出的产品有另外的新卖点时，可以针对新的特点发挥创意。如图 9-99 所示的 POP 广告是本例作品的延伸，为"斯华诺"公司的另一款空调产品设计广告。该产品除了"冷"与"静"之外，更新增了省电卖点，所以设计者抓住了"环保"这点，将原来的风雪素材换成了一片油菜地，更有一位儿童展开胸怀，在夏日里享受着空调所带来的凉风。还将原来的蓝色主色调换成了绿色，更深层次地突出了环保意识。

另外，设计者更添加了一个卡通人物作为"吉祥物"，其潇洒的动作、冷酷的表情正在通过自己发出的凉风冻结成"冷静王"三个字，使消费者加强了对商品的了解。

9.3.3 作品欣赏

下面介绍几种典型的 POP 广告作品给读者在做设计时进行借鉴与参考。

1. 百盛商场促销POP吊旗广告系列

下面先挑选三款百盛商场促销 POP 吊旗广告给读者欣赏。该系列作品分为两个版面，一个版本点明广告的主题，另一个版面则详细说明广告的细节与内容，其尺寸均为宽窄的矩形区域。

图9-99 本例创意延伸作品

（1）新年促销POP吊旗广告

如图9-100所示为新年促销POP吊旗广告，其主色调为洋红色，衬托出新年的喜庆气氛，再以绿、白色的花纹作点缀，与底色形成强烈对比。上方版面由"欢乐新年"的中、英文点出本广告的主题，再以一个小信封寓意本节日的优惠措施。下方版面则以较大的POP数字字体标明"从200元减至120元"的降阶手段，最后在右下方添加商场的标志。

（2）妇女节促销POP吊旗广告

如图9-101所示为妇女节促销POP吊旗广告，本作品针对女人青春常驻的心愿，选用了翠绿色作为广告的主色调，再依据女人的爱美之心选用了大量的花果做陪衬元素。而标题是"美丽节日"的中、英文。在下方版面中同样标明了广告的促销计划，将原来100块的购物券当作138块使用，与3月8日这一日子吻合了。

图9-100　新年促销POP吊旗广告

（3）中秋节促销POP吊旗广告

如图9-102所示为中秋节促销POP吊旗广告，本作品针对人月团圆的美好愿景，选用了橘红色的和谐色调作为底色，再使用金黄色的"月亮"作为广告主题。通过祥云与白色的吊饰突出了中秋节特有的中国气氛。在下方版面中罗列了较为详细的促销计划。

图9-101　妇女节促销POP吊旗广告

图9-102　中秋节促销POP吊旗广告

2．"Acer暑期促销计划"POP设计欣赏

如图9-103、图9-104、图9-105所示为"神州数码公司"推出的"Acer暑期促销计划"POP设计作品，其中包括易拉宝、柜台陈设广告牌和吊旗广告等多种类型。为了展示本次活动的降价幅度，设计者夸张地选用了"冰川"作为表现手段，配合"带你体验炎夏中的绝对0度"广告语，让消费者马上心领神会，从而将视线集中在其推广的商品上，达到了较好的广告效应。除了促销产品展示外，设计者更根据商家提供的促销计划，展示了多种奖品，通过附送赠品的形式俘获消费者的心，不失为一组优秀的商业POP广告作品。

图9-103 易拉宝广告

图9-104 陈设性广告

图9-105 吊旗广告

在这种风格的作品设计上，需要注意图案色与背景色必须产生强烈的对比，否则整个作品就没有主次，不能突出亮点，降低了作品的吸引力。

3. 韩国POP广告系列欣赏

如图 9-106 所示为多款韩国 POP 广告。这些作品都有几个特点：版面内容丰富、构图新颖、用色浓重艳丽，并且通过童真的表现形式展示亲和力，不仅能够迅速吸引受众的视觉，更能在较短时间内取得消费者的好感，从而赢得信任，大家在设计时不妨参考其长处。

图9-106 韩国POP广告欣赏系列

9.4 本章小结

本章先介绍了POP广告的概念、功能、分类和设计原则等基础知识。然后通过"SROWAS"新一代"冷静王"空调的易拉宝广告实例，介绍了POP广告的设计构想、流程与详细操作过程。

9.5 上机实训

实训要求：POP字体可以说是POP类广告的灵魂所在，如本例出现的"店长推荐"四字即为POP字体，此类字体通常为大头笔手写的，在进行POP广告创作时，通常会对使用正规字体输入的文字进行局部编辑，使之达到奇特的造型。近年来网购潮火爆，相信大家对"秒杀"二字也极为熟悉，本实训题要求先创建一个横向的A4新文件并输入"秒杀"二字，然后将其"杀"字头顶的"乂"连同"秒"字的最后的撇笔画，组合成一把利剑，使"秒杀"的促销意图更为明显，最后在"剑刃"末端添加滴血效果。最终结果如图9-107所示。

图9-107　午餐类别销售比例的饼图

制作提示：制作流程如图 9-108 所示。

（1）设置"秒杀"二字的字体为"文鼎特粗宋简"，大小为"200pt"。

（2）在文字对象上单击右键并执行【创建轮廓】命令即可将文字变成轮廓对象。另外还要取消文字形状的编组，才能对锚点进行编辑。

（3）使用【直接选择工具】配合【控制】面板可以对锚点进行移动、添加、减去等操作，还可以拖动控制手柄调整锚点两侧的形状弧度。

（4）如果要选中多个锚点时，可以按住【Shift】键单击或者拖动。也可以使用【套索工具】圈选布局复杂的多个锚点。

（5）在拖动锚点的过程中，按住【Shift】键可以限制当前锚点沿水平或者垂直方向移动。

（6）步骤 5 添加的艺术效果，可以先选择【窗口】|【图形样式库】|【按钮和翻转效果】命令，打开【按钮和翻转效果】面板，然后为变形后的文字添加【斜角红色】样式。

（7）步骤 6 添加的滴血效果，可以先选择【窗口】|【画笔库】|【艺术效果】|【艺术效果_油墨】命令，打开【艺术效果_油墨】面板选中【银河】画笔样式，然后使用【画笔工具】自下往上拖动绘制红色的滴墨效果。

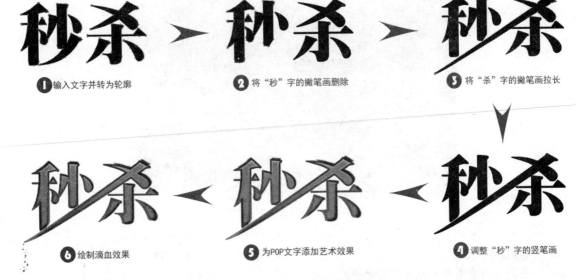

图9-108　"秒杀"POP促销文字的设计流程

第10章 书籍装帧——小说封面设计

➲ 本章先介绍书籍装帧的概述、类别、设计原则与构思、装帧尺寸与设计形式等基础知识，然后通过"小说封面"案例介绍书籍装帧的设计方法，其中包括制作封面与封底、制作海面、绘制云朵/草地/花朵、绘制纸飞机等小主题。

10.1 书籍装帧的基础知识

10.1.1 书籍装帧的概述

书籍装帧是指书籍在生产过程中将思想和艺术、外观和内容、材料和工艺等多个方面融合于其中，创造出美观、和谐的整体艺术。

书籍装帧设计是指书籍的整体设计，封面设计、扉页设计和插图设计是其中的三大主体设计要素。封面设计可以说是书籍装帧设计的艺术门面，也是最为人们熟知的一部分，它通过艺术形象设计的形式来反映书籍的内容。在当今琳琅满目的书海中，书籍的封面起到了一个无声的推销员作用，它的好坏在一定程度上将会直接影响人们的购买欲望，如图 10-1 所示为一些常见的封面作品。

图10-1　书籍封面及版式设计

> 🛍提示　根据相关的调查显示，一个封面的好坏可以影响到将近 50% 以上的零售量，所以可以毫不夸张地说"封面即广告"。

10.1.2 书籍的类别与封面设计原则

书籍的品种繁多，在宏观上可以分为五个类别。每个类别的封面都有着各自的特点与设计原则，若没有书店分类指引的情况下，某些读者甚至会通过书籍封面来判别其类型，所以在进行设计前，认识各种书籍的分类至关重要。

1. 儿童类书籍

儿童类书籍可以分为低幼类和少儿类等，其形式较为活泼，在设计时多采用精美、漂亮、生动有趣的插图作为主要图形，再配以活泼稚拙的文字来吸引小读者，如图10-2所示。

2. 画册类书籍

画册类书籍的开本一般接近正方形，常用12开、24开等，这种大开本便于安排图片。在设计时通常选用画册中具有代表性的图画再配以文字作为设计手法，如图10-3所示。

图10-2　儿童类书籍封面

3. 文化类书籍

此类型的封面设计较为庄重、严肃，主要由插图和文字组成，也可以使用文中的重要图片作为封面的主要图形。文字多用宋体或端正的字体，以表现其严谨性；色彩使用纯度与明度较低的配色，视觉表现沉稳，以反映浓厚的文化底蕴，如图10-4所示。

图10-3　画册类书籍封面

图10-4　文化类书籍封面

4. 丛书类书籍

丛书中每本书的设计风格应保持一致，只要根据书籍内容更换书名和关键图形即可。这一般是成套书籍封面的常用设计手法，如图10-5所示。

5. 工具类书籍

此类书籍的页数较多，使用频率高，所以应该选用耐磨的硬书皮，封面字体应该工整、严肃，有较强的秩序感，如图10-6所示。

图10-5　丛书类书籍封面　　　　　　　　　　　图10-6　工具类书籍封面

10.1.3　封面设计的构思

封面设计的目的主要是长久地感动读者，其次才是瞬间吸引读者。可以体现设计者的美学感情和对于形式美的创新与追求，创意是封面设计的核心所在。

在设计过程中，应尽量使用最感人、最形象、最易被视觉接受的表现形式，因此封面的构思举足轻重。在设计时必须先弄清书籍风格、内容、体裁等，把新颖的构思展现出来，使封面具备感染力。下面列举几项封面设计构思的方法以供参考。

1. 想象

想象是非常抽象的概念，它来源于设计者的艺术修养，是构思的基点，以造型的的知觉为中心，可以产生明确的意味形象，通俗地说想象就是所谓的"灵感"，它是认识和想象的结晶。

2. 舍弃

设计者在构思的过程中往往陷入"易叠加，难舍弃"的窘境，由于书籍表现的内容太多，一旦到诸多细节堆砌后就不忍舍弃，有人说过"设计要以减法进行"就是这个道理，将与主题关联不是最紧密、可有可无的要素去除，才能使构思更加完美。

3. 象征

象征性的展现手法是设计师很热衷的艺术语言，如果遇到比如科幻或者艺术画册这一类的书籍主题时，不妨大胆采用抽象的图形或图像素材来表达主题意境。

4. 探索创新

在进行封面设计的构思时，要尽量避免俗套的形式与言语，如果坚守旧形式、老构图，就会阻碍创新构思的衍生，特别是在设计封面时，构思要独特，主张标新立异，忌讳沿用俗套。

10.1.4　书籍装帧的尺寸

书籍的装帧尺寸分为"精装"与"平装"两大类。精装是指一种较为精致的装帧方式，如图10-7所示，主要对书籍的封面、书脊与书角等位置进行造型加工，而且彩页较多，同时会选用较为耐用的铜版纸作为材料，印刷工艺也精益求精，精装书一般用于收藏；平装相对而言没精装那么讲究，使用一般的印刷工艺与用纸，它是总结了包背装和线装优点后进行改革的书籍装帧形式，如图10-8所示，也是一种平面订联成册、使用较多的装帧方法。平装是指根据现代印刷的特点，先将大幅面页张折叠成帖、配成册，包上封面后切去三面毛边，就成为一本可以阅读的书籍，其售价也较精装书籍便宜。

图10-7 精装书

图10-8 平装书

了解书籍装帧的尺寸，对于装帧设计有重要作用。在学习之前必须先弄清几个书籍装帧的专业术语：

版心：指每面书页上的文字部分，包括章、节标题、正文以及图、表、公式等。

前口：也称口子或口子边。指订口折缝边相对的毛口阅读边位置。

订口：指书刊应订联部分的位置。

天头：指每面书页的上端空白处。

地脚：指每面书页的下端空白处。

精装书与平装书的装帧尺寸如表10-1和表10-2所示。

表 10-1　精装书装帧的尺寸　（单位：毫米）

	16 开	大 16 开	32 开	大 32 开	64 开
成品尺寸	260×185	297×210	184×130	204×140	130×92
版心尺寸	215×138	245×165	153×100	165×107	103×70
订口对订口	46	48	32	34	24
前口对前口	60	54	36	42	28
天头对天头			45	52	40
地脚对地脚	40	40	30	38	26

表 10-2　平装书装帧的尺寸　　　　　　　　　　　　　（单位：毫米）

	16 开	大 16 开	32 开	大 32 开	64 开
成品尺寸	260×185	297×210	184×130	204×140	130×92
版心尺寸	215×138	245×165	153×100	165×107	103×70
订口对订口	50	50	36	42	27
前口对前口	60	52	36	32	27
天头对天头			48	54	40
地脚对地脚	40	40	30	34	26

10.2　小说封面设计

10.2.1　设计概述

　　本作品是思博文学出版社为作家"吃草的鱼"出版的一本小说的封面，其名为《青春的印记——情书》，小说的核心内容主要讲述：一对年轻情侣通过信件来传情达意，而最终却无法结成连理，但成就一段美好回忆……该书籍装帧由封面、封底与书脊三部分组成，作品的最终效果如图 10-9 所示。下面从风格、构图与标题等方向对本作品进行简单概述。

平面效果 ——

立体效果 ——

图10-9　《青春的印记——情书》小说封面设计

1. 风格

该书的类型为青春言情小说，读者群为少男少女，所以针对主题与观赏者，设计者选用了浪漫、青春、唯美的风格。

2. 版本构图

本封面以整张设计画面划分成封面、封底和书脊三个部分，版面主要构成是在海岸侧视大海的情景，为了营造出透视效果，设计者对各种设计元素的大小进行了"近大远小"的处理。封面主体为一位妙龄少女通过海边的邮箱收阅信件时的情形，脸上更洋溢着恋爱中甜蜜的微笑，这一素材的选用与编排较好地响应了主题——"情书"。

> 💰**提示** 一个设立在海边的邮箱有点不切实际，但是本例中为了营造一种浪漫、理想的感觉，设计者大胆运用了此构想，却很好地烘托了主题，并得到了较好的视觉效果。大家在设计中也不妨发挥想象，大胆创新，不要太局限于现实。

少女脚下是一片草地，并长满了随机的野菊花，颜色深浅不一与大小各异的小花不仅丰富了版面，还较好地诠释了青春的单纯与羞涩。而远处的云朵、海面上的水波纹与岸边拍打的浪花效果，设计者更是花了很大心思去细致美化。

3. 标题设计

本作品的另外一大特色莫过于书籍的标题设计了，先输入"青春的印记"几个简单无奇的文字，然后变身为手舞足蹈的效果，把青春的情意表现得淋漓尽致。通过英文标题与副标题的组合，填补了变形后的空缺，使标题组合更加严谨。

最后在标题的左上方绘制了一架"纸飞机"，并制作出喷洒的"气泡"效果，更表达了通过信件传情达意的寓意。

4. 设计方案

具体设计方案见表10-3所示。

表10-3　设计方案

尺　寸	摊开大小：300mm×210mm；封面大小：210mm×140mm（较为流行的小说形式）
用　纸	胶版纸：主要供平版（胶印）印刷机或其他印刷机印刷较高级彩色印刷品时使用，如彩色画报、画册、宣传画、彩印商标及一些高级书籍封面、插图等
风格类型	浪漫、青春、唯美
创意点	① 唯美宽广的海滩构图 ② 逼真的大海、沙滩、云朵与野花设计元素 ③ 青春舞动的标题文字设计 ④ 纸飞机与气泡的完美组合
配色方案	#C8E8F4　#20A9DD　#2682C2　#FEF1D7　#FDE5B6　#53B435　#EB6EA5　#E4007F
作品位置	..\Ch10\creation\ 小说封面设计 .ai ..\Ch10\creation\ 小说封面设计 .jpg

5. 设计流程

本作品主要针对封面、封底与书脊三个部分进行设计，而设计的重点在于自然景观的绘制，比如天空、海面、云朵与花草等，详细的设计流程如图 10-10 所示。

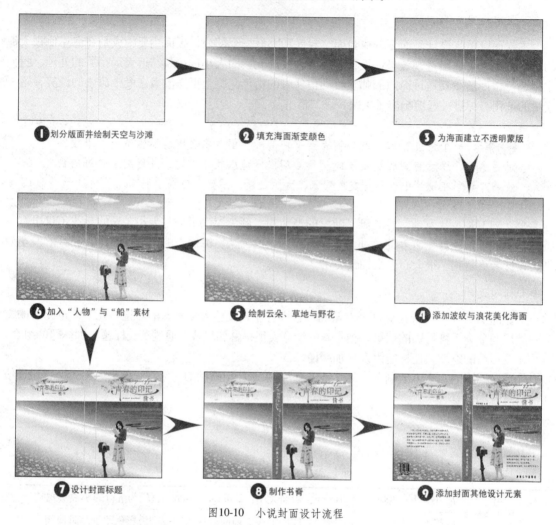

❶ 划分版面并绘制天空与沙滩　　❷ 填充海面渐变颜色　　❸ 为海面建立不透明蒙版

❻ 加入"人物"与"船"素材　　❺ 绘制云朵、草地与野花　　❹ 添加波纹与浪花美化海面

❼ 设计封面标题　　❽ 制作书脊　　❾ 添加封面其他设计元素

图10-10　小说封面设计流程

6. 功能分析

- 【参考线】：划分封面版面。
- 【矩形工具】：绘制"天空"、"沙滩"与书脊等色块。
- 【渐变】面板：填充"海面"与"草地"等双色与多色渐变。
- 【变换】面板：设置各对象的大小与位置。
- 【钢笔工具】：绘制"海面"、"波纹"、"花朵"与"纸飞机"等对象的形状。
- 【直接变换工具】：对"波纹"、"海浪"与文字进行变形处理。
- 【混合工具】：制作"草地"的渐变效果。
- 【装饰_散布】画笔面板：添加"心形"与"气泡"对象。
- 【透明度】面板：设置"波纹"、"云朵"等对象的不透明度，以及通过创建不透明蒙版使"沙滩"与"海面"完美融合起来。

10.2.2 制作封面与封底背景

制作分析

先创建一个 300mm×210mm 的新文件,然后添加两条参考线将文件分为封面、封底与书脊三个部分,接着通过三个渐变的矩形对象构成"天空"、"沙滩"与"海面"等元素,效果如图10-11 所示。

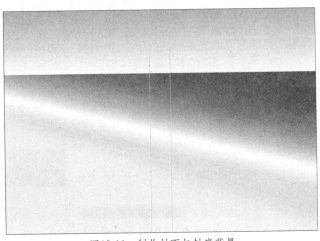

图10-11 制作封面与封底背景

制作流程

主要设计流程为"划分版面"→"制作天空与沙滩"→"制作海面并美化",具体制作流程如表10-4 所示。

表10-4 制作封面与封底背景的流程

制作目的	实现过程	制作目的	实现过程
划分版面	创建新文件并建立裁剪区域 创建两条垂直参考线划分版面	制作海面并美化	复制沙滩对象 填充多色渐变 创建黑白渐变的蒙版图层 建立不透明蒙版
制作天空与沙滩	创建矩形并填充天空渐变颜色 创建矩形并填充沙滩颜色		

上机实战 制作封面与封底背景

01 按下【Ctrl+N】快捷键,在打开的【新建文档】对话框中输入名称为"书籍封面",自定义宽度为 300mm,高度为 210mm,出血为 3mm,单击【确定】按钮,如图 10-12 所示。

02 按下【Ctrl+R】快捷键显示标尺,在水平标尺的 140mm 与 160mm 刻度上创建两条垂直参考线,将版面从左至右划分为"封底"、"书脊"与"封面",如图 10-13 所示。

03 使用【矩形工具】□并单击面板,在打开的【矩形】对话框中输入宽度为 300mm,高度为 61mm,单击【确定】按钮创建一个任意颜色的矩形,如图 10-14 所示。

04 在【对齐】面板中先激活【对齐画板】模式□,再分别单击【水平居中对齐】按钮□与【垂直顶对齐】按钮□,如图 10-15 所示。

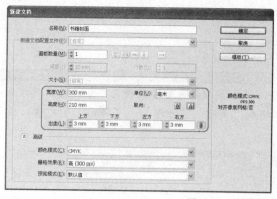

图10-12　创建新文件

图10-13　创建参考线划分版面

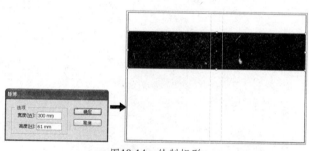

图10-14　绘制矩形

05 通过【渐变】面板为矩形从上至下填充浅蓝至白色的渐变颜色，作为封面的天空色块，如图10-16所示。

06 使用【矩形工具】□创建一个300mm×150mm的矩形，并调整位置【X】为150mm、【Y】为75mm，如图10-17所示。

07 在【颜色】面板中编辑矩形的颜色为CMYK（0，13，33，0），再通过【透明度】面板设置不透明度为46%，以此颜色作为海滩的颜色，如图10-18所示。

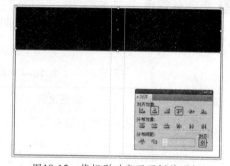

图10-15　将矩形对齐至画板的顶部

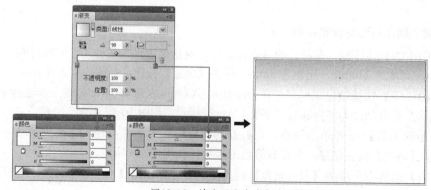

图10-16　填充天空渐变颜色

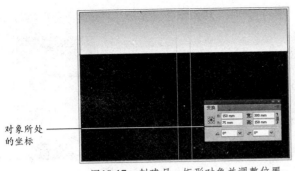

对象所处
的坐标

图10-17　创建另一矩形对象并调整位置

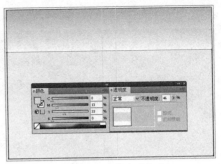

图10-18　填充海滩颜色

08 单击选中步骤7填充的矩形，分别选择【编辑】|【复制】与【编辑】|【贴在前面】两组命令。然后在【透明度】面板中将其不透明度调回100%，如图10-19所示。

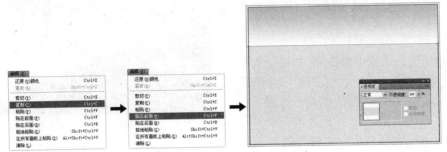

图10-19　复制矩形并调整不透明度

09 在【渐变】面板中设置从"深蓝"→"浅蓝"→"白色"→"浅黄"的多色渐变效果，接着为步骤8复制的矩形填充此多色渐变，产生大海与沙滩的雏形，如图10-20所示。

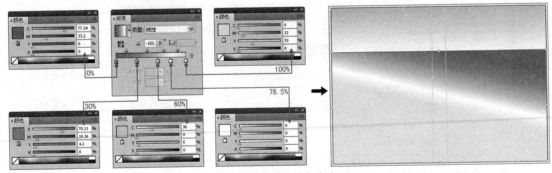

图10-20　填充多色渐变

> **提示** 步骤9填充效果中的渐变色标组合、位置与角度是经过多次调试得出的，大家可以自行调整更好的颜色组合。另外，可以先设置好渐变属性，然后使用【渐变工具】在对象中直接拖动出直线，以更直观、易掌控的方法填充渐变色。

10 使用【矩形工具】▢创建一个372mm×181mm的矩形，并调整位置【X】为145mm、【Y】为88mm，如图10-21所示。

11 通过【渐变】面板，为步骤10创建的矩形从对角方向填充黑色到白色的渐变颜色，准备以此色块和"大海"色块建立不透明蒙版，所以该矩形必须大于下方被遮盖的对象，如图10-22所示。

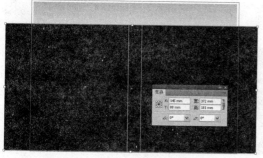

图10-21　创建矩形对象并调整位置

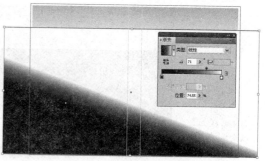

图10-22　为矩形填充渐变颜色

12 在【图层】面板中展开"图层1",将4
个矩形对象从上至下分别重命名为"渐变蒙
版"、"海面"、"天空"、"沙滩",接着按住
【Shift】键选择"渐变蒙版"与"海面"两个
对象,如图10-23所示。

13 在【透明度】面板中单击▼按钮并选择
【建立不透明蒙版】命令,此时步骤12中的黑
色部分将"海面"对象左下角的部分隐藏,从
而显示出"沙滩"的浅色滩面效果,使"沙
滩"与"大海"之间产生一道较深的沙子颜
色,让人感觉是被海水冲打以至湿润的效果,如图10-24所示。

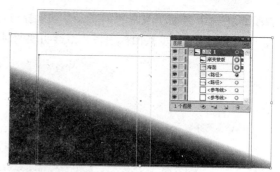

图10-23　重命名并选择对象

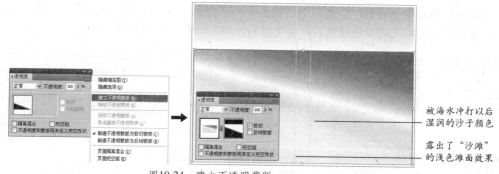

图10-24　建立不透明蒙版

被海水冲打以后
湿润的沙子颜色

露出了"沙滩"
的浅色滩面效果

> 🎒**提示** 步骤12填充的黑色渐变颜色,对于步骤13中的蒙版效果非常重要,该效
> 果也是经过多次调试的,必须与"大海"的填充方向相似,但是不能完全一致,否
> 则那道颜色较深的沙子就不会产生"近大远小"的透视效果了。
> 　如果创建不透明蒙版后的结果不够理想,可以在【透明度】面板中单击"黑白渐变"
> 蒙版图层的缩图将其选中,然后通过【渐变】面板重新调整位置与角度等属性,同
> 时观察调整后的效果。如果往左调整两个色标之间的位置,"颜色较深的沙子"就会
> 产生变化,如图10-25所示。

14 完成上述操作后,在【图层】面板中双击"图层1",在打开的【图层选项】中更改名称为
"封面背景",选择【锁定】复选框,并单击【确定】按钮,如图10-26所示。

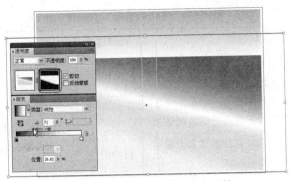

图10-25 调整蒙版图层的渐变属性

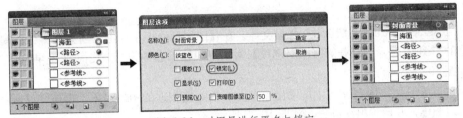

图10-26 对图层进行更名与锁定

> **提示** 为了便于后续的操作，先把"封面背景"划分为一个独立的图层并锁定，如果要对背景修改时，可以单击🔒图层取消图层的锁定状态，再进行编辑处理。

至此，制作封面背景的操作完成了，最终效果如图 10-11 所示。

10.2.3 美化海面细节

制作分析

通过添加远、近海面的波纹效果，以及海水拍打岸边所产生的波浪与水花效果，进一步细致美化海面，效果如图 10-27 所示。

图10-27 美化海面细节

制作流程

主要设计流程为"绘制海面波纹"→"绘制岸边波浪"→"绘制拍打的浪花"，具体制作流程如表 10-5 所示。

表 10-5　美化海面细节的流程

制作目的	实现过程	制作目的	实现过程
绘制海面波纹	创建深蓝色锯齿图形 编辑锯齿对象作为海面远处波纹效果 绘制多个小锯齿图形 编辑小锯齿作为海面近处的波纹效果	绘制岸边波浪	为波浪图形填充渐变色 复制出另一个波浪副本并调整颜色与大小
绘制岸边波浪	创建条状的矩形对象并添加多个锚点 将矩形编辑为波浪形状	绘制拍打的浪花	创建大小不一的两个同心椭圆对象 为大椭圆添加透明与模糊效果 复制多个大小椭圆,作为浪花效果

上机实战　美化海面细节

01　打开 "..\Practice\Ch10\10.2.3.ai" 练习文件,在【图层】面板中单击【创建新图层】按钮 ,双击新建的"图层 2",在打开的【图层选项】对话框中输入名称为"美化海面",再单击【确定】按钮,如图 10-28 所示。

02　使用【矩形工具】 在文件中拖动出一个与画板宽度相近的矩形对象,再通过【颜色】面板取消其描边颜色,并设置填充颜色,如图 10-29 所示。

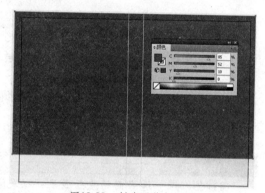

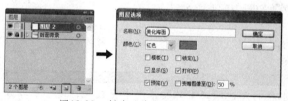

图10-28　创建"美化海面"新图层　　　　　图10-29　创建深蓝色矩形

03　使用【添加锚点工具】 在矩形的左侧边缘上添加 14 个锚点,然后使用【直接选择工具】 拖动调整各锚点的位置,制作出锯齿形的效果,如图 10-30 所示。

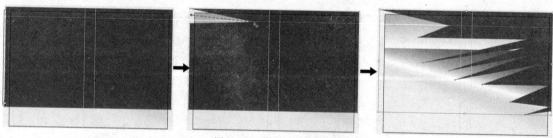

图10-30　制作出锯齿图形

04　在【透明度】面板中设置"锯齿"图形的不透明度为 30%,然后通过【变换】面板设置其大小为 290mm × 10mm,并移至海面的最上方,作为远处海面的波纹效果,如图 10-31 所示。

05　使用【钢笔工具】 配合【直接选择工具】 在画板中创建出多个小锯齿图形,并填充任意颜色,效果如图 10-32 所示。

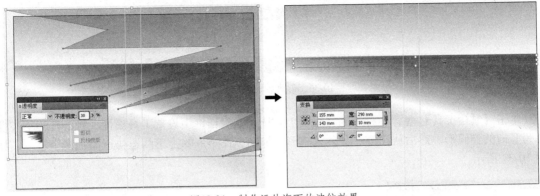

图10-31　制作远处海面的波纹效果

06 按照"远深近浅"的原则，通过【透明度】面板为各个锯齿图形设置不透明度属性，如图 10-33 所示。

图10-32　绘制多个小锯齿图形

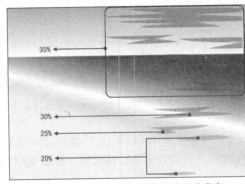

图10-33　为各个锯齿图形设置不透明度

07 选择前面创建的多个锯齿对象，按下【Ctrl+G】快捷键编组。接着在【颜色】面板中更改填充颜色为浅蓝色，如图 10-34 所示。

08 通过【变换】面板调整锯齿对象的大小为 137mm×49mm，并移至【X】为 231mm、【Y】为 113mm 的位置上，以此作为近处的海面波纹效果，如图 10-35 所示。

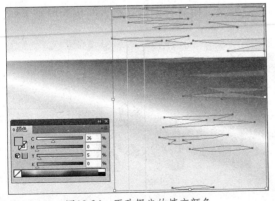

图10-34　更改锯齿的填充颜色

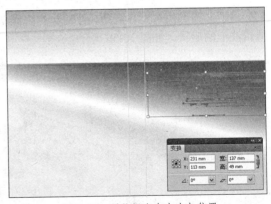

图10-35　调整锯齿有大小与位置

09 使用【矩形工具】█ 在画板以外的空白区域创建一个任意大小的矩形，然后通过【变换】面板设置位置与大小，如图 10-36 所示。

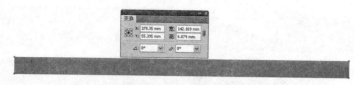

图10-36　创建条状的矩形对象

10 单击【皱褶工具】 ，在打开的【皱褶工具选项】对话框中设置工具属性，将工具的笔头设置为竖向的椭圆形。然后从左至右在条状矩形上拖动，在矩形的上下两边快速添加多个锚点，如图 10-37 所示。

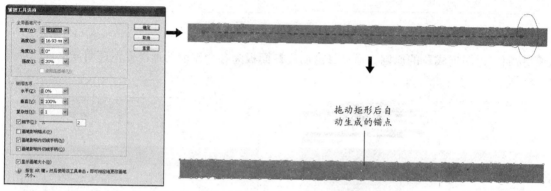

图10-37　使用【皱褶工具】在矩形上添加多个锚点

11 选择【直接选择工具】 并按住【Shift】键选择多个偶数锚点，接着在【控制】面板中单击【将所选锚点转换为尖角】按钮 ，如图 10-38 所示。

图10-38　选择偶数锚点并设置为尖角

12 将所选锚点往右上方拖动，使对象产生倾斜的波浪效果，接着分别拖动锚点两侧的控制手柄，编辑波浪的形状，如图 10-39 所示。

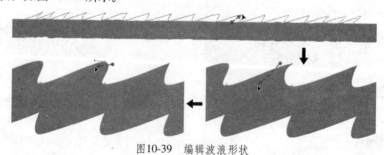

图10-39　编辑波浪形状

13 使用步骤 12 的方法，通过移动锚点与拖动锚点控制手柄的编辑方式，将波浪对象编辑成如图 10-40 所示的结果。接着在【变换】面板中将其旋转 -15 度，再调整大小与位置，使其处于海面与沙滩之间，以此作为冲向海岸的波浪效果。

图10-40　完成波浪的编辑

14 在【渐变】面板中为波浪填充浅黄至深黄的多色渐变，然后在【透明度】面板中设置不透明度为30%，如图10-41所示。

15 按住【Alt】键往右上方拖动复制出另一个波浪副本对象，适当调整大小与位置，更改其渐变填充为白色至浅蓝色，再将不透明度调回100%，如图10-42所示。

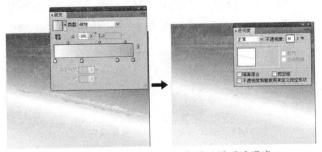

图10-41　为波浪填充渐变颜色并设置不透明度

图10-42　复制并调整出另外一个波浪对象

16 使用【椭圆工具】 ◎ 拖动绘制出一个白色的椭圆对象，按下【Ctrl+C】与【Ctrl+F】快捷键，在原对象上方复制一个副本对象，然后选择【选择工具】 ▶ 并按住【Alt+Shift】键，从中心往外等比例放大复制的椭圆对象，如图10-43所示。

17 为放大后的椭圆对象设置不透明度为50%，再选择【效果】|【模糊】|【高斯模糊】命令，在打开的【高斯模糊】对话框中设置半径为3像素，单击【确定】按钮，以两个椭圆对象的组合作为波浪拍打岸边时所产生的小浪花，如图10-44所示。

图10-43　创建大小不一的两个同心椭圆对象　　　　图10-44　为大椭圆添加透明与模糊效果

18 将两个椭圆对象编组，按住【Alt】键拖动复制出几个副本对象，再适当调整相互的大小与位置，营造出自然散发的效果。然后使用同样方法在波浪对象的上方添加多个大小不一的"浪花"对象，并适当调整大小或者旋转，使浪花相互显得和谐、融洽，如图10-45所示。

19 使用【选择工具】 ▶ 拖选波浪与浪花对象，然后将其编辑，如图10-46所示。

20 复制出两个"波浪与浪花"对象，适当缩小后移到如图10-47所示的位置，添加远处的浪花效果。

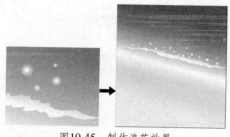

图10-45　制作浪花效果　　　　　　　　　　　图10-46　将波浪与浪花编组

21 由于远处的浪花过于密集，不符合实际的透视效果，可以先放大显示远处浪花，再使用【直接选择工具】拖选部分浪花，按下【Delete】键将选取的对象删除，使整体效果更加协调与贴近真实。完成上述操作后将"美化海面"图层锁定，如图10-48所示。

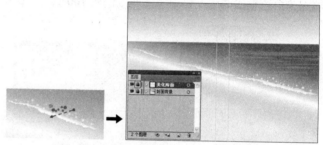

图10-47　制作出远处的波浪效果　　　　　图10-48　编辑远处浪花的数量并锁定图层

> **提示**　如果想查看本实例中各对象的大小、位置与填充颜色等属性，可以在"..\
> Ch10\images"文件夹中打开"波纹、波浪与浪花.ai"文件，再使用【直接选择工具】
> 单击目标对象即可。

至此，美化海面细节制作完毕了，最终效果如图10-27所示。

10.2.4　绘制云朵、草地与花朵

制作分析

　　先在封面的天空处绘制三组云朵，然后在左下方的位置绘制出草地渐变效果，最后加入众多的小黄花，效果如图10-49所示。

图10-49　绘制云朵、草地与花朵

主要设计流程为"绘制云朵"→"绘制草地"→"绘制小黄花",具体制作流程如表10-6所示。

表10-6　绘制云朵、草地与花朵的流程

制作目的	实现过程	制作目的	实现过程
绘制云朵	绘制椭圆形并编辑成云朵雏形 进一步编辑与美化云朵的形状 为云朵填充渐变颜色并模糊处理将 云朵对象组合成不同的白云效果	绘制草地	绘制绿色渐变的形状区域 将两个对象混合处理成草地
		绘制小黄花	绘制小黄花并填充 制作"小黄花"组
绘制草地	绘制草地区域并填充"沙滩"的颜色		在草上的复制众多的小黄花

上机实战　绘制云朵、草地与花朵

01 打开"..\Practice\Ch10\10.2.4.ai"练习文件,在【图层】面板中创建出"云朵与草地"新图层。再使用【椭圆工具】 ○ 在画板以外的白色区域上绘制一个椭圆对象,如图10-50所示。

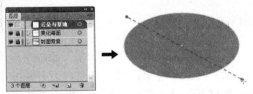

图10-50　创建"云朵与草地"新图层并绘制椭圆形

02 单击【膨胀工具】 ○ ,在打开的【膨胀工具选项】对话框中设置工具属性。然后在椭圆的右侧单击,使单击处的椭圆部分往外扩展,接着使用同样方法将椭圆扩展为"云朵"的雏形,如图10-51所示。

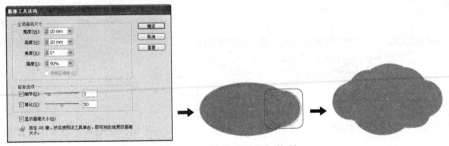

图10-51　制作"云朵"雏形

03 按住【Alt】键往下拖动鼠标,使【膨胀工具】 ○ 的笔头变成椭圆形,再次打开【膨胀工具选项】对话框调小【高度】的数值。接着使用步骤2的方法在"云朵"雏形的左右两侧单击,编辑"云朵"的形状,如图10-52所示。

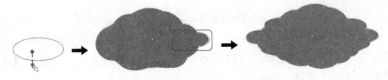

图10-52　进一步编辑云朵的形状

04 使用【直接选择工具】 ▶ 单击选择最左端的锚点，再将其往左拖动，并调整控制手柄，深入编辑"云朵"，如图 10-53 所示。

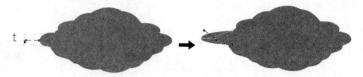

图10-53 编辑云朵的部分锚点属性

05 使用步骤 4 的方法，将"云朵"编辑成如图 10-54 所示的结果。

06 通过【渐变】面板为绘制好的"云朵"填充白色到浅蓝色的线性渐变颜色，如图 10-55 所示。

图10-54 编辑完毕的云朵形状

图10-55 为云朵填充渐变颜色

07 选择【效果】|【模糊】|【高斯模糊】命令，为"云朵"添加半径为 10 像素的高斯模糊效果。接着在上方复制一份相同的"云朵"副本对象，将其移至右上方并缩小处理。然后在【外观】面板中双击【高斯模糊】选项，在打开的【高斯模糊】对话框中更改半径为 5 像素，重新编辑"云朵"副本的模糊属性，如图 10-56 所示。

08 将制作好的两个"云朵"对象编组，移到封面的右上方，然后复制出另一组"云朵"，垂直翻转后适当缩小，再移至封面的左上方，如图 10-57 所示。

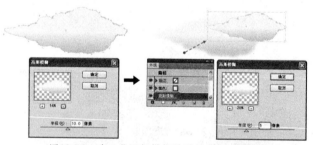

图10-56 为云朵添加模糊效果并复制出副本

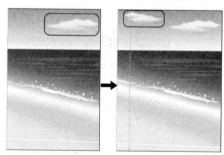

图10-57 制作封面上的"云朵"组合

09 使用步骤 8 的方法，复制封面中的"云朵"，并进行大小、翻转与不透明度等调整，组合出另外三个"云朵"对象，并放置至封底的上方，如 w 图 10-58 所示。

10 使用【选择工具】 ▶ 拖选所有"云朵"对象，按下【Ctrl+G】快捷键编组，双击对象打开【选项】对话框，输入名称为"云朵"并选择【锁定】复选框，再单击【确定】按钮，如图 10-59 所示。

> 🐱**提示** 如果想查看本实例中"云朵"对象的大小、位置、填充颜色与组合方式等属性，可以在"..\Ch10\images"文件夹中打开"云朵 .ai"文件，再使用【直接选择工具】单击目标对象即可。

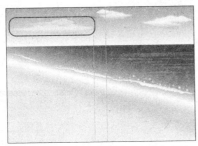

图10-58 制作封底上的"云朵"组合   图10-59 编组、更名并锁定"云朵"

11 使用【钢笔工具】依据海岸线的弧度绘制出如图10-60所示的图形，在【对齐】面板中单击【水平左对齐】按钮与【垂直底对齐】按钮，以此作为草地的区域。

12 在【颜色】面板中更改对象的颜色属性，如图10-61所示。

图10-60 绘制草地区域   图10-61 在草地上填充"沙滩"颜色

> **提示** 在步骤12设置颜色时要注意，为了草地与沙滩有最好的过渡效果，这里填充的颜色要与"沙滩"的颜色尽量相似。由于"沙滩"设置了透明度，所以这里无法直接套用，需要靠肉眼调整了。

13 使用步骤11和步骤12的方法再绘制一个较小的形状，然后填充从深绿到浅绿的渐变颜色，如图10-62所示。

14 双击【混合工具】按钮打开【混合选项】对话框，设置【指定的步数】为211，然后分别单击前面绘制的两个草地区域对象，如图10-63所示，使草地从绿色混合渐变至黄色的沙滩上。

15 将步骤14处理好的对象更名为"草地"，再将其锁定，如图10-64所示。

图10-62 绘制绿色渐变的形状区域

图10-63 制作出草地效果

16 使用【钢笔工具】配合【直接选择工具】在画板以外的空白处绘制出花朵形状，然后填充深黄色，如图10-65所示。

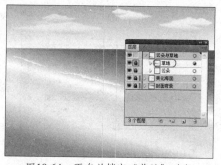

图10-64　更名并锁定"草地"对象

图10-65　绘制"花朵对象并填充"

17 按住【Alt】键拖动复制一个副本，然后在【渐变】面板中填充深黄到浅黄的径向渐变颜色，如图 10-66 所示，接着将两个对象编组成"小黄花"对象。

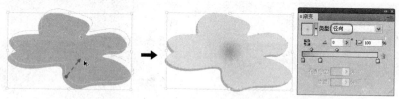

图10-66　复制花朵副本并填充径向渐变

18 复制出 5 个分散的"小黄花"副本，先调整大小、旋转角度等属性，再根据大小设置不透明度，接着编组成"小黄花"组，如图 10-67 所示。

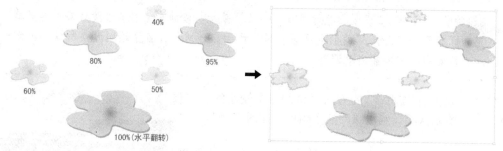

图10-67　制作"小黄花"组

> **提示** 如果想查看本实例中"小黄花"组中各花朵的大小、位置、填充颜色与不透明度等属性，可以在"..\Ch10\images"文件夹中打开"小黄花.ai"文件，再使用【直接选择工具】单击目标对象即可。

19 将编组后的"小黄花"组移至封底左下方的草地上，再复制出几个副本，并调整大小、角度与不透明度，如图 10-68 所示。

20 使用步骤 19 的方法，在绿色的草地上复制众多的"小黄花"组，复制的原则是依据大小设置不同程度的不透明度数值，如图 10-69 所示。

21 使用【选择工具】拖选加入的所有"小黄花"对象，将其编组后在【图层】面板中更名为"小黄花"并锁定，如图 10-70 所示。

　　至此，完成了绘制云朵、草地与小黄花的操作，最后效果如图 10-49 所示。

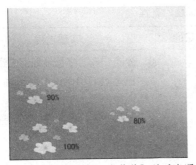
图10-68　在草地加入"小黄花"并适当调整

图10-69　在草上的复制众多的小黄花

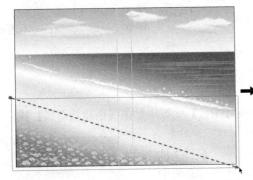 
图10-70　编组、更名并锁定云朵

10.2.5　加入素材并设计标题

▓▓▓ **制作分析**

　　先加入"人物"与"船"两项素材对象，然后输入"青春的印记"文字作为封面标题内容，再分别对"青"、"春"与"印"字进行形状编辑，最终得到如图 10-71 所示的效果。

图10-71　加入素材并设计标题

▓▓▓ **制作流程**

　　主要设计流程为"加入并编辑素材"→"编辑'青'字"→"编辑'春'字"→"编辑'印'字"，具体制作流程如表10-7所示。

表 10-7 加入素材并设计标题的流程

制作目的	实现过程	制作目的	实现过程
加入并编辑素材	加入"人物"与"船"素材对象 为"船"对象添加蓝色投影	编辑"春"字	分布"春"字捺笔划上的锚点 捺笔画的中段添加两个锚点并调整位置 删除捺笔画的末端的多余锚点 使调整捺笔锚点上的各控制手柄
编辑"青"字	输入封面主标题并输转为轮廓 分布"月"字部的锚点 选择局部锚点并转换为平滑 使用【编组选择工具】调整控制手柄 编辑"月"字的竖钩笔画 编辑"青"字首笔的横画	编辑"印"字	删除"印"字横笔画上的锚点 加入"心形"对象 调整"心形"的颜色与不透明度

上机实战 加入素材并设计标题

01 打开"..\Practice\Ch10\10.2.5.ai"练习文件，在【图层】面板中单击【创建新图层】按钮 ，更改图层名称为"素材"，如图 10-72 所示。

02 在"..\Ch10\images"文件夹中打开"人物与船.ai"素材文件，使用【选择工具】 将"人物"与"船"对象拖至练习文件中，并调整大小与位置，如图 10-73 所示。

03 选择"船"对象，再选择【效果】|【风格化】|【投影】命令，在打开的【投影】对话框中设置投影属性，其中颜色与海面远处的波纹颜色一致，如图 10-74 所示。

图10-72 创建"素材"新图层

图10-73 加入"人物"与"船"素材对象

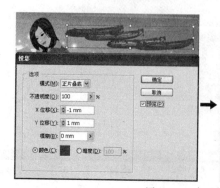
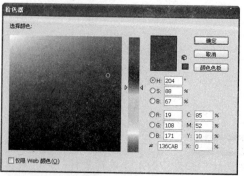

图10-74 为"船"对象添加蓝色投影

04 在【图层】面板中锁定“素材”图层，单击【创建新图层】按钮，双击创建的新图层打开【图层选项】对话框，输入名称为“标题与文字”，设置颜色为【草绿色】，如图 10-75 所示。

> **提示** 由于本例的标题颜色为洋红色，为了与对象的颜色区分开来，步骤 4 先暂时把图层颜色设置为“草绿色”。另外，由于接下来涉及多项对象的复制，所以本例后续的操作均在此图层中进行。

05 使用【文字工具】在画板以外的白色区域中输入“青春的印记”文字内容，再设置文字的颜色与字符属性，以此作为小说封面的主标题，如图 10-76 所示。

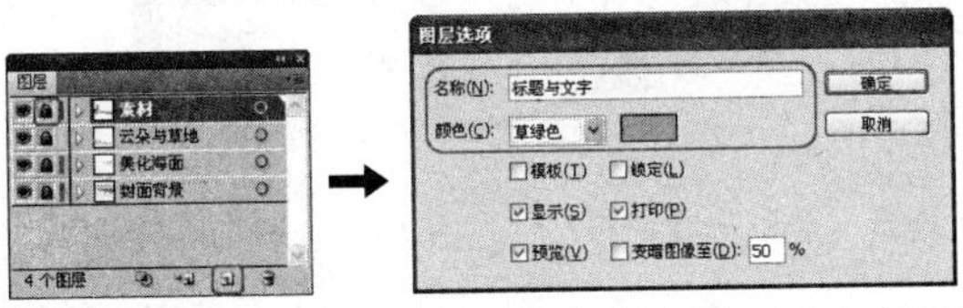

图10-75　锁定“素材”图层并创建“标题与文字”新图层

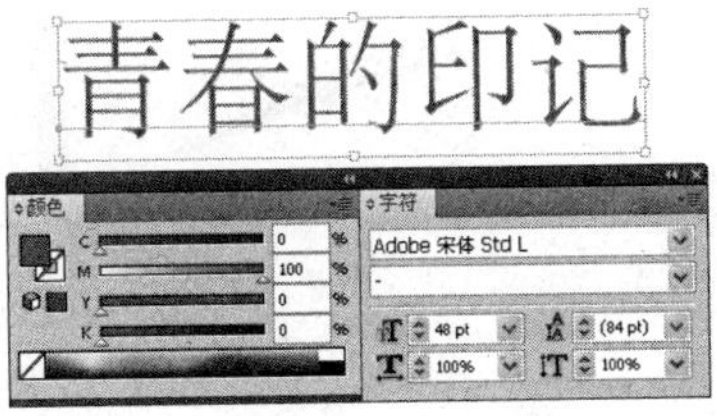

图10-76　输入封面主标题

06 在文字上单击右键，选择【创建轮廓】命令，再一次在文字上单击右键，选择【取消编组】命令，将各文字的笔画拆分开来，如图 10-77 所示。

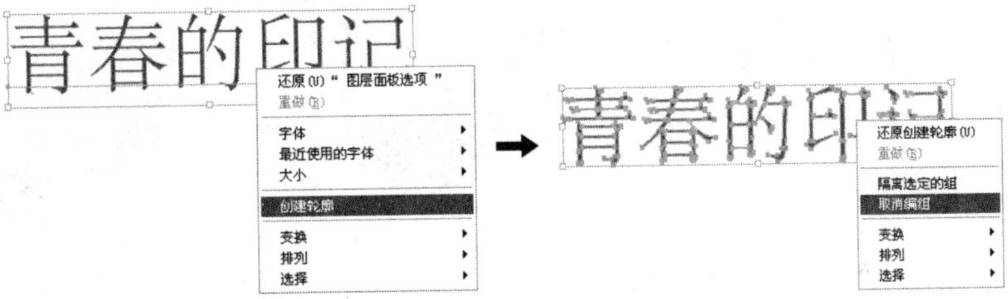

图10-77　将文字转换为轮廓并取消编组

07 使用【缩放工具】放大“青”字，再使用【直接选择工具】单击选中该字下方的“月”字部。选择【套索工具】拖选“月”撇笔画下方的多个锚点，如图 10-78 所示。

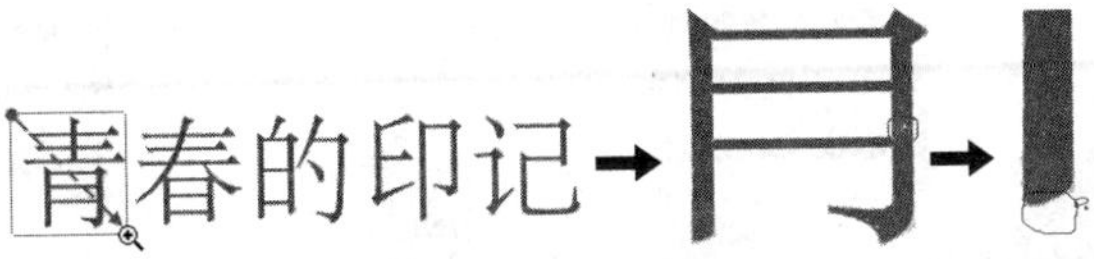

图10-78　选择多个局部锚点

08 选择【直接选择工具】并将鼠标指针移至选中的锚点上，当鼠标指针变成状态时，按住左键将锚点拖至左上方，然后分布好两个锚点的位置，如图 10-79 所示。

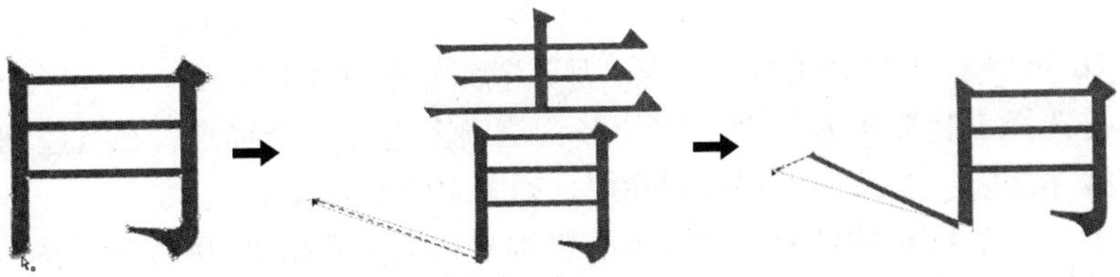

图10-79　分布锚点

> **提示** 由于构成文字的锚点较多，在移动锚点时难以确定操作目标是锚点还控制手柄，可以通过鼠标指针的状态来判断，当指针处于锚点上时呈 ▸ 状态，而处理锚点时则呈 ▸。状态。不过还是建议尽量把显示比较调大，以便清晰查看到各锚点的位置。

09 使用【套索工具】⚲拖选多个锚点，然后选择【直接选择工具】▸，在【控制】面板中单击【将所选锚点转换为平滑】按钮▰，显示出锚点的控制手柄，如图 10-80 所示。

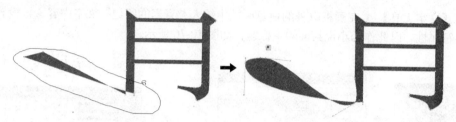

图10-80　选择局部锚点并转换为平滑

10 保持选择【直接选择工具】▸，按住【Alt】键当鼠标指针变成▸。时可以单独编辑锚点一侧的控制手柄，然后如图 10-81 所示编辑各控制手柄的属性。

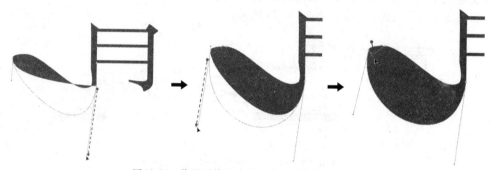

图10-81　使用【编组选择工具】调整控制手柄

11 使用步骤 10 的方法，继续编辑"月"字撇笔画的形状，如图 10-82 所示。

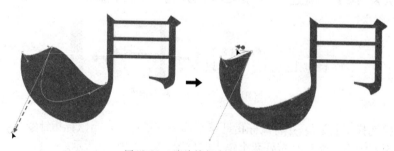

图10-82　继续编辑各制作手柄

12 使用步骤 10 和步骤 11 的方法编辑后的"月"字，如图 10-83 所示。

13 使用【直接选择工具】▸在"月"字的竖钩笔画上拖选多个锚点，在【控制】面板中单击【删除所选锚点】按钮▰，把多余的锚点删除掉，如图 10-84 所示。

14 使用步骤 7～步骤 11 的方法将"月"字的竖钩笔画编辑成如图 10-85 所示的结果。在编辑过程中，有需要时可以适当添加锚点。

图10-83 编辑完成后的"月"撇笔划

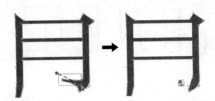

图10-84 删除"月"字竖钩笔划上多余的锚点

15 使用同样方法先将"青"字首笔横划右侧的多余锚点删除，然后使用步骤 7～步骤 11 的方法编辑成如图 10-86 所示的结果。

图10-85 编辑"月"字的竖钩笔划

图10-86 编辑"青"字首笔的横划

16 放大显示"春"字，使用【直接选择工具】 拖选该字捺笔画末端的多个锚点，再将其拖至"记"字的右下方，如图 10-87 所示。

图10-87 分布"春"字捺笔画上的锚点

17 放大显示"的"字与"印"之间的区域，然后使用【添加锚点工具】 在该区域笔画的上下两边各添加一个锚点，如图 10-88 所示。

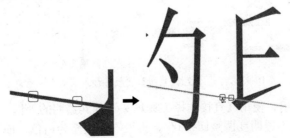

图10-88 在"春"字捺笔划的中段添加两个锚点

18 使用【直接选择工具】 分别往下拖动步骤 17 添加的两个锚点，如图 10-89 所示。

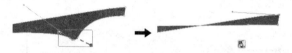

图10-89　移动锚点的位置

19 放大显示"春"字捺笔画的末端，拖选多余的锚点并单击【删除所选锚点】按钮 ，如图 10-90 所示。

图10-90　删除"春"字捺笔画的末端的多余锚点

20 使用步骤 7～步骤 11 的方法将"春"字的捺笔画编辑成如图 10-91 所示的形状，使其变成小船的形状，乘载着"的"、"印"与"记"三个字。

21 放大显示"印"字，再使用【直接选择工具】 拖选横笔画右侧的多个锚点，单击【删除所选锚点】按钮 将其删除，如图 10-92 所示。

图10-91　完成"春"字编辑后的结果

图10-92　选中并删除"印"字横笔画上的锚点

22 选择【窗口】|【画笔库】|【装饰】|【装饰_散布】命令，在打开的【装饰_散布】面板中将【心形】拖至"印"字上，然后调整大小和位置，如图 10-93 所示。

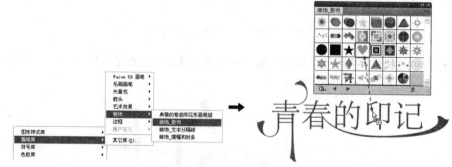

图10-93　打开【装饰_散布】面板并加入"心形"对象

23 将"心形"取消编组，使用【直接选择工具】 选择其透明的外框，再按下【Delete】键删除。接着将"心形"的不透明度调整回 100%，再设置其填充为白色，描边颜色为与标题一致的洋红，宽度为 0.75pt，如图 10-94 所示。

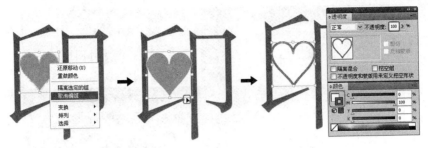

图10-94 调整"心形"的颜色与不透明度

24 拖选编辑后的标题与"心形",将其编组起来,如图 10-95 所示。

25 使用【文字工具】 T 在标题的右上方输入"The imprint of youth"内容,作为英文主标题,其颜色同样是洋红,如图 10-96 所示。

图10-95 编组标题

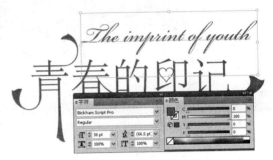

图10-96 输入英文主标题

26 使用【文字工具】 T 在标题的下方输入"Love Letter"、"情书"中文的副标题文字内容,如图 10-97 所示。

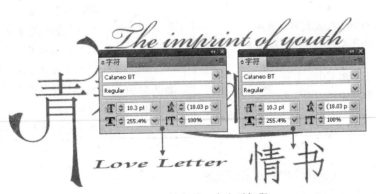

图10-97 输入英、中文副标题

27 将各标题对象编组,并移至封面的上方,效果如图 10-71 所示。

至此,封面标题的设计就完成了。

10.2.6 绘制纸飞机并添加封面其他元素

■■ 制作分析 ■■

先绘制一架"纸飞机",然后在其尾部添加一连串气泡,放置于标题的左上方,接着制作书脊并添加作者与封面文字等元素,效果如图 10-98 所示。

图10-98   绘制纸飞机并添加封面其他元素

制作流程

主要设计流程为"绘制'纸飞机'"→"绘制'泡泡'"→"制作书脊"→"加入封面其他元素",具体制作流程如表10-8所示。

表10-8   绘制纸飞机并添加封面其他元素的流程

制作目的	实现过程	制作目的	实现过程
绘制"纸飞机"	绘制单个部件并填充纯色或渐变然 对齐飞机头的多个锚点 将飞机编组并移至标题上	制作书脊	绘制书脊背景并复制书籍标题副本 将标题取消编组与填充白色 将各标题编排于书脊上 添加并编辑出版社名称
绘制"泡泡"	选择画笔类型并设置工具属性 拖动添加一串气泡 通过单击的方式补充添加气泡	加入封面 其他元素	添加作者名称并绘制两个圆形符号 复制书脊中的出版社名并修改处理 添加封面与封底文字简介 加入并调整条形码素材

上机实战   绘制纸飞机并添加封面其他元素

01 打开"..\Practice\Ch10\10.2.6.ai"练习文件,在【图层】面板中将"标题与文字"图层的颜色设置为"橙色",以便后续绘制绿色纸飞机时更易于操作。

02 绘制"纸飞机"。使用【钢笔工具】 绘制各个组成部件,然后通过【渐变】与【颜色】面板填充颜色,其绘制流程如图10-99所示。

03 使用【直接选择工具】 拖选"飞机头"的多个锚点,然后打开【对齐】面板,切换到【对齐所选对象】模式,分别单击【水平居中对齐】按钮 与【垂直居中对齐】按钮 ,如图10-100所示。

04 将"纸飞机"编组并拖至封面标题上,再将其调整至"青"字的右上方,也就是编辑后的横笔画的上方,如图10-101所示。

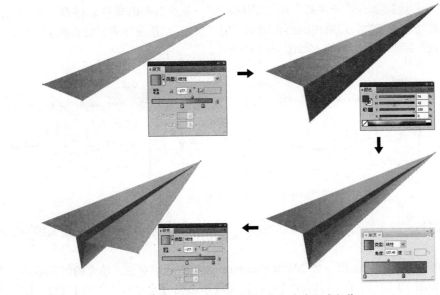

图10-99 绘制并填充"纸飞机"各个组成部件

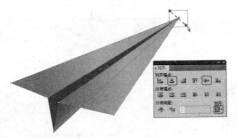

图10-100 对齐"飞机头"的多个锚点

图10-101 将"纸飞机"编组并与标题结合起来

> **提示** 如果想查看"纸飞机"各部分的形状、填充颜色等属性，可以在"..\Ch10\
> images"文件夹中打开"纸飞机 .ai"文件，再使用【直接选择工具】单击目标对
> 象即可。
> 如果已经掌握了"纸飞机"的绘制方法，可以打开"纸飞机 .ai"文件，将其拖至练
> 习文件中进行后续的练习。

05 选择【画笔工具】并在【装饰_散布】面板中选择【气泡】，接着双击【画笔工具】图示
打开【画笔工具选项】对话框，设置如图 10-102 所示的属性。

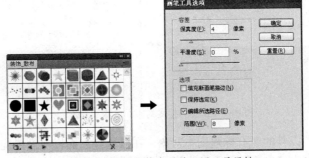

图10-102 选择画笔类型并设置工具属性

06 使用【画笔工具】 ✏ 在"纸飞机"的左侧拖动出一条波浪形的轨迹，添加一串"气泡"对象，接着在空隙处单击三次，以单击的形式添加三组"气泡"，使整体效果更自然、协调，让人感觉是从"纸飞机"尾部喷发出来的，如图10-103所示。

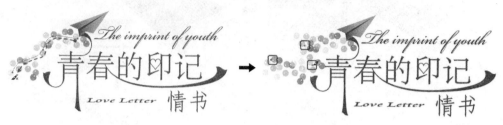

图10-103　添加"气泡"效果

07 将封面标题与"纸飞机"、"气泡"编组起来，再复制一份到封底上，并适当做缩小处理，如图10-104所示。

08 使用【矩形工具】 ▣ 绘制出一个20mm×210mm大小的矩形对象，填充粉红色后将其对齐于书脊区域上，如图10-105所示。可以在【对齐】面板中单击【水平居中对齐】按钮 ⬒ 与【垂直居中对齐】按钮 ⬓ 对齐书脊。

图10-104　将标题复制到封底上　　　　　　　　　　图10-105　绘制书脊背景

09 按住【Alt】键拖动封底上的标题，复制一份标题副本作为书脊上的标题。按下【Shift+Ctrl+G】快捷键取消编组，然后将"气泡"对齐删除掉，如图10-106所示。

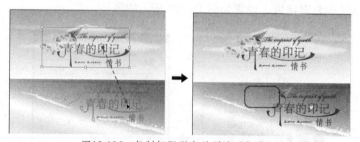

图10-106　复制标题副本并删除"气泡"

10 选择除"纸飞机"以外的所有标题副本对象，在【变换】面板中设置旋转角度为−90度，然后在【颜色】面板中单击【白色】色块，为整个标题副本填充白色，如图10-107所示。

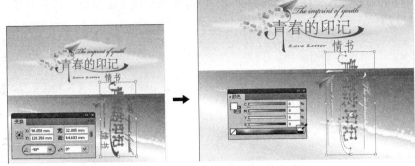

图10-107　旋转标题副本并填充白色

11 使用【直接选择工具】 将前面复制的"纸飞机"和白色的中、英主副标题移至书脊上，并调整相互的位置关系，也可以通过缩放操作将其合理地编排于书脊上，如图 10-108 所示。

12 使用【文字工具】 在书脊的下方输入"思博文学出版社"文字内容，再选择【文字】|【文字方向】|【垂直】命令，将输入的文字变成垂直排放。接着通过【变换】面板将其移至书脊的中下方，如图 10-109 所示。

图10-108　将标题编排于书脊上

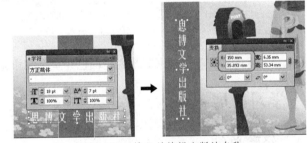

图10-109　输入并编辑出版社名称

13 使用【文字工具】 在"青"字的左下方输入"吃草的鱼◉著"文字内容，以空格键把作者名与"著"字隔开来。使用【椭圆工具】 在空隙处绘制大、小两个黑色的同心圆，其中大圆取消填充，如图 10-110 所示。

14 将书脊上的出版社名称复制到封面的右下方，更改填充颜色为黑色，并在【字符】面板中修改字体大小为 14pt，如图 10-111 所示。

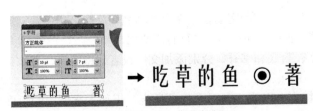

图10-110　输入作者名称

图10-111　复制出版名至封面上并修改大小

15 使用【文字工具】 在封面出版社名的上方创建一个文本输入框，接着输入四句与本书内容有关的语句，以此作为封面文字简介，其中字符与段落的属性设置如图 10-112 所示。

16 使用步骤 15 的方法输入一段书籍内容简介，以此作为封底文字简介，其中字符与段落的属性设置如图 10-113 所示。

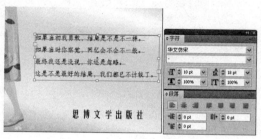
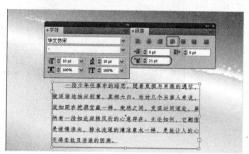

图10-112　输入封面文字简介　　　　　　　　图10-113　输入封底文字简介

17 在 "..\Ch10\images" 文件夹中打开 "条形码 .psd" 素材文件，使用【选择工具】 将 "条形码" 拖至练习文件中，并调整大小与位置，如图 10-114 所示。

图10-114　加入 "条形码" 素材

至此，《青春的印记——情书》小说封面已经全部制作完毕，最终效果如图 10-9 所示。

10.3　学习扩展

10.3.1　经验总结

通过本例的学习，对书籍封面设计有了一定了解，下面通过封面设计的整体要求进行总结。

诚然，封面设计并不只是正面，但人们关心的通常是正面。从审美的角度来看，是放弃背景的。另外，书脊对于放在书架上的书发挥着强大的广告与美观作用。所以，封面设计只是书籍装帧这个大整体中的一个局部，必须将封面的正反面和书脊都纳入封面设计的范围。能否把它们架构成一个有着统一关系的整体，直接影响到书籍装帧设计的整体效果。下面总结几种类型以供参考。

1. 封面与封底设计

（1）正反面设计完全相同或大体相同，但文字有所变动。正面出现书名，反面采用拼音、外语或极小的责任编辑、装帧设计人员名字等。正反两面色彩、设计有所变化。

（2）以一张完整的设计画面划分成封面、封底和书脊，分别添加文字或者装饰图案，正如本案例的设计形式。

（3）封底使用封面缩小后的画面或小标志、图案，与正面形成呼应，正如本案例中的封面标题。

2. 书脊设计

书脊应该是封面设计中一个重要体现，特别是在厚的书籍上表现尤为突出，如图 10-115 所示。所以，不应只拘泥于编排书名、作者名和出版社名。应该通过与正面书名相同的字体，在书脊这个狭长的区域内安排好大小与疏密关系。可以运用几何的点、线、面和图形进行分割和与正反面形成呼应，并与之形成节奏变化。另外，书脊的设计可以独居一面，可以用文字压在跨面的设计上。

3. 护封设计

在精装的书籍外部常常还有护封，它不但起到保护封面的作用，还是一种重要的宣传手段，可以看做是一则小型广告。护封设计用纸质量好、印刷精美、表现力丰富。护封的勒口也需要精心设计，使之成为封面整体的一部分，并可以利用其刊登内容提要、作者简介、出版信息和丛书目录等。

护封又分全护封和半护封。半护封的高度只占封面的一半，包在封面的腰部，故称为腰带，主要用于刊登书籍广告和有关书的一些补充，也起到装饰的作用。

10.3.2 创意延伸

在本章的案例作品中有多个突出亮点，比如逼真的海面、沙滩与云朵效果。下面沿用这些构图新颖、用色绚丽、主题健康的设计元素为基础，发挥创意以《健康之路》为书名设计一副封面作品，如图 10-115 所示。该书的内容主要向大众传达一些与健康有关的信息。

图10-115 本例创意延伸作品——《健康之路》封面设计

本作品的主体人物是一位在海滩上跑步的男性，形象年轻且健康，而其后面更留有一串印在沙滩上的脚印，以此素材衬托主题。而左下方的野菊花则以狗尾草取代，更焕发出健康气息。标题则沿用原例的变形风格，制作成招展的效果，并在其左上方添加"透明方块"画笔类型。最后根据书中内容在封面与封底添加文字简介即可。

10.3.3 作品欣赏

下面介绍几种优秀的书籍装帧作品，以供大家设计时借鉴与参考。

1.《跟我学》系列书籍封面设计

如图 10-116 所示是台湾碁峰出版社发行的《跟我学》系列电脑软件教学丛书的封面设计，在设计系列丛书封面时，必须根据系列的特点和精神统一设计风格与版面编排，在保留原有设计规则的同时要根据书籍的主要内容编排各设计元素，求同存异地发挥创意。

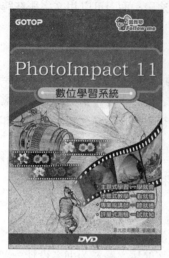  

图10-116　系列书籍封面设计

2.《边城》装帧设计

如图 10-117 所示是现代小说家、散文家、文物研究家沈从文先生的代表作——《边城》的装帧设计，是由人民文学出版发行的精装版。该文学作品是一部优秀的抒发乡土情怀的中篇小说，主要描绘了湘西地区特有的风土人情。装帧的色调以纯朴的土黄色为主，并通过硬牛皮纸裹木盒作为书籍的外部装帧。由于小说内容大量涉及到河与水岸人家，所以封面中的主体素材选用了小船，再以淡淡的生活场景作背景。除了书名与作者名外再无多余的修饰，具有较浓郁的文学意味与独特的艺术魅力。

3.《极限图稿典藏》装帧设计

如图 10-118 所示是 2001 年中华全国集邮展览组委会发行《极限图稿典藏》装帧设计，此装帧作品由一个蓝色的封套与原书组成，由于收藏价值甚高，所以发行商采用精装版的装帧形式。封面设计简约大方，仅有"极限图稿典藏"书名并外加方框，让人感觉稳重而古典。其中最大的特色莫过于封套的结构，其封套面与封面以插拔式的象牙钮扣为系锁，足显珍贵。另外，封套还将各边角镂空处理，把书镶嵌入封套内，即可显露四个白色的边角，此创意极富新意。

图10-117　人民文学出版发行的《边城》装帧设计　　　　图10-118　《极限图稿典藏》装帧设计

10.4　本章小结

本章先介绍了书籍装帧的概述、类别、设计原则、设计构思和尺寸等基础知识。然后通过名为《青春的印记——情书》小说设计封面为例，介绍了书籍装帧的设计构想、流程与详细操作过程。

10.5　上机实训

实训要求：先创建一个横向的 A4 新文件，然后绘制一个带翅膀的书信（飞信传情）替代本例的"纸飞机"，更加突出书籍的中心思想，最终结果如图 10-119 所示。

图10-119　"飞信传情"图案的结果

制作提示：制作流程如图 10-120 所示。

（1）信封雏形可以使用【圆角矩形工具】绘制，其中宽度为 100mm、高度为 50mm、圆角半径为 2mm。

（2）信封的封页弧形线段和翅膀可以使用【钢笔工具】绘制出雏形，然后使用【直接选择工具】对路径进行编辑。

（3）封页上的红心可以参考 10.2.5 小节中的步骤 22～步骤 23 的方法加入并编辑。

（4）右侧的翅膀可以【对象】|【变换】|【对称】命令进行垂直镜像复制出来。

（5）完成两侧翅膀的绘制后将他们置于底层，再将整个图形编组，然后加入本例的作品成果中。

（6）本图案所有颜色均为"#C30D23"的深红色，描边的粗细均为 1pt。

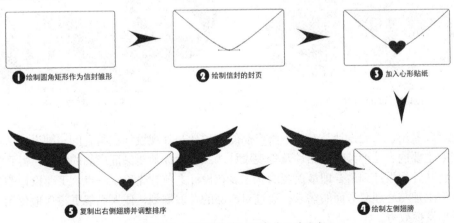

图10-120　"飞信传情"图案的设计流程

第11章 工业设计——概念跑车设计

> 本章先介绍工业产品设计的主要概念、作用、分类、特征、广告优势、表现形式与尺寸等基础知识，然后通过"概念车绘制"案例介绍工业产品的设计方法，其中包括绘制车体外壳、绘制车窗下班与内饰、绘制车头大灯、绘制车轮、绘制倒车镜和车标、绘制背景与阴影等小主题。

11.1 工业设计的基础知识

11.1.1 工业设计的概念

国际工业设计协会联合会在 1980 年公布的工业设计的定义为："就批量生产的产品而言，凭借训练、技术知识、经验及视觉感受而赋予材料、结构、构造、形态、色彩、表面加工以及装饰以新的品质和资格，这叫做工业设计。根据当时的具体情况，工业设计师应在上述工业产品的全部侧面或其中几个方面进行工作，而且，当需要工业设计师对包装、宣传、展示、市场开发等问题的解决付出自己的技术知识和经验以及视觉评价能力时，也属于工业设计的范畴。"如图11-1 ～图 11-3 所示为工业设计产品。

图11-1　个性的音箱设计

图11-2　suunto D9潜水表

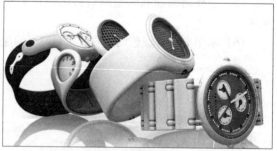

图11-3　腕表设计

由此可以看出，工业设计是专注于将产品的实用性与外观设计相结合的一种设计活动。工业设计研究的主要内容是产品的实用性及外观设计。工业设计师要保证产品的实用性得到最大发挥的同时，将其外观设计到最合理最美观的状态。在设计之前首先确定一点，工业设计的目的是为了满足人们生理与心理双方面的需求。通过对产品的合理规划，使人们能更方便地使用它们，使产品更好地发挥效力。

所以工业设计强调的是技术与艺术相结合的实用学科。它使产品的实用性和形态美得到了协调和统一，使产品更好地发挥功效。

11.1.2 工业设计的特点

随着大规模工业化生产的发展和人们物质生活水平的逐步提高，工业设计越来越受到人们的重视。工业设计不同于其他的艺术活动、生产活动、工艺制作，它是各种学科、技术和审美观念相交叉的产物。

(1) 工业设计是文化艺术与科学技术相融合、发展的学科。

文化艺术在人们的眼中是以一种浪漫的、天马行空的形式出现的，而科学技术在人们的眼中是严谨的、极具逻辑性的。工业设计就是这两个看似矛盾的学科相融合发展起来的。所以工业设计包括了科技与艺术方面的众多学科知识，工业设计既要能满足产品技术方面的因素，也要处理艺术方面的内容，来满足人类需求这一最高目的。如图11-4和图11-5所示。

(2) 工业设计是人—产品—环境的统一。

工业设计中的一个基本思想就是协调与统一，它不仅寻求产品内部的统一（美与有用性的统一），而且更寻求产品与人、产品与环境之间的协调一致。工业设计从一开始，就必须考虑设计的产品会给环境和人带来什么结果，是否会给人带来和谐的享受。

(3) 工业设计以实用性为前提，并将产品的外观设计到最合理最美观。

工业设计是以为他人服务为目的的，设计反映的往往是社会的意志、用户的需求。工业设计不仅只是运用美学原理对产品的设计，还要注意产品的实用性。产品设计的好坏的一个重要标准就是产品是否实用。如图11-6所示。

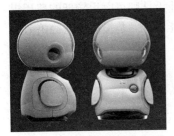
图11-4　交互联网机器人

图11-5　机器人耳机

图11-6　iPod MP3

11.1.3 工业设计的作用

(1) 使产品的造型、功能、结构科学合理，符合使用需要。

工业设计是一种横向学科。侧重于人与物之间的关系，即倾向于满足人们的直接需要和产品能安全生产，易于使用，降低成本以及合乎需要的方法上，从而能使产品造型、功能、结构和材料协调统一，成为完善的整体。它不仅满足使用需求，也要能提供文化审美营养。

(2) 降低产品成本，增强产品的竞争性，提高企业的经济效益。

工业设计在使产品造型、功能、结构和材料科学合理化的同时，省去了不必要的功能以及不必要的材料，并且在提高产品的整体美与社会文化功能方面，起到了非常积极的作用。

(3) 提高产品造型的艺术性，满足人们的审美需要。

爱美是人的天性之一，而工业设计的目的就是为人服务的。其重点在于产品的外形质量，通过对产品各部件的合理布局，增强产品自身的形体美以及与环境协调美的功能，使人们有一个适应的环境，美化人们的生活。

（4）促进和提高产品生产的系列化、标准化，加快大批量生产。

工业设计源于大生产，并以批量生产的产品为设计对象，所以进行标准化、系列化，为人们提供更多更好的产品，是其目的之一。除此之外，工业设计还有使产品便于包装、贮存、运输、维修，使产品便于回收、降低环境污染等作用。

总之，工业设计的中心议题是如何通过对产品的综合处理，增强其外形质量，便于使用，从而更好地为人们服务。

11.1.4　工业设计的整体要求

1.实用先于审美

人类在制造第一件石器作为工具的时候，并不是出于"艺术"和"审美"的考虑，而完全是出于"劳动"，利于"生存"的实用目的。从最早的意义上讲，造物活动是综合的、笼统的、实用的。在"劳动"、"生存"的实用目的的达到以后，就开始了附加上"艺术"和"审美"的考虑，一般的人造物就上升为造物艺术。

2.人性化设计

工业设计属于对现代工业产品、产品结构进行规划、设计、不断创新的专业，其核心是以"人"为中心，设计创造的成果，要能充分适应、满足作为"人"的需求。所以说"以人为本"是工业设计的核心。

3.普遍性与经济性

现代社会产品竞争越来越激烈，谁拥有新技术，谁就能在竞争中占有优势。但技术的开发非常艰难，代价和费用极其昂贵。相比之下，利用现有技术，依靠工业设计则可以用较低的费用提高产品的功能与质量。使其更便于使用、增加美观，从而增强竞争能力，它是提高企业经济效益的极好方法。

11.2　概念跑车设计

11.2.1　设计概述

本作品是一辆跑车的设计图，最终效果如图 11-7 所示。在颜色上采用了经典的红、黑搭配，庄重大方；在车型上采用了独特的车身设计，很容易抓住人们的视线。车体内部的绘制使整个车体显得更加具有体积感，咖色系的挡风玻璃与内部车座的绘制，色调柔和、温暖，与坚硬的金属外壳产生的强烈的对比。

背景采用了灰色系渐变的颜色搭配。灰色系的背景与红色的车体相互辉映，不仅使车体更加突出，而且使整个画面产生了空间感，显得更加真实。

图11-7　概念跑车效果图

1.设计方案

本实例的具体设计方案见表 11-1 所示。

表 11–1 设计方案

尺 寸	横向，210mm×297mm							
风格类型	时尚、流行、前卫							
创 意 点	① 深红色的车身热情如火 ②甲壳虫流畅车型具有超前的概念感							
配色方案	#ED1C244	#000000	#F3D974	#AFAAAF	#A1C6D9	#FFFFFF	#5C5C61	#B5B9C9
作品位置	..\Ch09\creation\ 概念跑车设计 .ai ..\Ch09\creation\ 概念跑车设计 .jpg							

2.设计流程

主要由"绘制车体外壳"→"绘制挡风玻璃及内饰"→"绘制车灯及轮胎"→"添加倒车镜及车标"→"添加背景"五大部分组成。详细设计流程如图 11-8 所示。

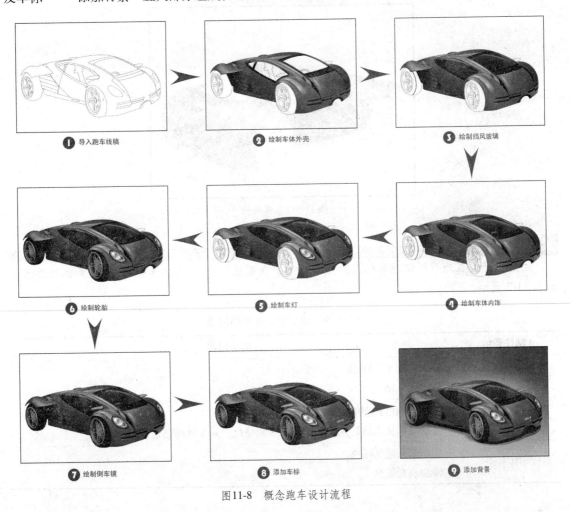

图11-8 概念跑车设计流程

3.功能分析

* 【钢笔工具】：创建跑车轮廓路径以及添加各个细节区域。

- 【选择工具】：选择、移动、缩放、旋转对象。
- 【直接选择工具】：选择并编辑网格点。
- 【渐变工具】：为车身、车灯、车标等区域填充渐变颜色。
- 【网格工具】：打造出质感，使作品更真实。
- 【椭圆工具】：绘制跑车车轮和车灯。
- 【矩形工具】：用于制作渐变网格对象。
- 【缩放工具】：用于对细致部分进行局部放大。
- 【吸管工具】：快速复制填充颜色。

11.2.2　绘制车体外壳

制作分析

　　先通过导入"跑车"线稿，创建车头路径，然后通过【颜色】面板以及【网格工具】等打造金属质感，美化车体外壳，最终效果如图11-9所示。

图11-9　车体外壳

制作流程

　　主要设计流程为"创建跑车路径"→"打造金属质感"→"美化车体外壳"，具体制作流程如表11-2所示。

表11-2　绘制跑车外壳的流程

制作目的	实现过程
创建跑车路径	导入"跑车"线稿 创建车头路径
打造金属质感	通过【颜色】面板设置跑车底色 通过【网格工具】为跑车添加更多网格点，对车体颜色进行调整
美化车体外壳	绘制车头进气栅格 添加高光效果

上机实战　绘制车体外壳

01 选择【文件】|【新建】命令打开【新建文档】对话框，创建一个 A4 大小的横向新文档，如

图 11-10 所示。

02 选择【文件】|【置入】命令打开【置入】对话框，在"..\Ch11\images"文件夹中双击"跑车线稿.jpg"素材文件，将"跑车线稿"素材对象置入画板中。使用【选择工具】 ![箭头] 移动"跑车线稿"到页面合适位置，如图 11-11 所示，最后单击"嵌入"按钮。

图11-10　新建文档

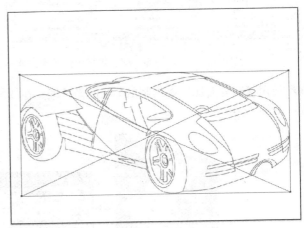

图11-11　导入"跑车线稿"素材

03 打开【图层】面板双击"图层 1"标题，在打开的【图层选项】对话框中输入名称为"跑车线稿"，勾选图层前的【锁定】复选框，将图层锁定，最后单击【确定】按钮，如图 11-12 所示。

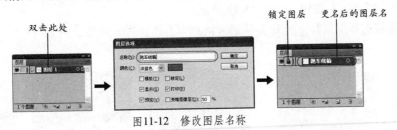

图11-12　修改图层名称

04 在【图层】面板中单击【创建新图层】按钮 ![按钮]，创建出"图层 2"，如图 11-13 所示。

05 使用【钢笔工具】 ![钢笔] 配合【直接选择工具】 ![箭头] 根据"跑车线稿"勾画出车头部分的路径形状，结果如图 11-14 所示。

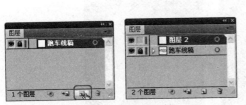

图11-13　创建新图层

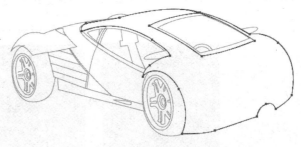

图11-14　创建跑车路径

06 打开【渐变】面板，设置渐变类型为【径向】，然后添加一个中间色标，再依序设置三个色标的颜色属性，为车头部分填充深红到浅红的渐变颜色，如图 11-15 所示。

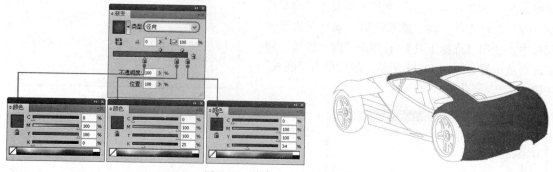

图11-15　为车头区域填充颜色

07 使用【钢笔工具】绘制出车头高光区域。在【颜色】面板中设置颜色，并设置描边颜色为无，如图 11-16 所示。

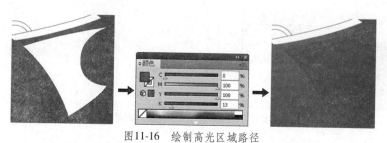

图11-16　绘制高光区域路径

08 选择【对象】|【创建渐变网格】命令，打开【创建渐变网格】对话框，将【行数】、【列数】设置为3，单击【确定】按钮，如图 11-17 所示。

09 使用【直接选择工具】选择并移动网格点到合适位置，效果如图 11-18 所示。

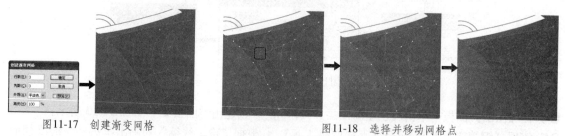

图11-17　创建渐变网格　　　　　　　　　　　　　　图11-18　选择并移动网格点

10 单击网格点并拖动控制手柄，进一步调整网格对象的形状，如图 11-19 所示。

控制手柄的端点　　　　　　　　　　此控制手柄会随之变化

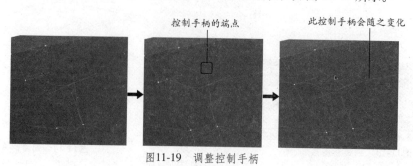

图11-19　调整控制手柄

11 选择【转换锚点工具】拖拽需要调整的控制手柄，单独调整一侧控制手柄即可。使用同样的方法调整其他控制手柄，使其达到如图 11-20 所示的"整齐"状态。

图11-20 调整网格点

12 选择【直接选择工具】选择一个要更改颜色的网格点，通过【颜色】面板变更填充颜色，其中描边颜色为无，如图 11-21 所示。

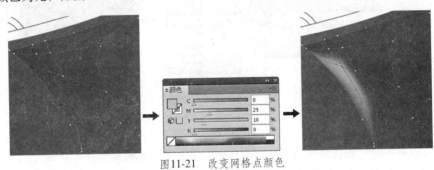

图11-21 改变网格点颜色

13 使用步骤 12 的方法，对其他网格点的颜色进行设置，如图 11-22 所示。

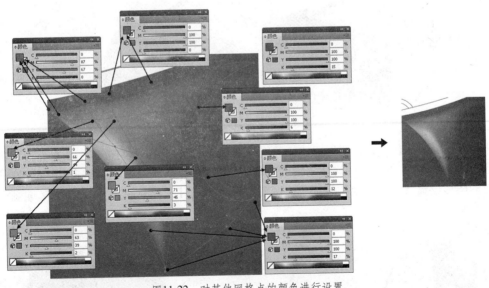

图11-22 对其他网格点的颜色进行设置

14 为了使颜色更加自然，效果更加逼真，可以使用【网格工具】在已创建好的网格中再次添加网格点，如图 11-23 所示。

15 通过【颜色】面板为新网格点设置颜色，设置描边颜色为无，如图 11-24 所示。

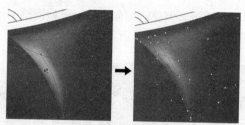

图11-23　添加并设置更多的网格点

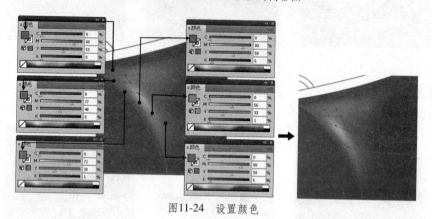

图11-24　设置颜色

> **提示**　添加更多的网格点，可以更精细的调整各网格点之间颜色的变化，使画面显得更加真实。但是网格点越多，占用内存越多，最后生成的文件也会越大。

16 使用步骤 7～步骤 15 的方法，绘制车头的阴影区域，如图 11-25 所示。

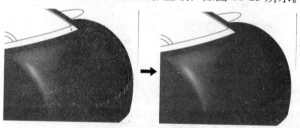

图11-25　绘制阴影区域

17 选择【钢笔工具】，在阴影区域位置绘制一个不规则的图形。打开【渐变】面板，将渐变类型选择为【径向】，单击预设的渐变颜色，通过【颜色】面板设置起始与结束色标的颜色属性，为填充的图形设置【不透明度】为47%，图层混合模式为【正片叠底】，增加阴影区域颜色，如图 11-26 所示。

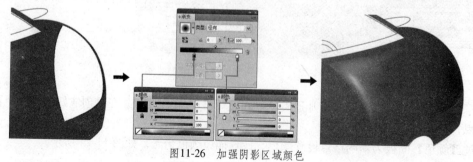

图11-26　加强阴影区域颜色

18 使用步骤 7～步骤 17 的方法，将车顶其他部分的高亮和阴影区域绘制出来，按下【Ctrl+A】快捷键将绘制好的图形全部选中，再按下【Ctrl+G】快捷键将所选图形编为一组，如图 11-27 所示。

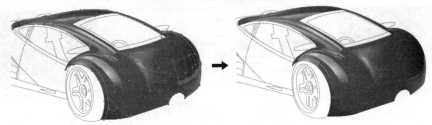

图11-27　添加高光和阴影区域

19 打开【图层】面板，暂时隐藏"图层 2"。然后单击【创建新图层】按钮 ▣，创建出"图层 3"，如图 11-28 所示。

20 使用【钢笔工具】配合 ◎【直接选择工具】 ▶，根据"跑车线稿"将车头前的进气格栅绘制出来，如图 11-29 所示。

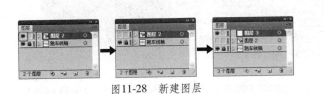

图11-28　新建图层　　　　　　　　　　　图11-29　绘制进气格栅

> 🐱 **提示** 对于对称的图形来说，只需要绘制其中一半，另一半复制并做简单编辑即可。所以绘制进气格栅只需复制其中一半即可。

21 按下快捷键【Ctrl+A】将"图层 3"中绘制好的图形选中，再按下【"Ctrl+X"】快捷键将所选图形剪切。重新显示"图层 2"，按下【Ctrl+F】快捷键将剪切的图形在保持位置不发生变化的同时粘贴在"图层 2"中。

22 单击【选择工具】 ▶，选择右上方的路径。打开【渐变】面板，设置渐变填充属性，并将【透明度】面板中的【混合模式】设置为正片叠底，【不透明度】设置为 74%，为所选图形填充颜色，如图 11-30 所示。

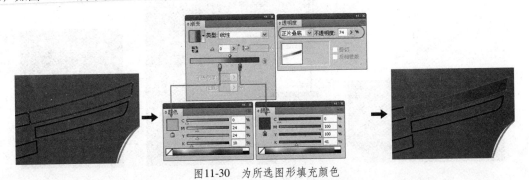

图11-30　为所选图形填充颜色

23 选择【钢笔工具】 ◎ 绘制出阴影区域，打开【渐变】面板，设置渐变填充属性，并在【透明度】面板中设置【混合模式】为正片叠底，【不透明度】为 50%，如图 11-31 所示。

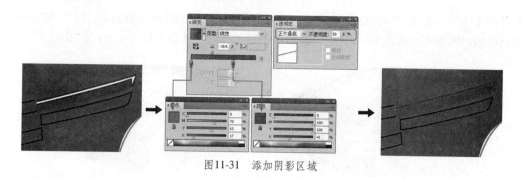

图11-31　添加阴影区域

24 使用步骤 23 的方法添加一个受光面，如图 11-32 所示。

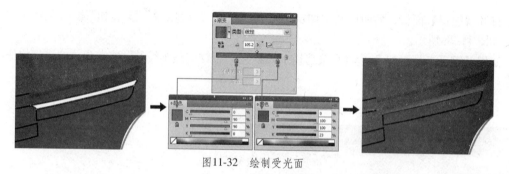

图11-32　绘制受光面

25 选择【钢笔工具】 ，绘制出高光点路径，通过【颜色】面板设置颜色。选择【网格渐变】工具 ，在图形中间创建一个网格点，再次通过【颜色】面板为网格点设置颜色，如图 11-33 所示。

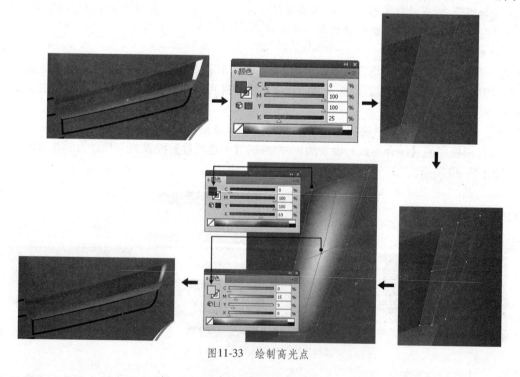

图11-33　绘制高光点

26 选择下一个相邻的路径，通过【颜色】面板设置颜色属性。选择【网格渐变】工具 ，在图形中间创建一个网格点，再次通过【颜色】面板为网格点设置颜色，如图 11-34 所示。

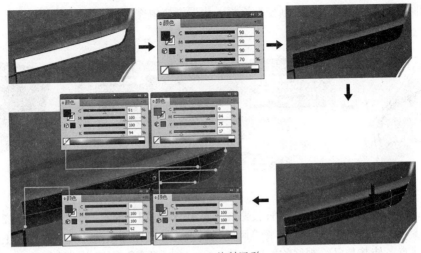

图11-34　绘制图形

27 使用步骤25的方法为其绘制高光点。再使用步骤26的方法将其他装饰图形绘制出来，如图 11-35 所示。

28 对已经绘制好的图形进行复制、调整，作为另一侧的进气栅格。如图 11-36 所示。

图11-35　绘制高光点及其他装饰图形

图11-36　车头进气栅格绘制完成

29 车体外壳其他部分的绘制方法同上，这里不再赘述，如图 11-37 所示。

30 打开【图层】面板并隐藏"图层2"。单击"图层3"，选择【钢笔工具】，根据"跑车线稿"绘制出油箱路径，如图 11-38 所示。

图11-37　车体外壳绘制完成

图11-38　绘制油箱路径

31 选择前面的图形路径，打开【渐变】面板，设置渐变填充属性，如图 11-39 所示。

图11-39　设置填充颜色

32 选择后面的图形路径，打开【渐变】面板，设置渐变填充属性，如图 11-40 所示。

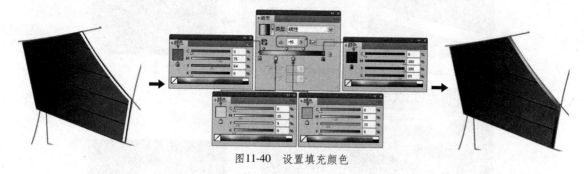

图11-40 设置填充颜色

33 使用【选择工具】选择前面几条直线路径，打开【描边】面板，将粗细设置为2。选择【对象】|【路径】|【轮廓化描边】命令，将笔画路径转换为填充图形，选择【直接选择工具】调整首尾两端的网格点，使其与已绘制好的图形保持一致。在【颜色】面板中对其颜色进行设置，按下【Ctrl+G】快捷键将其编为一组，如图 11-41 所示。

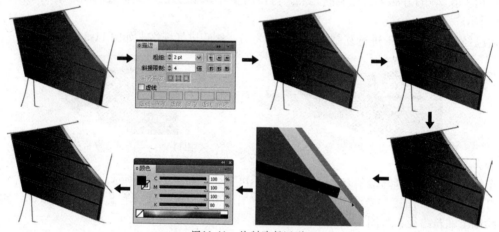

图11-41 绘制路径图形

34 按下【Ctrl+C】快捷键将其进行复制，再按下【Ctrl+B】快捷键将复制图形粘贴在后面，按下键盘"向下"键，将复制的图形向下移动一个单位，如图 11-42 所示

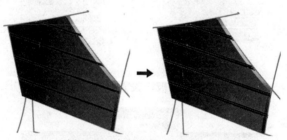

图11-42 复制并移动图形位置

35 使用【直接选择工具】选择上面两个图形，打开【渐变】面板，设置渐变填充属性，如图11-43 所示。

36 使用【直接选择工具】选择下面两个图形，打开【渐变】面板，设置渐变填充属性，如图11-44 所示。

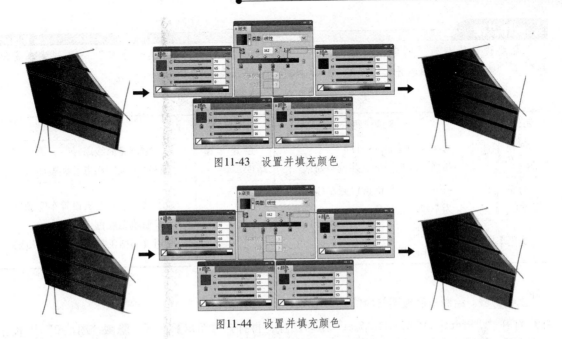

图11-43　设置并填充颜色

图11-44　设置并填充颜色

37 选择"图层 3"中绘制好的图形，再按下【Ctrl+X】快捷键将其剪切。然后显示并选择"图层 2"，按下【Ctrl+F】快捷键将剪切的图形粘贴在前面。再次按下【Ctrl+A】快捷键将"图层 2"中的图形全部选中，按下【Ctrl+G】快捷键编为一组，至此，车体外壳的绘制完成了，最终效果如图 11-45 所示。

图11-45　车体外壳绘制完成

11.2.3　绘制车窗玻璃与内饰

▦▦ **制作分析** ▦▦ ▬▬▬▬▬▬▬▬▬▬▬▬▬▬▬▬

　　绘制车窗玻璃与内饰的操作包括绘制车座和车窗两个部分，首先为车座和车窗绘制曲线路径。然后利用网格工具调整曲线路径，并通过【颜色】面板美化作品，最终效果如图 11-46 所示。

图11-46　车窗玻璃与内饰的效果

主要设计流程为"创建车座路径"→"为车座设置颜色"→"美化车座"→"创建车窗路径"→"为车窗设置颜色并打造质感",具体制作流程如表11-3所示。

表11-3　绘制车窗玻璃与内饰的流程

制作目的	实现过程	制作目的	实现过程
创建车座路径	为车座创建曲线路径 为路径添加网格点并调整曲线	创建车窗路径	为车窗创建曲线路径 为路径添加网格点并调整曲线
为车座设置颜色	通过【颜色】面板设置车座颜色 为车座填充底色	为车窗设置颜色	通过【颜色】面板设置车窗颜色 为车窗填充底色 使用【网格工具】打造车窗质感
美化车座	添加明暗面 打造车座质感		

🐜 **上机实战　绘制车窗玻璃与内饰**

01 打开"..\Practice\Ch11\11.2.3.ai"练习文件,再打开【图层】面板,隐藏"图层2"并单击"图层3"。根据"跑车线稿"绘制出车座路径,如图11-47所示。

图11-47　绘制车座路径

02 打开【渐变】面板,设置渐变颜色属性。在【透明度】面板中设置不透明度为82%,如图11-48所示。

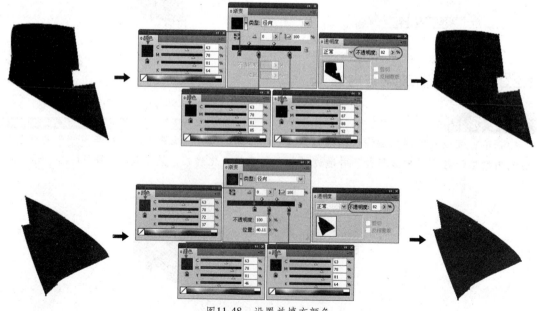

图11-48　设置并填充颜色

提示 为了方便读者观看和操作，可以单击"跑车线稿"图层前的切换可视性按钮👁暂时隐藏"跑车线稿"图层中的内容。

03 使用【钢笔工具】🖋配合【直接选择工具】▶绘制车座阴影区域。打开【渐变】面板，设置渐变颜色属性，并将【透明度】面板中的【混合模式】设置为【正片叠底】，【不透明度】设置为100%，为所选图形填充颜色，如图 11-49 所示。

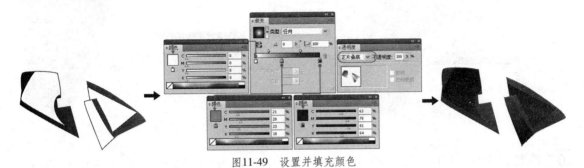

图11-49　设置并填充颜色

04 使用【选择工具】▶分别选择不同的阴影区域，在【透明度】面板中进行调整，如图 11-50 所示。

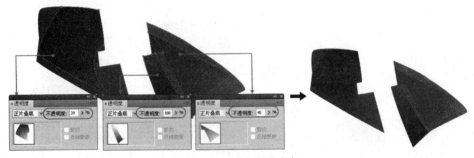

图11-50　调整不透明度

05 使用【钢笔工具】🖋绘制车座高光区域，通过【颜色】面板设置颜色，设置描边颜色为无。选择【网格工具】▦在图形中添加网格点，如图 11-51 所示。

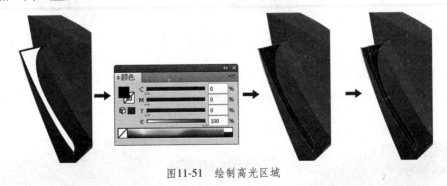

图11-51　绘制高光区域

06 使用【直接选择工具】▶选择需要调整的网格点，通过【颜色】面板设置颜色，其他网格点保持原有属性不变。打开【透明度】面板，将【混合模式】设置为【柔光】，【不透明度】设置为50%，如图 11-52 所示。

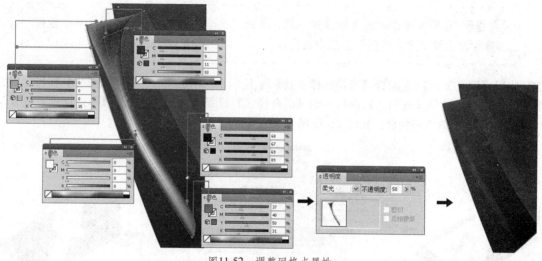

图11-52　调整网格点属性

07 绘制车窗。打开【图层】面板显示"跑车线稿"图层，根据"跑车线稿"绘制出车窗路径。打开【渐变】面板设置颜色属性，按下【Ctrl+Shift+[】快捷键将所选图形的位置移至所有图形之下，如图11-53所示。

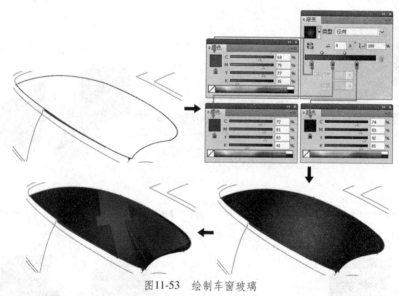

图11-53　绘制车窗玻璃

08 按下【Ctrl+A】快捷键全选"图层3"中的图形，按下【Ctrl+G】快捷键进行编组处理，再按下【Ctrl+X】快捷键剪切对象。打开【图层】面板显示"图层2"，按下【Ctrl+B】快捷键将剪切的图形粘贴在"图层2"中的所有对象之下，如图11-54所示。

图11-54　调整图形所在图层位置

09 对车窗进行美化处理，使其更加逼真。打开【图层】面板，单击"图层3"并隐藏其他的图层。使用【矩形工具】□绘制一个矩形，并设置颜色属性。选择【对象】|【创建渐变网格】命令，打开【创建渐变网格】对话框，将【行数】、【列数】设置为2，单击【确定】按钮，如图11-55所示。

图11-55　创建渐变网格图形

10 使用【直接选择工具】▶选择需要调整的网格点，通过【颜色】面板重新设置颜色属性，如图11-56所示。

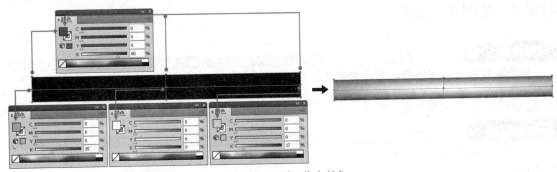

图11-56　设置网格点颜色

11 显示"图层2"，使用【选择工具】▶选择渐变网格图形，将其旋转并移至窗框位置，使用【直接选择工具】▶调整各网格点位置使其外形与窗框相符。然后使用步骤9和步骤10的方法绘制出另外两个衬托车窗厚度的图形。选择"图层3"中的三个装饰图形，按下【Ctrl+G】快捷键将其编组。打开【透明度】面板，设置【混合模式】为【柔光】，如图11-57所示。

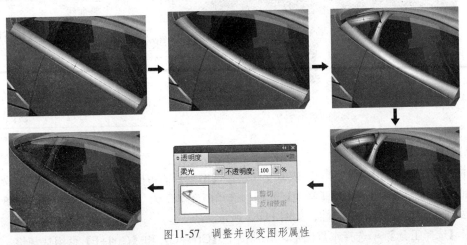

图11-57　调整并改变图形属性

12 按下【Ctrl+X】快捷键剪切"图层3"中的被选取对象，单击"图层2"并按下【Ctrl+F】快捷键，将剪切的对象粘贴在"图层2"中的所有对象之上，按下【Ctrl+[】快捷键将其排列顺序下移一层，如图11-58所示。

13 使用步骤 1～步骤 12 的方法，绘制与美化车前挡风玻璃以及内饰，如图 11-59 所示。

图11-58　调整图形所在位置

图11-59　绘制挡风玻璃后的结果

至此，绘制车窗玻璃和内饰的操作完成了。

11.2.4　绘制车头大灯

制作分析

先为车灯绘制曲线路径，然后为路径添加网格点并调整曲线，通过【颜色】面板设置颜色，最后美化车灯效果，效果如图 11-60 所示。

制作流程

主要设计流程为"创建车灯路径"→"填充车灯颜色"→"美化车灯"，具体制作流程如表 11-4 所示。

图11-60　绘制车头大灯的效果

表 11-4　绘制车头大灯的流程

制作目的	实现过程
创建车灯路径	为车灯创建曲线路径 为路径添加网格点并调整曲线
填充车灯颜色	通过【颜色】面板设置车灯颜色 为车灯填充底色
美化车灯	添加明暗面 打造车灯质感

上机实战　绘制车头大灯

01 打开 "..\Practice\Ch11\11.2.4.ai" 练习文件，在【图层】面板中选择"图层 3"，根据"跑车线稿"绘制出右侧车灯路径。打开【渐变】面板，选择渐变类型为【线性】，设置角度为 145 度，通过【颜色】面板设置渐变颜色属性，如图 11-61 所示。

02 使用【选择工具】选择车灯图形，分别按下【Ctrl+C】和【Ctrl+F】两组快捷键，将当前对象复制并粘贴在后面，按住【Shift+Alt】键拖动调整点，等比例缩小对象。打开【渐变】面板，将渐变类型选择为【线性】，角度设置为 -31 度，通过【颜色】面板设置渐变颜色属性，如图 11-62 所示。

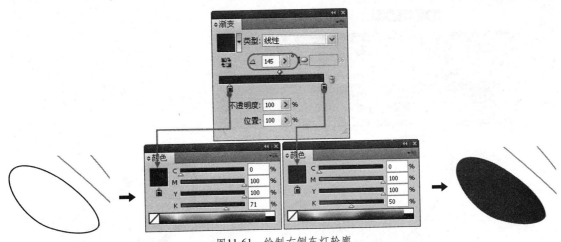

图11-61　绘制右侧车灯轮廓

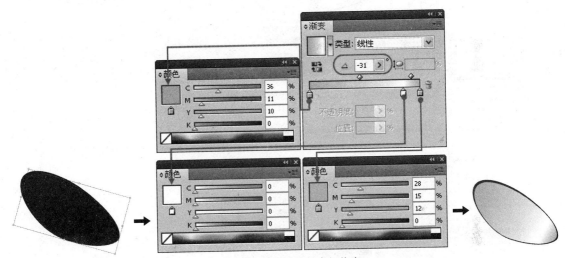

图11-62　复制并编辑车灯轮廓

03 使用步骤2的方法复制出多个车灯轮廓对象并调整其大小位置，结果如图11-63所示。

04 通过【渐变】面板，为各个轮廓图形填充渐变颜色，如图11-64所示。

05 使用【椭圆工具】◯在车灯上绘制出两个圆形和两个椭圆形对象，通过【颜色】面板设置颜色属性，以此作为车灯中的灯泡形状，如图11-65所示。

06 为车灯添加光影效果。使用【钢笔工具】◯为右下方的两个椭圆添加光影轮廓，通过【颜色】和【渐变】面板为光影轮廓填充纯色与渐变颜色，如图11-66所示。

07 使用步骤6的方法，在车灯左上方绘制光影效果，如图11-67所示。

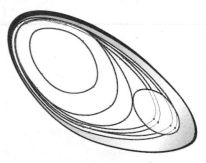

图11-63　复制多个车灯轮廓图形

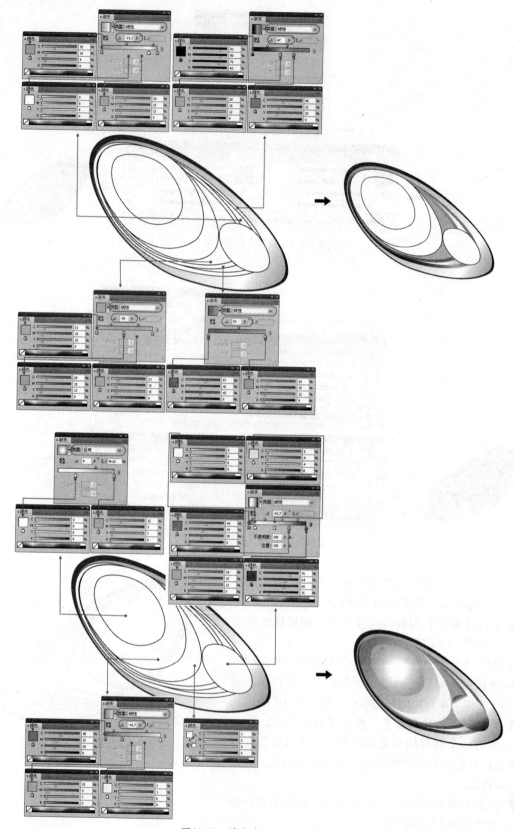

图11-64　填充车灯内部颜色

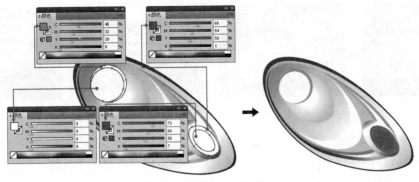

图11-65　绘制灯泡形状

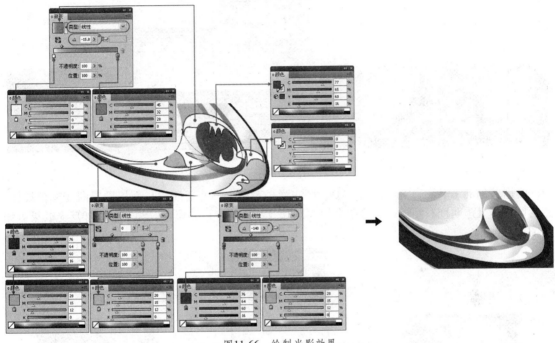

图11-66　绘制光影效果

08 打开【图层】面板，在"图层3"中选择多个组成车灯的对象，将其编组后按下【Ctrl+X】快捷键剪切对象。显示并选择"图层2"，按下【Ctrl+F】快捷键将剪切的对象粘贴在前面，如图11-68所示。

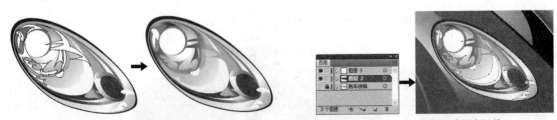

图11-67　绘制其他光影效果　　　　　　　　　　　图11-68　改变图形所在图层

09 使用【直接选择工具】 ![tool]选择车灯底层的红色图形，分别按下【Ctrl+C】与【Ctrl+B】快捷键，将对象复制并粘贴在后面。配合【Shift+Alt】键拖动调节框，等比例放大对象并移至合适位置。通过【颜色】面板更改颜色属性，如图11-69所示。

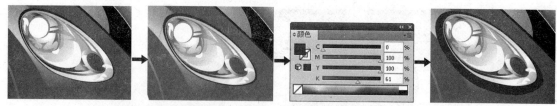

图11-69　复制图形并为其更改颜色

10 选择步骤9复制的对象，再通过【Ctrl+C】与【Ctrl+B】快捷键在后面粘贴一份，然后通过按下键盘的方向键微调图形位置。接着打开【渐变】面板设置渐变颜色属性，切换至【透明度】面板设置【混合模式】和【不透明度】的属性，如图 11-70 所示。

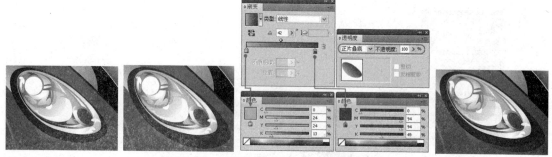

图11-70　复制另一个图形并调整位置与颜色

11 使用【钢笔工具】 绘制一个"U"形的路径对象，打开【渐变】面板设置渐变颜色属性，然后切换至【透明度】面板设置【混合模式】和【不透明度】的属性，为车灯添加反光效果，如图 11-71 所示。

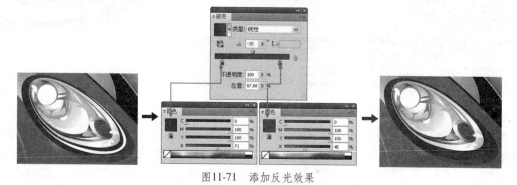

图11-71　添加反光效果

12 使用步骤1～步骤11的方法，绘制另一侧的车头大灯，效果如图 11-72 所示。

图11-72　绘制另一侧的车灯

至此，绘制车灯的操作完成了。

11.2.5　绘制车轮

制作分析

先创建车轮路径，然后通过网格工具添加并调整网格点，设置车轮颜色，最后美化车轮效果如图11-73所示。

制作流程

主要设计流程为"创建车轮路径"→"设置车轮颜色"→"美化车轮"，具体制作流程如表11-5所示。

图11-73　绘制车轮的结果

表11-5　绘制车轮的流程

制作目的	实现过程
创建车轮路径	创建车轮路径 添加并调整网格点
设置车轮颜色	设置车轮颜色 为车胎填充底色
美化车轮	添加明暗面 打造车轮质感

上机实战　绘制车轮

01 打开"..\Practice\Ch11\11.2.5.ai"练习文件，再打开【图层】面板隐藏"图层2"，单击"图层3"，根据"跑车线稿"绘制出跑车的其中一个车轮路径，如图11-74所示。

02 使用【选择工具】选择外轮胎图形，通过【颜色】面板设置颜色属性，图11-75所示。

03 使用【矩形工具】绘制一个竖放的矩形对象，其颜色与外轮胎颜色一致。选择【对象】|【创建渐变网格】命令，在打开的【创建渐变网格】对话框中设置【行数】为4，【列数】设置为3，单击【确定】按钮。使用【选择工具】将其移至外轮胎上，如图11-76所示。

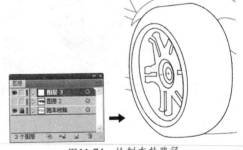

图11-74　绘制车轮路径

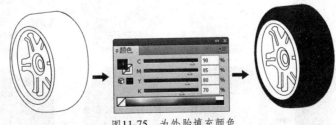

图11-75　为外胎填充颜色

04 使用【直接选择工具】调整各网格点位置，然后通过【颜色】面板设置各网格点的颜色属性，如图11-77所示。

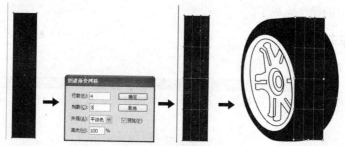

图11-76　创建矩形渐变网格

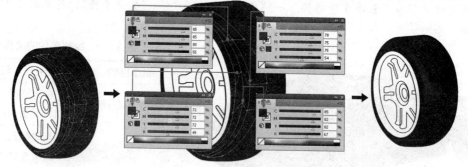

图11-77　调整网格点颜色

05 使用【选择工具】 ▶ 选择车毂外框图形，通过【颜色】面板设置颜色属性，如图 11-78 所示。

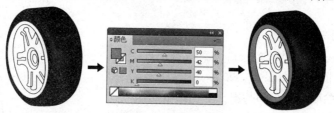

图11-78　填充车毂外框

06 按下【Ctrl+Shift+]】快捷键将车毂外框移至顶层，使用【网格工具】 ▦ 在对象上单击创建出多个网格点，并使用【直接选择工具】 ▶ 调整网格点位置。然后通过【颜色】面板设置各网格点的颜色属性。设置完毕后按下【Ctrl+Shift+[】快捷键将它移至所有图层的最下方，再按下【Ctrl+]】快捷键将其上移一层，如图 11-79 所示。

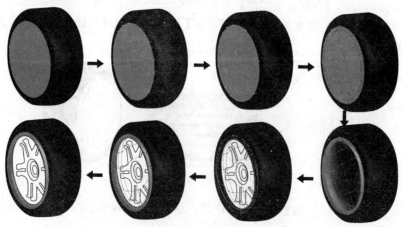

图11-79　为车毂外框填充网格渐变颜色

07 使用【选择工具】 ▶ 选择外侧的轮轴图形，打开【渐变】面板设置颜色属性，如图 11-80 所示。

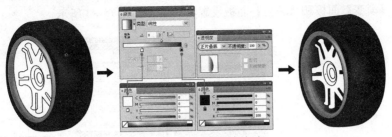

图11-80　填充车毂内框颜色

08 使用【选择工具】 ▶ 选择轮毂图形，打开【渐变】面板设置渐变属性，如图 11-81 所示。

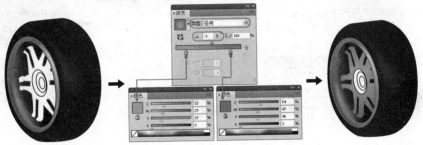

图11-81　填充轮毂颜色

09 使用【选择工具】 ▶ 选择外侧的轮轴图形，打开【渐变】面板，将渐变类型选择为【线性】，角度设置为 –55 度，并通过【颜色】面板设置起始图标的颜色属性，如图 11-82 所示。

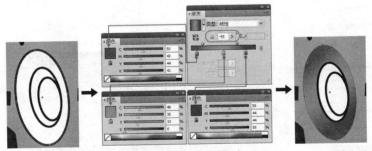

图11-82　填充轮轴颜色

10 使用【选择工具】 ▶ 在按下【Shift】键的同时选择内侧的两个椭圆轮轴图形，打开【渐变】面板设置颜色属性，并将【透明度】面板中的【混合模式】设置为【正片叠底】，不透明度设置为 36%，如图 11-83 所示。

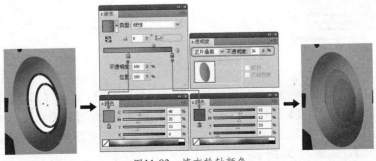

图11-83　填充轮轴颜色

11 使用【选择工具】 选择最外侧的轮轴椭圆对象，按下【Ctrl+C】和【Ctrl+F】两组快捷键将其复制并粘贴在前面，将其等比例比例缩小。使用同样方法再复制另一个椭圆对象并调整其位置。分别通过【渐变】面板和【颜色】面板设置其颜色，如图 11-84 所示。

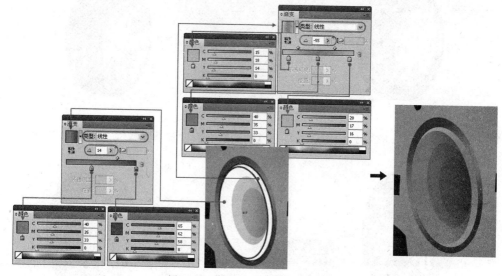

图11-84　复制图形并为其设置颜色

12 使用步骤 11 的操作方法，复制更多的椭圆图形，构成车轮的中心轴，如图 11-85 所示。

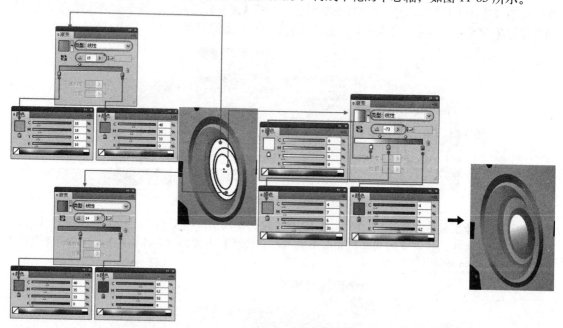

图11-85　美化轮轴

13 使用【钢笔工具】 在轮轴中心位置绘制一个"逗号"图形，打开【渐变】面板设置渐变颜色属性，然后切换至【透明度】面板设置【混合模式】和【不透明度】的属性，如图 11-86 所示。

14 使用【钢笔工具】 绘制出轮毂的金属阴影区域，然后填充渐变颜色并设置设置【混合模式】和【不透明度】，如图 11-87 所示。

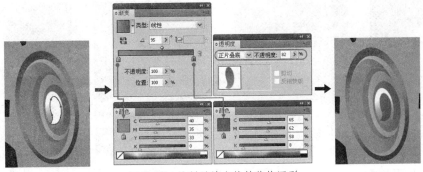

图11-86　绘制并填充轮轴装饰图形

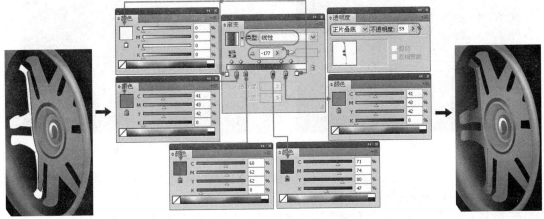

图11-87　绘制轮毂的阴影区域

15 使用步骤 14 的方法，绘制其他阴影区域，如图 11-88 所示。

16 使用【钢笔工具】 ✍ 为轮毂绘制高光区域，通过【颜色】面板设置填充颜色，如图 11-89 所示。

17 使用【网格工具】 ▦ 在高光区域图形上创建网格点，使用【直接选择工具】 ▷ 调整网格点位置，通过【颜色】面板设置颜色。打开【透明度】面板，设置不透明度为 59%。接着使用同样方法，为车胎绘制出其他高光区域，如图 11-90 所示。

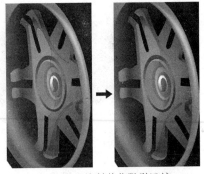

图11-88　绘制其他阴影区域

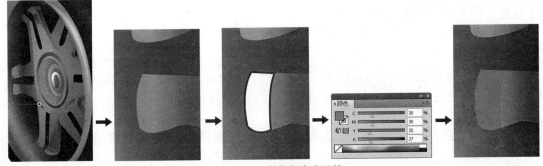

图11-89　绘制轮毂高光区域

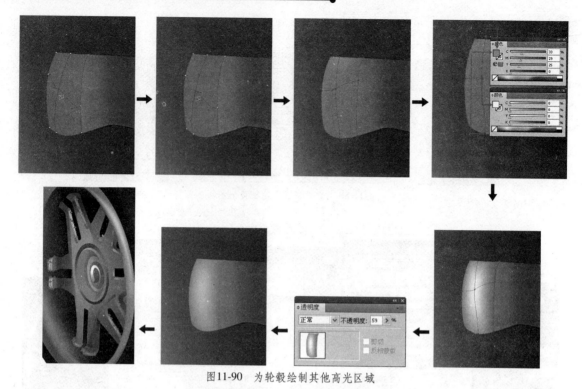

图11-90　为轮毂绘制其他高光区域

18 将"图层3"的图形全选并编组，再按下【Ctrl+X】快捷键将其剪切掉。选择并显示"图层2"，按下【Ctrl+B】快捷键将剪切的对象粘贴在后面，如图 11-91 所示。

19 按下【Ctrl+C】和【Ctrl+V】两组快捷键复制并粘贴一组车轮对象，然后使用【选择工具】
⬆调整其大小并移至右后方，作为右后车轮，结果如图 11-92 所示。

图11-91　改变图形所在图层　　　　　　　　　图11-92　复制出右后车轮

至此，绘制车轮的操作完成了。

11.2.6　绘制倒车镜和车标

▎▎▎ **制作分析** ▎▎▎

先绘制倒车镜路径，填充路径颜色并锁定，然后创建网格对象，编辑网格对象并填充颜色，接着建立倒车镜形状以及制作车标，效果如图 11-93 所示。

▎▎▎ **制作流程** ▎▎▎

主要设计流程为"创建倒车镜路径"→"设置倒车镜颜色"→"建立倒车镜形状"→"制作

车标"，具体制作流程如表11-6所示。

图11-93　绘制倒车镜和车标的效果

表 11–6　绘制倒车镜和车标

制作目的	实现过程	制作目的	实现过程
创建倒车镜路径	绘制倒车镜路径 填充路径颜色并锁定	建立倒车镜形状	与网格点对象建立剪切蒙版
设置倒车镜颜色	创建矩形网格对象 编辑网格点并填充颜色	制作车标	输入车名文字 将文字路径转换为图形 填充金属渐变效果 制作立体效果
建立倒车镜形状	将路径对象解锁		

上机实战　绘制倒车镜和车标

01 打开 "..\Practice\Ch11\11.2.6.ai" 练习文件，再打开【图层】面板，隐藏 "图层2" 并选择 "图层3"，根据 "跑车线稿" 绘制出倒车镜路径，如图 11-94 所示。

图11-94　绘制倒车镜路径

02 使用【矩形工具】□绘制一个比倒车镜的宽度稍大的矩形对象，然后通过【颜色】面板设置颜色属性，如图 11-95 所示。

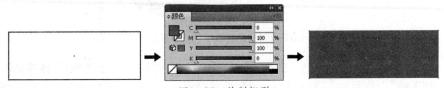

图11-95　绘制矩形

03 选择【对象】|【创建渐变网格】命令，在打开的【创建渐变网格】对话框中设置【行数】为7，【列数】为3，单击【确定】按钮。按下【Ctrl+Shift+[】快捷键将其移至倒车镜对象之下，如图 11-96 所示。

图11-96　创建渐变网格

04 使用【选择工具】 ▶ 选择倒车镜图形，打开【颜色】面板取消填充颜色，按下【Ctrl+2】快捷键将其锁定，如图 11-97 所示。

图11-97　修改图形状态属性

05 使用【选择工具】 ▶ 选择网格渐变图形，使用【直接选择工具】 ▶ 根据倒车镜的形状调整网格点位置，通过【颜色】面板为各网格点填充颜色，如图 11-98 所示。

图11-98　为网格渐变创建颜色

06 按下【Ctrl+Alt+2】快捷键为倒车镜对象解锁，然后选择"图层 3"中的倒车镜路径和网格对象，选择【对象】|【剪切蒙版】|【建立】命令建立剪切蒙版效果，如图 11-99 所示。

图11-99　建立剪切蒙版

07 按下【Ctrl+X】快捷键剪切倒车镜对象。在【图层】面板中显示并选择"图层 2"，按下【Ctrl+F】快捷键将剪切对象粘贴在前面，如图 11-100 所示。

图11-100　改变倒车镜所在图层

08 使用【选择工具】 ▶ 复制一份"倒车镜"对象，然后通过移动、缩放和旋转等操作，制作出另一侧的"倒车镜"。接着按下【Ctrl+Shift+[】快捷键将其移至所有图层之下。至此，倒车镜的操作完成了，结果如图 11-101 所示。

图11-101　制作另一侧倒车镜

09 使用【文字工具】 T 在车头输入 "SUSU" 文字内容（可以选择较粗的字体），选择【对象】|
【扩展】命令，打开【扩展】对话框并勾选【对象】复选框，单击【确定】按钮，将文字转换为填
充图形，如图 11-102 所示。

图11-102　输入车标文字

10 使用【选择工具】 ▶ 调整车标文字的大小、位置和角度，使其处于进气栅格的中上方。选择
【对象】|【复合路径】|【建立】命令，将车标文字转换为复合路径。接着打开【渐变】面板为车
标填充金属渐变效果，如图 11-103 所示。

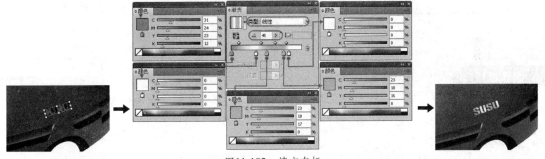

图11-103　填充车标

11 通过【Ctrl+C】与【Ctrl+B】快捷键在车标的后面再复制一份相同的对象，然后将复制的对
象往右下方微调，通过【颜色】面板设置颜色属性，再打开【透明度】面板设置【混合模式】和
【不透明度】的属性。至此，绘制车标的操作完成了，结果如图 11-104 所示。

图11-104　制作车标阴影

12 全选"图层 2"的所有对象，然后将整个汽车编组，效果如图 11-105 所示。

图11-105　跑车绘制完成

至此，跑车绘制完成了

11.2.7 绘制背景与阴影

本例将为汽车作品绘制背景与阴影效果。其中背景主要由灰色系的网格渐变构成，更加突显车体，而且使整个画面产生了立体的空间感，因而更加逼真，最终效果如图 11-106 所示。

图11-106 绘制背景与阴影

主要制作流程为创建矩形对象并设置颜色→创建渐变网格→绘制距车阴影。

上机实战 绘制背景

01 打开"..\Practice\Ch11\11.2.7.ai"练习文件，在【图层】面板中隐藏"图层 2"并选择"图层 3"。使用【矩形工具】□ 单击画板，创建一个 297mm×210mm 的矩形对象，如图 11-107 所示。

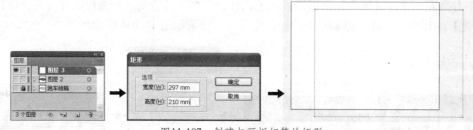

图11-107 创建与画板相等的矩形

02 通过【对齐】面板使矩形与画板重叠，然后通过【颜色】面板设置颜色属性，如图 11-108 所示。

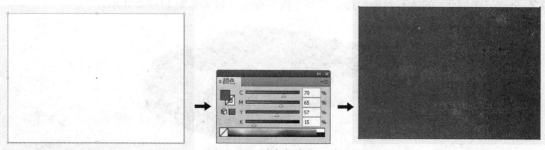

图11-108 对齐与填充矩形

03 选择【对象】|【创建渐变网格】命令打开【创建渐变网格】对话框，设置【行数】为4，【列数】为3，单击【确定】按钮。使用【直接选择工具】🔺调整各网格点位置，然后通过【颜色】面板为网格点填充颜色，如图11-109所示。

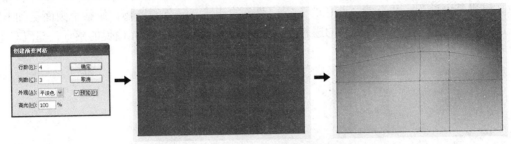

图11-109　调整与填充网格点

04 按下【Ctrl+X】快捷键剪切矩形网格对象。打开【图层】面板显示并选择"图层2"，按下【Ctrl+B】快捷键将剪切的对象粘贴在后面，如图11-110所示。

05 使用前面方法，绘制跑车的投影效果，如图11-111所示。

图11-110　改变图形所在图层位置

图11-111　车底阴影效果

至此，概念跑车已经全部绘制完毕，最终效果如图11-7所示。

11.3　学习扩展

11.3.1　经验总结

通过本例的学习，对工业设计有了一定的了解。下面对本例跑车的设计做总结，并提出一些注意事项以供读者参考。

（1）在绘制对称的图形时，比如进气栅格、车灯、车轮、倒车镜，只需要绘制出其中一个，然后将其进行复制、移动、旋转或镜像处理，即可得到相同的另一半。

（2）使用【钢笔工具】🖋绘制路径对象时，按下【Ctrl】键可以快速切换成【直接选择工具】🔺，便于移动锚点与调整控制手柄。

（3）创建网格渐变图形时，如果先绘制出图形，可以直接使用【网格工具】▦在图形上单击添加网格点。另外【网格工具】▦和【直接选择工具】🔺均可以编辑网格点属性。

（4）使用【网格工具】▦绘制图形，网格点越多，图形绘制越真实，文件也会越大，所以，在制作过程中要尽量用最少的网格点做出最好的效果。

（5）在绘制类似车轮这类图形时，有一部分是被车体遮住的，在绘制过程中没有必要将整个的轮胎都绘制完整，只需将车胎露出来的部分绘制出来即可。

11.3.2 创意延伸

除了本例的设计形式外，还可以采取另外一种比较活泼的设计方案。在如图 11-112 所示的作品中，将背景设计为一片海滩，蓝色的天空、黄色的沙滩、绿色的植物，使整个画面更加丰富，配合远处的太阳伞，使人产生更多的遐想。整个画面给人以浪漫、阳光愉悦的感觉，与汽车主体一起表现时尚魅力。

图11-112 概念跑车设计

11.3.3 作品欣赏

下面介绍 2 个优秀的工业设计作品，以便大家设计时借鉴与参考。

1. 索尼Rolly小滚珠音乐蛋

如图 11-113 所示的设计是 SONY08 年度推出的数字播放器 Rolly 音乐蛋。索尼 Rolly 音乐蛋集 MP3、蓝牙音箱、玩具功能于一身。前卫的外形设计、超乎想象的操控方式，让索尼 Rolly 打破了传统 MP3 的概念。

图11-113 索尼Rolly小滚珠音乐蛋

Rolly 音乐蛋最吸引人的是"跳舞"的功能，双击按键，Rolly 就能随音乐起舞，配上音乐和灯光，十分有趣。此外，还可心通过专用的软件为索尼 Rolly 音乐蛋定制舞步。

2. JBL Control NOW音箱

如图 11-114 所示为 JBL Control NOW 音箱设计，4 个 90 度的扇形音箱，多种的组合方式，适合各种不同的环境，无论是墙角还是门边，都可以随便放上一个。还可以将四个音箱单元组合在一起使用，挂在天花板上也非常漂亮；也可以成对使用，或放在电视机旁边，或放在书架上；还可以一个一个地使用，或嵌在墙角，或用支架架起摆放，成为房中独特的装饰品。

图11-114　JBL Control NOW音箱设计

11.4　本章小结

本章先介绍了工业设计的概念、特点、作用和设计要求等基础知识。然后通过绘制一款概念跑车为例，介绍了工业设计的构想、流程与详细操作过程。

11.5　上机实训

实训要求：先创建一个竖向的 A4 新文件，然后以"SUSU"车型的首字母"S"为基础设计一个具有金属质感的图案车标，最终结果如图 11-115 所示。

图11-115　"S"形车标图案

制作提示：制作流程如图 11-116 所示。

（1）用于划分 6 边形的直线宽度应该粗一些，后续添加描边效果后不会粘在一块，本实训题为 14pt。

（2）用于划分 6 边形的直线，其角度约为 137 度，长度必须要大于 6 边形的直径。绘制时可以先执行【视图】|【智能参考线】命令，启动智能参考线，然后对准右下角的锚点和左上方边缘的中点绘制划分线。

（3）完成两条划分 6 边形的直线后，必须执行【对象】|【路径】|【轮廓化描边】命令，将其转为轮廓后，再一起选中 6 边形，在【路径查找器】单击【减去顶层】按钮，即可将 6 边形分

割成3份。

（4）根据对角参考线完成锚点的移动操作后，必须将该直线删除。

（5）选中左下角与右上角锚点后，在【直接选择工具】的【控制】面板单击■按钮即可将锚点转换为平滑。

（6）将左下角与右上角锚点转换为平滑后，可以使用【转换锚点工具】以单独对一侧的控制手柄进行拖动编辑。

（7）完成"S"形状的编辑后，选择【窗口】|【图形样式库】|【图像效果】命令打开【图像效果】面板，单击【硬面斜化】样式即可为图案添加金属效果。

（8）将完成的"S"图案车标加至概念车头前，选择【编辑】|【首选项】|【常规】命令打开【首选项】对话框，并在【常规】选项组中确定已经勾选了【缩放描边和效果】复选框，否则描边效果不会随缩放比例进行缩放。

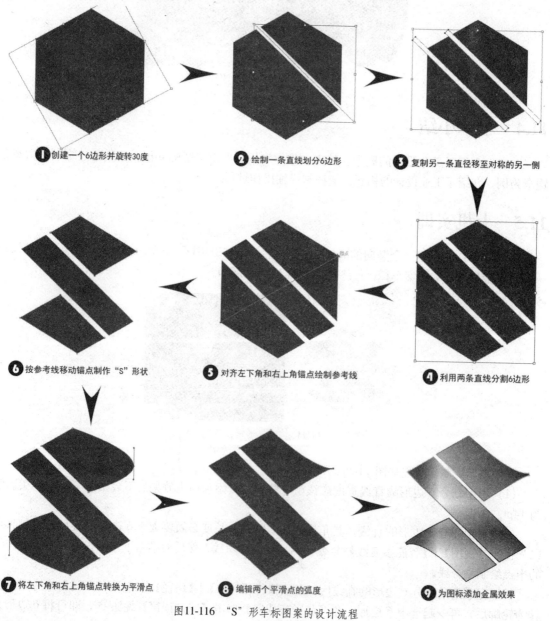

1 创建一个6边形并旋转30度
2 绘制一条直线划分6边形
3 复制另一条直径移至对称的另一侧
4 利用两条直线分割6边形
5 对齐左下角和右上角锚点绘制参考线
6 按参考线移动锚点制作"S"形状
7 将左下角和右上角锚点转换为平滑点
8 编辑两个平滑点的弧度
9 为图标添加金属效果

图11-116 "S"形车标图案的设计流程

第 12 章 商业插画——女性购物广场商业插画

> 本章先介绍商业插画的概述、种类、特征与绘图要求等基础知识，然后通过"时尚购物插画"案例介绍商业插画的绘制方法，其中包括绘制人物头部、绘制人物身躯、绘制手挎包、绘制背景图形和文字等小主题。

12.1 商业插画的基础知识

12.1.1 商业插画概述

商业插画是指插画作者根据企业或者产品商的要求，为企业或者产品绘制出集艺术与商业为一体的插画。如图 12-1 所示。

图12-1 优秀的商业插画

商业插画将商品的信息以最简洁、最明确、最清晰、最直观的方式传递给消费者，强化了商品的感染力，并使消费者在审美的过程中对商品产生兴趣，最终刺激消费者的购买欲望。

12.1.2 商业插画的种类

商业插画的分类多种多样，大致可以分为 4 类，即商品广告插画、吉祥物设计、出版物插画、影视类插画。

1. 商品广告插画

此类插画主要为商业服务，将插画与商品进行结合，用插画的形式突出商品的特质，加速消费者了解商品的过程，如图 12-2 所示。

2.吉祥物设计

通过对企业产品的了解，设计出可以体现或者代表企业的卡通形象。在企业形象宣传中，吉祥物可以作为一种媒介为企业产品做宣传，使消费者产生亲切感，从而加深对产品的印象，如图12-3所示。

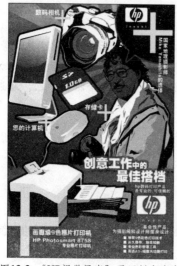

图12-2 "HP视觉风尚"平面创意大赛   图12-3 火星时代吉祥物延展设计

3.出版物插画

此类插画广泛应用于各类书籍，如文学书籍、少儿书籍、自然书籍、社会书籍、科技书籍等。主要作用在于根据文章内容绘制成插画，使文章的内容得到另一种方式的诠释，加深读者对于文字的记忆和了解。另外，在销售的过程中，一些好的插图会为图书本身添色不少，更加容易得到读者的青睐，如图12-4所示。

4.影视类插画

根据脚本的情节绘制出相应的角色、场景设定或界面设计，如图12-5所示。

图12-4 几米作品   图12-5 "五元素"角色设计

12.1.3　商业插画的形象

商业插画中的形象主要分为"人物形象"、"动物形象"与"商品形象"几个类别。

1. 人物形象

以人物为题材的商业插图容易与消费者相投合，因为人物形象最能表现出可爱感与亲切感，很容易与消费者产生共鸣。而人物形象的创造空间也非常大，在构图上要注重人物的形象和动态。

首先，塑造的比例是重点，生活中成年人的头身比为1:7或1:7.5，儿童的比例为1:4左右，而卡通人常以1:2或1:1的Q版形态出现，使用这样的比例来塑造人物形象，头部与身体的比例协调且头部面积相对整个身体来说比较大，更加容易呈现人物的表情神态。在绘制的过程中，面部的绘制尤为重要。

但是商业插画的目的是要吸引住观众的眼球，所以必须要在画面中突出某一个亮点，比如头发和服饰，重点突出它才会让整幅画面有冲击力，吸引消费者的注意。

其次，运用夸张变形且不会给人不自然不舒服感觉的人物形象，反而能够使人发笑，让人产生好感。例如头部很小，身体很大，对头部与身体的比例进行夸张变形，再配以夸张的面部神态，使整体形象更加突出，给人留下的印象会更深。

2. 动物形象

在创作动物形象时，必须重视创造性，注重于形象的拟人化手法。将卡通形象通过拟人化手法赋予动物具有如人类一样的笑容、动作，使动物形象具有人情味。

同制作以人物为主的商业插画一样，以动物为主的商业插画也可以使用夸张的变形，或者通过商业插画师自身的创意设计出来另类、搞怪的形象。

3. 商品形象

经过拟人化的商品给人以亲切感，可以加深人们对商品的直接印象，以商品拟人化的构思来说，大致分为两类：

第一类为完全拟人化，即夸张商品，运用商品本身特征和造型结构作拟人化的表现，使其完全成为代表商品的一种卡通形象。

第二类为半拟人化，即在商品中加上与商品无关的手、足、头等作为拟人化的特征元素。它与第一类的区别在于，主干并未脱离产品的形态，只是附加上了手、足、头等内容。

以上两种拟人化的塑造手法，使商品富有人情味和个性化。通过卡通形式强调商品特征，将动作、语言与商品直接联系起来，能使消费者产生天然的亲切感，宣传效果更加明显。

12.1.4　商业插画的整体要求

一张完整且成功的商业插画必须具备以下3个要素。

1. 直接传达消费需求

商业插画表达产品的信息要直接。消费者不会长时间驻足在一副插画上去研究插画所表达的内容，如果插画没有在第一时间内引起消费者的注意，那么此类产品就容易被消费者所忽视，不能刺激消费。

2. 符合大众审美品位

商业插画只有符合大众的审美品味，才能引起不同等级消费者的注意，扩大消费者人群。既可以宣传企业形象，又可以刺激消费。

如果插画的构图或者颜色使消费者看后产生逆反心理，那么消费者也必然不会选择此类产品。

3. 夸张和强化商品特性

如果插画没有夸张和强化产品特性，不能在视觉上使消费者产生购买欲望，那么在同类产品中就会被其他的商品压倒。

12.2　时尚插画设计

12.2.1　设计概述

本作品为某女性购物广场设计的插画，最终效果如图 12-6 所示。此购物广场主要以经营女装为主，所以整体色调选择了较为女性化的暖色系，再配以时尚、浪漫的背景图案，可以轻易锁住女性消费者的视线，并使其产生购买的欲望。本作品主要由主体人物、插画背景、文字三大部分组成，下面逐一分析。

图12-6　女性购物广场商业插画设计

1. 主体人物

主体人物要展示给消费者的是一位身着时髦服装的女士，左手挎包并迈着自信的步伐准备购物的情景。不仅可以体现此购物广场的特点，也可以使女性消费者产生购物欲望，从而达到销售商品的目的。

2. 插画背景

本作品的背景图案是由多组同心圆所组成，颜色选择了代表女性的淡粉色。同心圆的造型可以使人的视觉产生错觉，具有梦幻的效果。背景底色设置为白色，不仅可以加强画面的层次感而且可以使主体人物更加突出。

3. 文字

本例选择使用的是"OhMyGodStars"的字体，此字体星味十足，给人很耀眼的感觉，可以体现出购物广场有十足有的信心，能够使每一位来此的消费者都能得到极大的满足。"GO"的设计上做了透视的效果，使其更具视觉冲击力。

4. 设计方案

具体设计方案见表 12-1 所示。

表 12-1　具体设计方案

尺　　寸	竖向，297mm×420mm
风格类型	时尚、梦幻、浪漫
创 意 点	① 人物服装以暖色调的蓝色系为主，体现女性特征 ② 白色腰带搭配金色鞋子，使人物变得青春时尚 ③ 手拎包的设计迎合了购物的主题 ④ 同心圆所绘制出的图形使人产生错觉，具有梦幻的感觉 ⑤ 独具个性的字体不仅使人眼前一亮
配色方案	#FDCAB4　#FDAE74　#FCB6B1　#EA5164　#BB98C4　#2A2A55
作品位置	..\Ch12\creation\ 女性购物广场的插画设计 .ai ..\Ch12\creation\ 女性购物广场的插画设计 .jpg

5. 设计流程

此插画主要由"绘制人物头部"→"绘制人物身躯"→"绘制手拎包"→"添加背景图形和文字"四大部分组成。详细设计流程如图 12-7 所示。

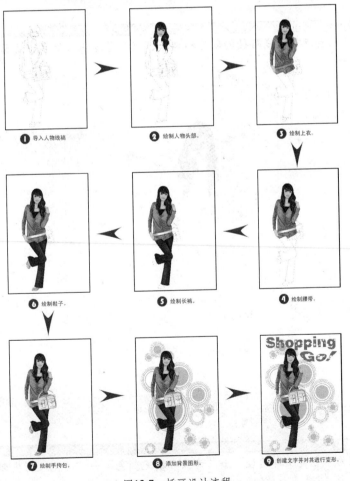

图12-7　插画设计流程

6. 功能分析

- ![钢笔工具] 【钢笔工具】：创建人物轮廓路径以及添加人物细节区域。
- ![添加锚点工具] 【添加锚点工具】：为路径添加锚点，使路径更加圆滑或产生一定的角度。
- ![选择工具] 【选择工具】：选择需要编辑的图形。
- ![渐变工具] 【渐变工具】：为人物服装创建并填充颜色。
- ![网格工具] 【网格工具】：为长裤添加特殊效果，使其更加真实。
- ![椭圆工具] 【椭圆工具】：绘制背景同心圆。
- ![矩形工具] 【矩形工具】：用于创建一个与画板大小相同的矩形对象。
- ![缩放工具] 【缩放工具】：用于对画面的局部进行放大。
- ![吸管工具] 【吸管工具】：用于吸取颜色使用。使被选择图形的颜色与吸取图形的颜色保持一致。
- ![文字工具] 【文字工具】：用于创建并设置标题文字。
- 【描边】面板：改变同心圆描边粗细，使背景更加丰富。
- 【扩展】命令：将描边和字体进行扩展，使其成为具有填充功能的图形。
- 【自由扭曲】命令：用于为文字变形，使其更具有动感和冲击力。

12.2.2 绘制人物头部

制作分析

  绘制人物头部的重点是曲线路径的创建和调整，以及通过明暗面等打造面部质感效果，最终效果如图 12-8 所示。

图12-8 人物头部

制作流程

  主要设计流程为"创建头部路径"→"为头部填充颜色"→"美化人物头部"，具体制作流程如表 12-2 所示。

表 12-2　绘制人物头部的流程

制作目的	实现过程	制作目的	实现过程
创建头部路径	导入"人物线稿"素材 为头部创建曲线路径 为路径添加锚点并调整曲线	为头部填充颜色	通过【颜色】面板设置头发底色 为头发填充底色
		美化人物头部	添加明暗面 打造面部质感

上机实战　绘制人物头部

01 选择【文件】|【新建】命令打开【新建文档】对话框，输入名称为"商业插画"，在【大小】的下拉菜单中选择"A3"，保持其他默认设置不变，单击【确定】按钮，创建一个新的文档，如图 12-9 所示。

02 使用【矩形工具】■单击画板，在打开的【矩形】对话框中设置宽度为 297mm，高度为 420mm，单击【确定】按钮，创建一个与画板大小相同的矩形对象，如图 12-10 所示。

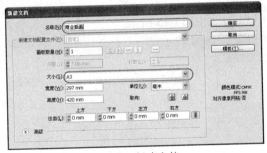

图12-9　新建文档　　　　　　　　　　图12-10　创建与画板大小相同的矩形对象

03 在【外观】面板中设置填充为【白色】，描边为【黑色】，描边粗细为 1pt。然后在【对齐】面板中单击【对齐到画板】按钮■显示对齐按钮，再单击【水平居中对齐】■按钮与【垂直居中对齐】按钮■，使矩形与画板重叠，如图 12-11 所示。

04 打开【图层】面板，与画板大小相同的矩形对象出现在"图层 1"中。单击【创建新图层】按钮■，创建出"图层 2"，如图 12-12 所示。

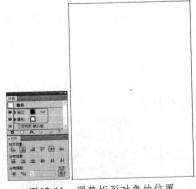

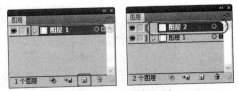

图12-11　调整矩形对象的位置　　　　　　图12-12　创建新图层

05 选择【文件】|【置入】命令打开【置入】对话框，在"..Ch12\images"文件夹中双击"人物线稿 .jpg"素材文件，将"人物线稿"素材对象置入"图层 2"，如图 12-13 所示。

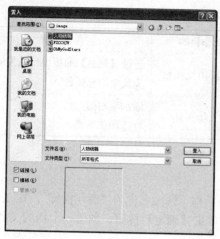
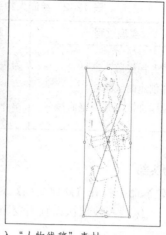

图12-13 导入"人物线稿"素材

06 按住【Shift】键等比例放大"人物线稿"对象，并移至合适位置，如图12-14所示。在【控制栏】中单击【嵌入】按钮。

07 在【图层】面板中锁定"图层1"与"图层2"，如图12-15所示。

08 单击【创建新图层】按钮 ，新建"图层3"，如图12-16所示。

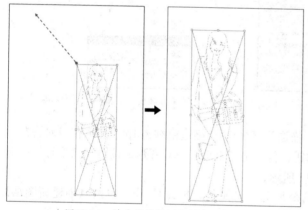

图12-14 放大并排放图片到合适位置

图12-15 锁定图层

图12-16 创建新图层

09 双击"图层3"标题，在打开的【图层选项】对话框中输入名称为"人物头部"，单击【确定】按钮，完成对图层名称的修改，如图12-17所示。

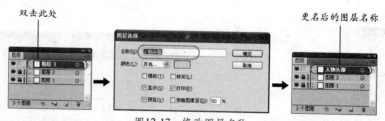

图12-17 修改图层名称

10 使用【缩放工具】 放大头发部分，以便更准确地对头发部分进行绘制。使用【钢笔工具】 配合【直接选择工具】 ，根据"人物线稿"勾画人物头部轮廓，如图12-18所示。

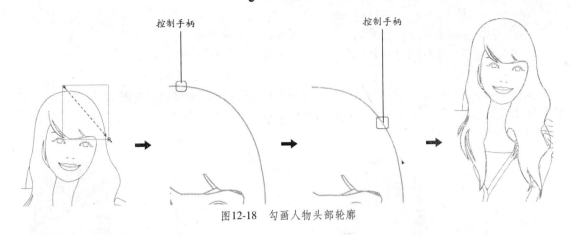

图12-18　勾画人物头部轮廓

11 如果两锚点之间的曲线达不到预期的弯曲程度，可以使用【添加锚点工具】 在曲线上单击，添加一个锚点。然后通过【直接选择工具】 拖动锚点的控制手柄，调整曲线的弧度以达到理想的效果，如图 12-19 所示。使用上述方法完成头发的绘制。

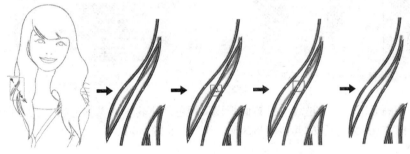

图12-19　添加锚点调整曲线

12 保持头发路径的被选取状态，设置填充颜色为【白色】，描边为【紫色】，如图 12-20 所示。

> **提示**　此处将描边颜色设置为紫色是为了与线稿颜色区分开来。

13 使用步骤 10～步骤 12 的方法绘制面部轮廓并编组。按下【Ctrl+[】快捷键，将面部轮廓图形移至"头发"图形后面，如图 12-21 所示。

图12-20　填充头发颜色　　　　　　　图12-21　绘制面部轮廓并调整顺序

> **提示** 在绘制过程中会发现，后面绘制的图形会自然的位于前一图形之上，可以通过选择【对象】|【排列】命令，对各部分图形的位置进行调整。

14 使用【选择工具】 ▶ 选择头发路径，在【颜色】面板设置填充颜色，如图 12-22 所示。

15 使用【钢笔工具】 ♦ 配合【直接选择工具】 ▶ 绘制出头发的反光区域，通过【颜色】面板设置颜色，如图 12-23 所示。

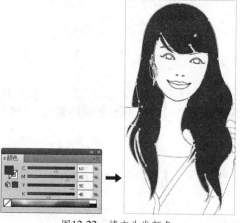

图12-22　填充头发颜色

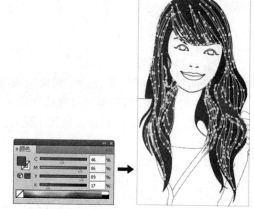

图12-23　绘制头发反光区域

16 绘制头发的高光区域，通过【颜色】面板设置颜色，使其更具质感，如图 12-24 所示。

17 使用同样的方法绘制头发的其他明暗区域，如图 12-25 所示。

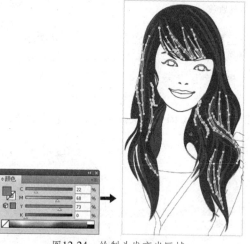

图12-24　绘制头发高光区域

图12-25　绘制头发阴影区域

18 使用【选择工具】 ▶ 选择脸部轮廓，通过【颜色】面板设置颜色，如图 12-26 所示。

19 使用【钢笔工具】 ♦ 配合【直接选择工具】 ▶ 绘制面部的阴影区域。选择【吸管工具】 ✐，单击人物面部，吸取人物面部的颜色属性，设置描边颜色为无。在【透明度】面板中设置【混合模式】为【正片叠底】，【不透明度】为 60%，如图 12-27 所示。

20 使用【选择工具】 ▶ 选择眉毛，在【渐变】面板中设置渐变属性。然后为右眉毛填充相同的渐变颜色，再更改角度为 100 度，如图 12-28 所示。

图12-26　为面部设置颜色　　　　　　　　　　　图12-27　绘制面部阴影

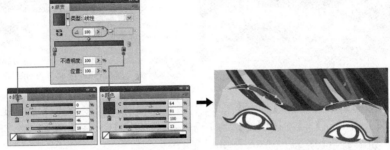

图12-28　填充眉毛颜色

21 使用【钢笔工具】 配合【直接选择工具】 绘制出眼睫毛路径。使用【选择工具】 同时选择睫毛和上、下眼睑，再填充与头发相同的颜色，如图 12-29 所示。

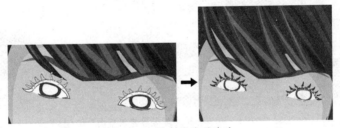

图12-29　绘制眼线及睫毛

22 选择眼珠形状，在【渐变】面板设置渐变填充属性，如图 12-30 所示。

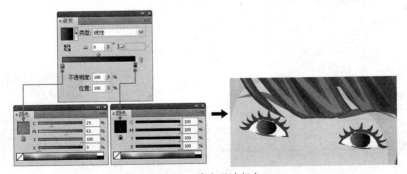

图12-30　填充眼珠颜色

23 使用【椭圆工具】 在眼球中间位置绘制黑色椭圆，作为眼睛瞳孔。使用【钢笔工具】 绘制出白色的月牙状图形，将【不透明度】设置为 50%，作为眼珠的反光区域，如图 12-31 所示。

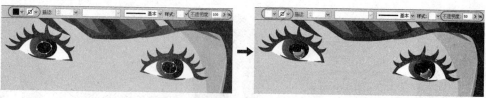

图12-31　添加眼睛细节

24 绘制月牙状图形，作为眼睛的高光点，使眼睛更加有神，如图 12-32 所示。

25 使用【钢笔工具】 绘制出眼窝的阴影区域，如图 12-33 所示。

图12-32　添加高光区域

图12-33　绘制眼窝阴影区域

26 选择右眼窝的阴影路径，在【渐变】面板中设置渐变属性。接着在【透明度】面板中设置【混合模式】为【正片叠底】，【不透明度】为 70%。按下多次【Ctrl+[】快捷键，直至阴影调至眼睛的下方为止，如图 12-34 所示。

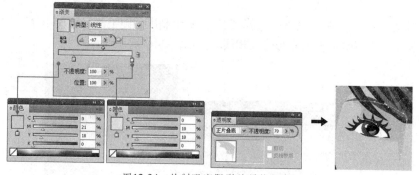

图12-34　绘制眼窝阴影并调整顺序

27 使用步骤 26 的方法填充右侧眼窝的阴影区域，如图 12-35 所示。

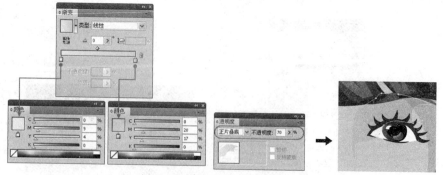

图12-35　填充右侧眼窝阴影区域

28 为了使眼睛更具有体积感，可以为右侧的眼窝再次添加阴影，加深阴影部分的颜色，使脸部的轮廓更加分明，如图 12-36 所示。

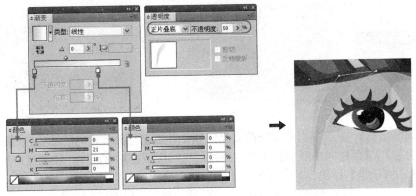

图12-36　再次添加眼窝阴影

29 选择鼻孔图形并填充颜色，如图 12-37 所示。

30 使用【钢笔工具】 绘制出鼻尖部位的阴影区域。通过【颜色】面板设置颜色属性。再切换至【透明度】面板，设置【混合模式】为【正片叠底】，【不透明度】为 57%，如图 12-38 所示。

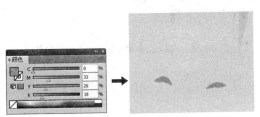

图12-37　填充鼻孔颜色

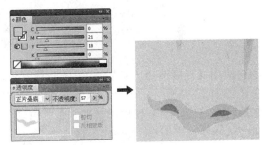

图12-38　绘制鼻尖部位阴影

31 使用【选择工具】 分别选择"嘴唇"和"嘴缝"路径，在【颜色】面板中设置填充颜色，如图 12-39 所示。

32 使用【钢笔工具】 为唇部添加阴影区域，然后通过【颜色】与【透明度】面板设置属性，如图 12-40 所示。

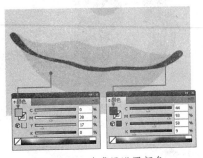

图12-39　为嘴唇设置颜色

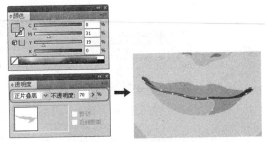

图12-40　绘制嘴唇阴影

33 使用【钢笔工具】 添加嘴角的阴影区域，并填充与面部阴影相同的颜色，然后在【透明度】面板中设置【不透明度】为 100%。多次按下【Ctrl+[】快捷键，直至阴影对象调至嘴唇的下方为止，如图 12-41 所示。

34 选择【画笔工具】 并设置填充颜色为无，设置描边颜色为白色，为嘴唇添加高光点，如图 12-42 所示。

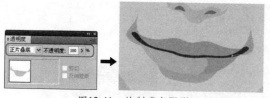

图12-41　绘制嘴角阴影

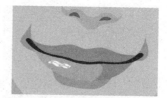

图12-42　为嘴唇添加高光点

35 选择【钢笔工具】 ☉ 绘制出鼻梁上的高光区域，并填充与面部相同的颜色，设置描边颜色为无。选择【对象】|【创建网格渐变】命令打开【创建网格渐变】对话框，设置【行数】为3，【列数】为2，单击【确定】按钮，为高光区域添加网格点，如图12-43所示。

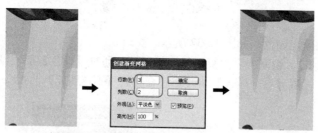

图12-43　绘制鼻梁高光区域并为其创建网格

36 使用【直接选择工具】 ▶ 选择网格对象中间的两个网格点，通过【颜色】面板更改填充颜色，如图12-44所示。至此，人物头部绘制完成了。

37 按下【Ctrl+A】快捷键全选对象，再按下【Ctrl+G】快捷键编为一组。在【图层】面板中锁定"人物头部"图层，如图12-45所示。

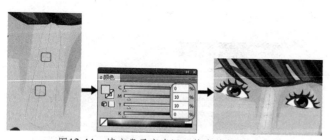

图12-44　填充鼻子高光区网格点的颜色

图12-45　将"人物头部"编辑并锁定

　　至此，绘制人物头部的操作完成了，效果如图12-8所示。

12.2.3　绘制人物身躯

制作分析

　　先分别创造上衣、长裤、腰带、鞋子的轮廓路径，然后分别为它们填充颜色，最后通过绘制高光与阴影区域打造质感效果，如图12-46所示。

图12-46 绘制人物身躯

制作流程

主要设计流程为"绘制上衣"→"绘制腰带"→"绘制长裤"→"绘制鞋子",具体制作流程如表12-3所示。

表12-3 绘制人物身躯的流程

制作目的	实现过程	制作目的	实现过程
绘制上衣	创建上衣轮廓路径 为上衣填充颜色 美化上衣	绘制腰带	创建腰带轮廓路径 为腰带填充颜色 美化腰带
绘制长裤	创建长裤轮廓路径 为长裤填充颜色 美化长裤 打造长裤质感	绘制鞋子	创建鞋子轮廓路径 为鞋子填充颜色 美化鞋子 打造鞋子质感

上机实战 绘制人物身躯

01 打开"..\Practice\Ch12\12.2.3.ai"练习文件,再打开【图层】面板,在"图层2"的上方建立一个名为"上衣"的新图层。为了方便绘制,可以将"人物头部"图层隐藏。接着根据"人物线稿"绘制出"上衣"的轮廓路径,如图12-47所示。

02 使用【选择工具】选择外套路径,在【颜色】面板中填充颜色,如图12-48所示。

03 使用【钢笔工具】,为"外套"绘制出第一层阴影区域。在【颜色】面板中填充颜色,并将其【透明度】面板中的【混合模式】设置为【正片叠底】,【不透明度】设置为37%,如图12-49所示。

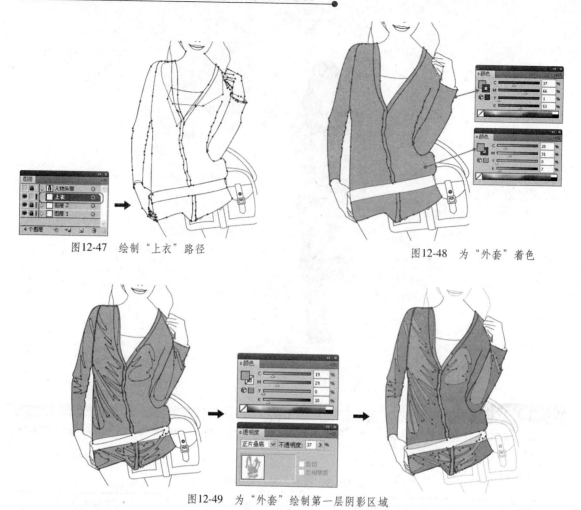

图12-47　绘制"上衣"路径

图12-48　为"外套"着色

图12-49　为"外套"绘制第一层阴影区域

04 使用【钢笔工具】 为"外套"绘制出第二层及第三层的阴影区域，使其与第一层阴影颜色保持一致，在【透明度】面板将【不透明度】设置为55%，使服装更加有质感，"外套"就绘制完成了，如图 12-50 所示。

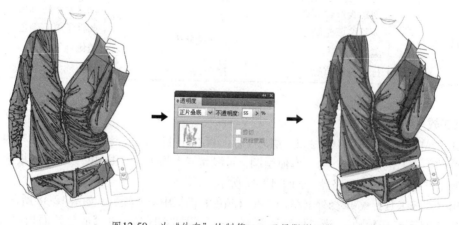

图12-50　为"外套"绘制第二、三层阴影区域

05 使用【选择工具】 选择"外套"边缝线，通过【描边】面板设置虚线效果，如图 12-51 所示。

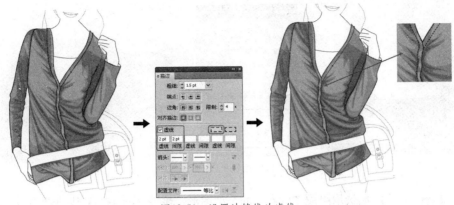

图12-51　设置边缝线为虚线

06 使用【选择工具】 选取构成"外套"的所有图形，按下【Ctrl+G】快捷键编组，如图12-52所示。

07 使用【选择工具】 选择"内衣"图形，在【颜色】面板中填充颜色，如图12-53所示。

08 使用【钢笔工具】 绘制"内衣"的阴影区域，接着在【颜色】面板中填充颜色，并将其【透明度】面板中设置【混合模式】为【正片叠底】，【不透明度】为50%，如图12-54所示。

图12-52　将"外套"编组并调整其顺序

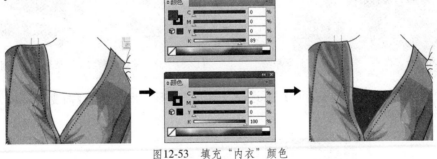

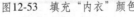

图12-53　填充"内衣"颜色

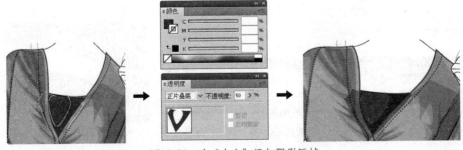

图12-54　为"内衣"添加阴影区域

09 使用【钢笔工具】 绘制"内衣"的结构线，再填充与"内衣"描边一样的颜色。在【描边】面板中设置虚线效果，如图12-55所示。

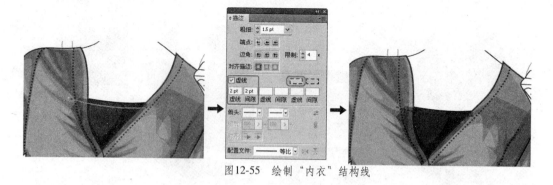

图12-55　绘制"内衣"结构线

10 使用【选择工具】 ▶ 选取组成"内衣"的全部图形，按下【Ctrl+G】快捷键编为一组。多次按下【Ctrl+[】快捷键，直到将"内衣"调整至"外套"的下方为止，如图 12-56 所示。

11 使用【选择工具】 ▶ 选择"脖子"和"手"图形，将其颜色填充为与面部相同的颜色。使用【钢笔工具】 ✎ 绘制出阴影区域，填充与面部阴影相同的颜色。然后再添加第二、三层的阴影区域，增强真实感。接着选择【选择工具】 ▶ 将绘制好的"脖颈"、"手"分别编组，并调整到合适位置，如图 12-57 所示。至此，上衣绘制完毕。

图12-56　将"内衣"编组并调整其顺序

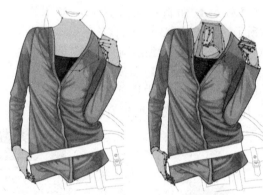

图12-57　为"脖颈"和"手"填色并调整顺序

12 绘制"腰带"。使用【选择工具】 ▶ 选择"腰带"图形，然后通过【渐变】面板设置渐变属性，如图 12-58 所示。

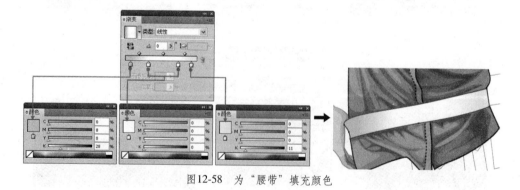

图12-58　为"腰带"填充颜色

13 使用【钢笔工具】 ✎ 绘制出腰带的阴影区域，在【颜色】面板中填充颜色，并将其【透明度】面板中设置【混合模式】为【正片叠底】，【不透明度】为23%，如图 12-59 所示。至此，腰带绘制完毕。

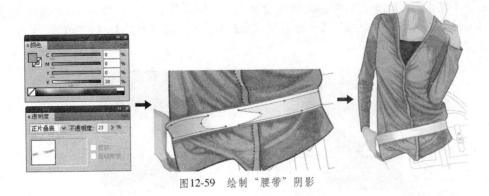

图12-59 绘制"腰带"阴影

14 绘制"长裤"。将绘制好的"上衣"图层锁定并隐藏，新建一个名为"长裤"的图层。根据"人物线稿"绘制出人物长裤的轮廓路径，然后在【颜色】面板中填充颜色，如图 12-60 所示。

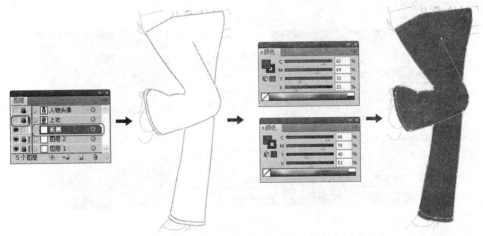

图12-60 绘制"长裤"轮廓并填充颜色

15 使用【钢笔工具】 绘制"长裤"的阴影区域，在【颜色】面板中填充颜色，并在【透明度】面板中设置【混合模式】为【正片叠底】，【不透明度】为30%，设置"长裤"添加的阴影区域，如图 12-61 所示。

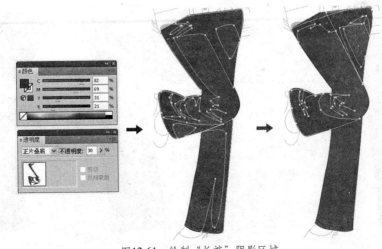

图12-61 绘制"长裤"阴影区域

16 使用【钢笔工具】 在右侧面大腿处绘制高光区域，并填充与长裤相同的颜色。选择【对象】|【创建渐变网格】命令打开【创建渐变网格】对话框，将【行数】、【列数】设置为3，单击【确定】按钮，如图 12-62 所示。

图12-62　绘制高光区域并添加网格点

17 使用【直接选择工具】 选择内部的四个锚点，并在【颜色】面板中填充颜色。对锚点位置进行调整，如图 12-63 所示。

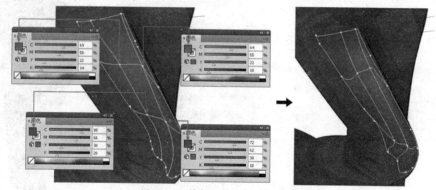

图12-63　编辑网格点并填充颜色

18 使用步骤 16 和步骤 17 的方法，在人物腿部的不同位置绘制出高光和阴影区域。然后使用【选择工具】 选择裤腿边上的缝合线，按下【Ctrl+Shift+]】快捷键将其移至所有图形之上，在【颜色】面板中填充颜色，接着在【描边】面板中设置虚线效果，如图 12-64 所示。至此，"长裤"绘制完毕。

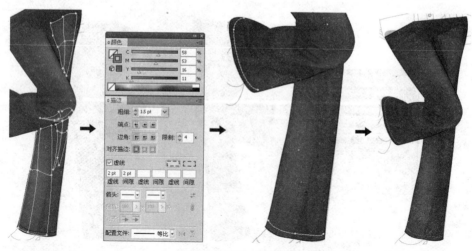

图12-64　美化"长裤"

19 绘制鞋子。在【图层】面板中锁定并隐藏"长裤"图层，接着在其下方新建一个名为"鞋子"的图层。根据"人物线稿"绘制出鞋子的轮廓路径，然后填充颜色，如图 12-65 所示。

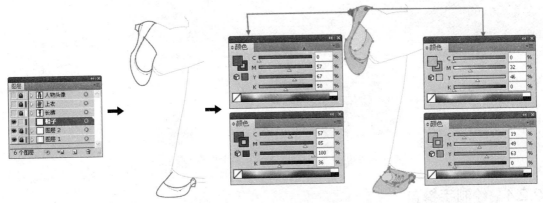

图12-65 绘制"鞋子"并填色

20 使用【钢笔工具】绘制"鞋子"的阴影区域，在【颜色】面板中填充颜色，并在【透明度】面板中设置【混合模式】为【正片叠底】，【不透明度】为37%。如图 12-66 所示。

21 使用【钢笔工具】在右脚鞋子上绘制高光区域。选择【对象】|【创建渐变网格】命令打开【创建渐变网格】对话框，将【行数】、【列数】设置为2，单击【确定】按钮。使用【直接选择工具】，编辑网格点并填充颜色，如图 12-67 所示。

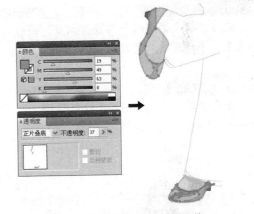

图12-66 绘制"鞋子"的阴影区域

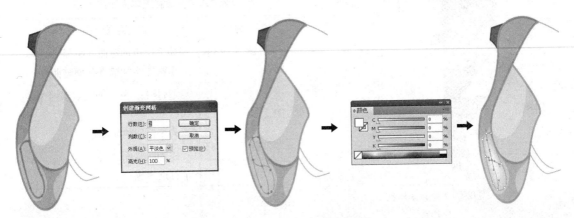

图12-67 为"鞋子"打造质感效果

22 使用步骤 21 的方法，为左脚的鞋子绘制出高光效果，如图 12-68 所示，鞋子绘制完毕。至此，绘制人物身躯的操作完成了，效果如图 12-46 所示。

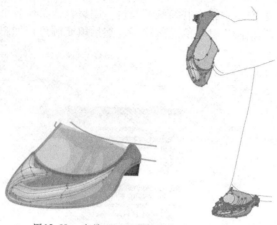

图12-68　为另一只"鞋子"打造质感效果

12.2.4　绘制手挎包

　　先为手挎包创建曲线路径并调整，然后为手挎包填充底色，最后通过添加高光与阴影打造质感效果。手挎包效果如图 12-69 所示。

　　主要设计流程为"创建手挎包路径"→"为手挎包填充颜色"→"美化手挎包"，具体制作流程如表 12-4 所示。

图12-69　绘制手挎包

表 12-4　绘制主体人物的流程

制作目的	实现过程
创建手挎包路径	为手挎包创建曲线路径 为路径添加锚点并调整曲线
为手挎包填充颜色	通过【颜色】面板设置手挎包底色 为手挎包填充底色
美化手提包	添加明暗面 打造质感

上机实战　绘制手挎包

01 打开 "..\Practice\Ch12\12.2.4.ai" 练习文件，再打开【图层】面板，在 "上衣" 图层的上方新建一个名为 "手挎包" 的新图层。为了方便绘制，可以将 "人物头部" 及 "人物身躯" 等部分图层隐藏。接着根据"人物线稿"绘制出手挎包的轮廓路径并填充颜色，如图 12-70 所示。

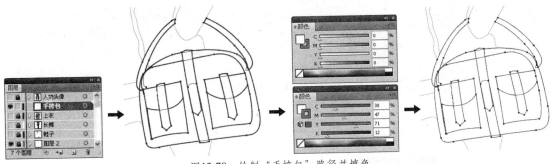

图12-70 绘制"手挎包"路径并填色

02 使用【钢笔工具】为"手挎包"创建第一层阴影区域，接着在【颜色】面板中填充颜色，然后调整排列顺序，如图 12-71 所示。

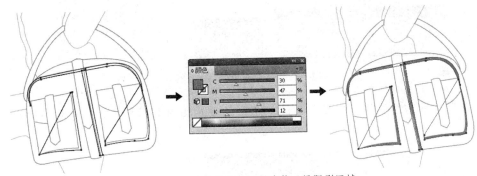

图12-71 为"手挎包"创建第一层阴影区域

03 使用【钢笔工具】绘制第二层阴影区域，在【颜色】面板中填充颜色，并在【透明度】面板中设置【混合模式】为【正片叠底】，【不透明度】为 33%，如图 12-72 所示。

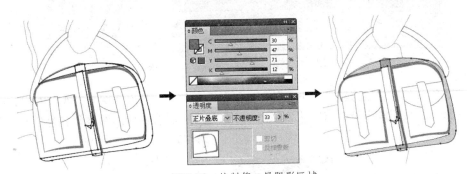

图12-72 绘制第二层阴影区域

04 使用步骤 2 和步骤 3 的方法，为"手挎包"前面的两个小口袋添加两层阴影。使用【选择工具】选择"手挎包"的外轮廓。按下【Ctrl+C】快捷键复制所选图形，再按下【Ctrl+F】快捷键将其粘贴在前面。按下【Shift+Ctrl+]】快捷键将粘贴的对象移至所有图形之上，如图 12-73 所示。

05 在【渐变】面板中为外轮廓填充渐变颜色，然后在【透明度】面板中设置【混合模式】为【正片叠底】，【不透明度】为 100%，如图 12-74 所示。

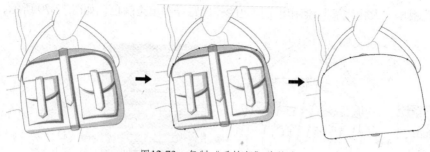

图12-73 复制"手挎包"外轮廓

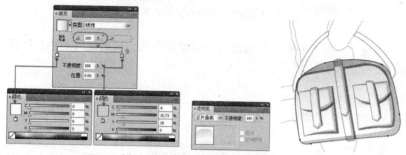

图12-74 填充"手挎包"表面颜色

06 使用步骤5的方法制作"包带"并添加阴影效果，如图12-75所示。至此，手挎包绘制完毕。

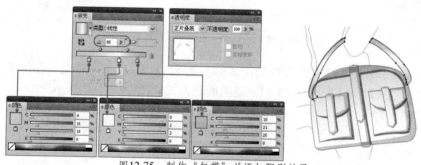

图12-75 制作"包带"并添加阴影效果

07 选取"人物头部"、"手挎包"、"上衣"、"裤子"和"鞋子"等多个图层，在【图层】面板中单击【显示选项】按钮并选择【收集到新图层中】选项，将合并后的图层命名为"主体人物"，如图12-76所示。

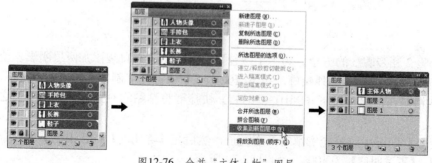

图12-76 合并"主体人物"图层

至此，插画的主体人物制作完成了，可以将"图层2"（人物线稿）隐藏或者删除掉，最终成果如图12-69所示。

12.2.5 绘制背景图形和文字

先绘制一个正圆形，通过复制并改变圆形的填充状态制作背景，然后加入文字标题，效果如图12-77所示。

主要设计流程为"制作背景基础图形"→"加入文字标题"，具体制作流程如表12-5所示。

图12-77 为插画绘制背景图形和文字

表12-5 绘制背景图形和文字的流程

制作目的	实现过程
绘制背景图形	绘制正圆形 复制并改变图形的填充状态 制作背景基础图形——同心圆 复制并改变同心圆大小 美化背景图形
加入文字标题	打开标题素材 加入标题并调整位置

01 打开"..\Practice\Ch12\12.2.5.ai"练习文件，在【图层】面板中隐藏"主体人物"图层。再将"图层1"解锁并重命名为"背景图形和文字"。通过【颜色】面板设置颜色，设置描边颜色为无。使用【椭圆工具】，按住【Shift】键不放绘制出正圆形，如图12-78所示。

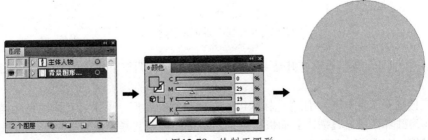

图12-78 绘制正圆形

02 按下【Ctrl+C】快捷键复制正圆形，再按下【Ctrl+B】快捷键将复制的图形粘贴在原图形位置之下。使用【选择工具】▶配合【Shift+Alt】键进行拖动，以圆心为基准往外等比例放大对象，如图12-79所示。

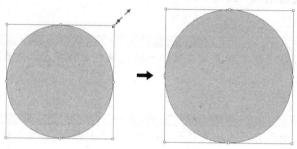

图12-79 复制并放大圆形

03 单击【互换填色和描边】按钮↖，互换填充颜色与描边颜色。在【描边】面板中，将【粗细】设置为15，如图12-80所示。

图12-80 互换填色和描边

04 使用步骤2和步骤3的方法，复制2个圆环对象并适当放大。分别改变其描边粗细，越靠近外围的圆环，描边的数值越小。按住【Shift】键将绘制好的多个同心圆选取，按下【Ctrl+G】快捷键编组。选择【对象】|【路径】|【轮廓化描边】命令，将描边路径转换为填充图形，如图12-81所示。

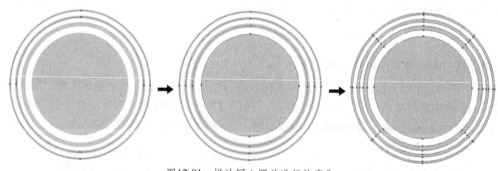

图12-81 描边同心圆并进行轮廓化

05 复制出多个"同心圆"对象，并适当进行大小与位置的调整，作为插画的背景图案，如图12-82所示。

06 使用【直接选择工具】▶，任意选择两组同心圆中间的图形。单击【互换填色和描边】按钮↖，将其转换为圆环。通过【描边】面板设置描边粗细，并将其转换成填充图形，全选画板中的全部对象并编组，如图12-83所示。至此，背景图形绘制完毕。

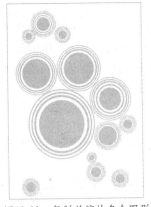

图12-82　复制并缩放多个图形

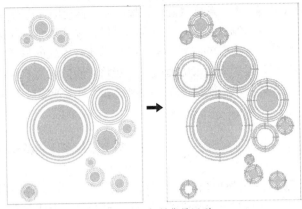

图12-83　复制背景图形

07 在"..\Ch12\images\"文件夹中打开"标题.ai"素材文件，然后将其复制到练习文件的右上方，并调整位置，如图12-84所示。

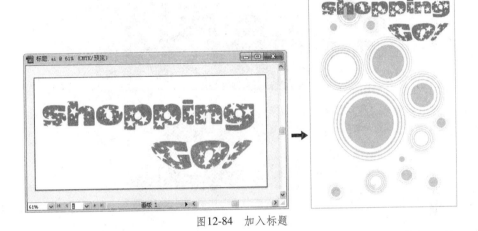

图12-84　加入标题

08 在【图层】面板中重新显示"主体人物"图层，如图12-77所示。

至此，女性购物广场商业插画作品就全部完成了，如图12-6所示。

12.3　学习扩展

12.3.1　经验总结

通过本例的学习，对商业插画的设计有了一定的了解。下面对女性购物广场商业插画的设计作一下总结，并提出一些注意事项以供读者参考。

（1）在绘制人物的眼睛时，可以只绘制出一只眼睛，然后将其复制并水平翻转，作为另一只眼睛，可以节省很多时间。

（2）使用【钢笔工具】 绘制路径对象时，按下【Ctrl】键可以快速切换成【直接选择工具】 ，便于移动锚点与调整控制手柄。

（3）绘制背景时，通过【轮廓化描边】命令将描边路径转换为填充图形，其目的在于当图形放大或者缩小的同时，使其保持一致。如果不想将描边路径转换为填充图形，还要保持其缩放不发生变化，可以通过双击【比例缩放工具】 ，打开【比例缩放】对话框，勾选【比例缩放描边和效果】复选框，单击【确定】按钮后，再对图形进行缩放。

（4）在绘制服装明暗关系面的时候，要注意根据实际情况来绘制，不可以主观臆断、凭空想象。比如本章绘制的服装，是比较薄、比较柔软的材质，所以在绘制其明暗关系图形的时候，一定要将图形绘制成圆滑的曲线，才能将衣服的材质表现出来。如果要绘制皮质服装，在绘制明暗关系图形的时候，使用较直一些的线条，可以使服装更具质感。

12.3.2 创意延伸

本章的商业插画设计中，在色彩上采用了比较清淡、干净的设计手法，在颜色上采用暖色调为主，以给顾客一种安静、温馨的感觉。

除了这种设计风格外，还可以采用颜色丰富的设计风格。在如图 12-85 所示的创意延伸中，运用了波浪形的渐变颜色带，并配合五角星图形作为背景，给人一种新锐、夺目的视觉效果。将人物由近及远、颜色由深到浅的安排，使画面更加活泼、更具动感，很大程度上加强了作品的吸引力。

图12-85 某女性购物广场商业插画的创意延伸效果

12.3.3 作品欣赏

下面介绍 2 个优秀的商业插画作品，以便大家设计时借鉴与参考。

1."可口可乐"的商业插画

如图 12-86 所示的商业插画是可口可乐公司围绕 2006 年的主题："年轻与活力，激情与创造"创作的。在此幅作品中，从瓶口喷出的液体被各种多元化的图形所代替，如树木、飞机、花朵、性感的嘴唇等。

如图 12-87 所示的商业插画是可口可乐公司为了迎接北京 2008 年奥运会设计的。此次商业插画围绕的主题为"畅爽'开'始"。插画师巧妙地将可口可乐的形象化为"树木"，由许多桃心和不同生活元素所组成的枝干代表中国人将以一种无比自豪和开放的心态期待参与这一盛典，邀请 13 亿中国人一起分享 2008 奥运年给所有人带来的荣耀、喜悦与希望！

图12-86 2006年"可口可乐"的商业插画

2."伊利酸牛奶"的商业插画

如图 12-88 所示为"伊利酸牛奶"的商业插画。此插画的成功之处在于它用最直观最简单的语言说明了产品的特征。一个巨大的绿色叶子，在视觉上就能吸引消费者的注意；绿色的叶子配以透亮的露珠，使画面有了很清新、很自然的感觉，充分体现了此产品是一种纯天然的绿色食品，给消费者带来视觉和口味的双重享受。

图12-87　2007年"可口可乐"的商业插画

图12-88　"伊利酸牛奶"的商业插画

12.4　本章小结

本章先介绍了商业插画的概念、种类、形象和整体要求等基础知识。然后通过为某女性购物广场设计一幅插画为例，介绍了商业插画设计的构想、流程与详细操作过程。

12.5　上机实训

实训要求：为了使本章设计的插画人像显得更加时尚，要求为她绘制一副时尚的眼镜作装饰，最终结果如图 12-89 所示。

制作提示：制作流程如图 12-90 所示。

（1）先打开"12.2.5_ok.ai"成果文件，然后在【图层】面板新增一个名为"眼镜"的新图层，准备用于绘制眼镜。

（2）使用【钢笔工具】配合【直接选择工具】绘制并编辑各组成元素。其中各对象的颜色只要统一色系即可，描边全部为"无"。

（3）镜片的【不透明度】为50%的半透明效果。

（4）在调整左侧镜片高光点时，可以在【图层】面板中展开该对象所在的编组，然后选中并移动处理。

图12-89　为插画人像绘制眼镜

（5）完成后将结果以"12.4_ok.ai"的名称存储起来。

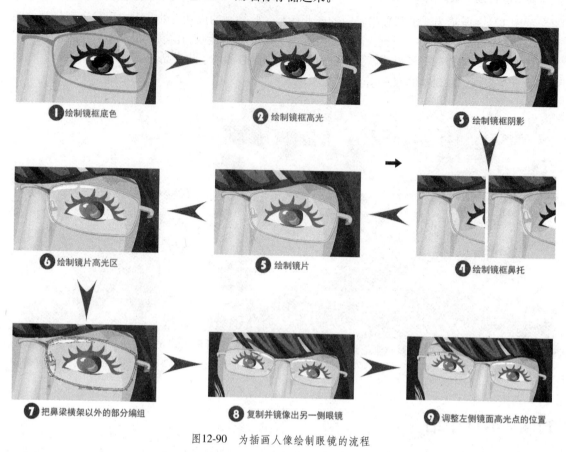

① 绘制镜框底色　　②绘制镜框高光　　③绘制镜框阴影

⑥绘制镜片高光区　　⑤绘制镜片　　④绘制镜框鼻托

⑦把鼻梁横架以外的部分编组　　⑧复制并镜像出另一侧眼镜　　⑨调整左侧镜面高光点的位置

图12-90　为插画人像绘制眼镜的流程

读者回函卡

亲爱的读者：

感谢您对海洋智慧IT图书出版工程的支持！为了今后能为您及时提供更实用、更精美、更优秀的计算机图书，请您抽出宝贵时间填写这份读者回函卡，然后剪下并邮寄或传真给我们，届时您将享有以下优惠待遇：

- 成为"读者俱乐部"会员，我们将赠送您会员卡，享有购书优惠折扣。
- 不定期抽取幸运读者参加我社举办的技术座谈研讨会。
- 意见中肯的热心读者能及时收到我社最新的免费图书资讯和赠送的图书。

> 姓 名：＿＿＿＿＿ 性 别：□男 □女 年 龄：＿＿＿＿
>
> 职 业：＿＿＿＿＿ 爱 好：＿＿＿＿＿＿＿＿＿＿
>
> 联络电话：＿＿＿＿＿ 电子邮件：＿＿＿＿＿＿＿＿
>
> 通讯地址：＿＿＿＿＿＿＿＿＿＿＿ 邮编：＿＿＿＿

1 您所购买的图书名：＿＿＿＿＿＿＿ 购买地点：＿＿＿＿＿

2 您现在对本书所介绍的软件的运用程度是在：□ 初学阶段 □ 进阶／专业

3 本书吸引您的地方是：□ 封面 □ 内容易读 □ 作者 价格 □ 印刷精美

　　　　□ 内容实用 □ 配套光盘内容 其他＿＿＿＿＿＿

4 您从何处得知本书：□ 逛书店 □ 宣传海报 □ 网页 □ 朋友介绍

　　　　□ 出版书目 □ 书市 □ 其他＿＿＿＿＿

5 您经常阅读哪类图书：

　　□ 平面设计 □ 网页设计 □ 工业设计 □ Flash 动画 □ 3D 动画 □ 视频编辑

　　□ DIY □ Linux □ Office □ Windows □ 计算机编程 其他＿＿＿＿＿

6 您认为什么样的价位最合适：

7 请推荐一本您最近见过的最好的计算机图书：＿＿＿＿＿＿

8 书名：＿＿＿＿＿＿＿＿ 出版社：＿＿＿＿＿＿＿

9 您对本书的评价：＿＿＿＿＿＿＿＿＿＿＿＿＿

　＿＿＿＿＿＿＿＿＿＿＿＿＿＿＿＿＿＿＿＿

　您还需要哪方面的计算机图书，对所需的图书有哪些要求：

　＿＿＿＿＿＿＿＿＿＿＿＿＿＿＿＿＿＿＿＿

社址：北京市海淀区大慧寺路8号 网址：www.wisbook.com 技术支持：www.wisbook.com/bbs

编辑热线：010-62100088 010-62100023 传真：010-62173569

邮局汇款地址：北京市海淀区大慧寺路8号海洋出版社教材出版中心 邮编：100081

海洋出版社